Python
语言程序设计
与医学实践

郭凤英　王若佳　张未未 / 编著

U0386761

清华大学出版社
北 京

内 容 简 介

本书在全面介绍 Python 语言中基本数据类型、组合数据类型、程序控制结构、函数及模块化编程、文件与数据处理、文本分词与词云可视化、绘图及数据可视化等知识的基础上,着重介绍基于 Python 语言的编程方法和第三方库工具解决医学实践中的问题,并通过对多个综合案例进行案例描述、问题分析、编程实现、代码解析,展现解决问题的实现过程和基本原理。

全书共分 3 部分:第 1 部分(第 1~5 章)为语言篇,着重介绍 Python 语言的基本语法,包括 Python 语言的数据类型和语法元素;第 2 部分(第 6~8 章)为数据处理篇,着重介绍 Python 语言在文件读写、结构化数据处理、非结构化文本分词和数据可视化上的应用;第 3 部分(第 9 章和第 10 章)为应用篇,基于 Python 语言的综合应用实例,介绍 Python 语言在医学上的应用,以及其他应用方向的第三方库。全书提供了大量医学应用实例,第 1~8 章后均附有习题。

本书适合作为高等院校的医药、大数据、人工智能、计算机、软件工程、信息工程、公共卫生管理等专业高年级本科生、研究生的教材,同时可供对 Python 编程开发、数据分析感兴趣的开发人员、广大科技工作者和研究人员参考。

图书在版编目(CIP)数据

Python 语言程序设计与医学实践/郭凤英,王若佳,张未未编著. —北京:清华大学出版社,2023.5
ISBN 978-7-302-63470-6

Ⅰ. ①P…　Ⅱ. ①郭…　②王…　③张…　Ⅲ. ①软件工具－程序设计－应用－医学　Ⅳ. ①TP311.561 ②R

中国国家版本馆 CIP 数据核字(2023)第 083740 号

责任编辑:袁勤勇
封面设计:傅瑞学
责任校对:李建庄
责任印制:宋　林

出版发行:清华大学出版社
　　　　网　　　址:http://www.tup.com.cn,http://www.wqbook.com
　　　　地　　　址:北京清华大学学研大厦 A 座　　　　邮　　编:100084
　　　　社 总 机:010-83470000　　　　邮　　购:010-62786544
　　　　投稿与读者服务:010-62776969,c-service@tup.tsinghua.edu.cn
　　　　质量反馈:010-62772015,zhiliang@tup.tsinghua.edu.cn
　　　　课件下载:http://www.tup.com.cn,010-83470236
印 装 者:三河市龙大印装有限公司
经　　销:全国新华书店
开　　本:185mm×260mm　　　　印　　张:20.5　　　　字　　数:500 千字
版　　次:2023 年 7 月第 1 版　　　　印　　次:2023 年 7 月第 1 次印刷
定　　价:68.00 元

产品编号:097826-01

编写委员会

（按姓氏笔画排序）

前 言

党的二十大报告中提出,实施科教兴国战略,强化现代化建设人才支撑。深入实施人才强国战略。培养造就大批德才兼备的高素质人才,是国家和民族长远发展大计。而随着医药卫生事业的发展和医疗信息化的逐渐普及,对于医学工作者、科研人员、大学生来说,无论是做数据分析,还是设计应用程序,掌握一门程序设计语言的需求越来越迫切。Python 语言作为一门生态型编程语言,有着众多的第三方库,可广泛应用于各个领域。因此,编写本书的主要目的是介绍如何利用 Python 语言去解决医学领域的实际问题。本着易于理解、实用的原则,本书强调案例实践和应用,着重介绍解决问题的编程思路、方法和结果,同时针对案例的结果提出探索问题,启发学生思考、举一反三。

参与编写本书的作者均来自于北京中医药大学医疗大数据与信息管理教研室,具有多年从事数据挖掘、机器学习、医学统计等人工智能领域的科研和教学实践经验。本书在结构设计、内容编排、案例设计上体现了全体作者的群体智慧,也体现了 Python 语言在本领域的最新发展和前沿应用。

目前,Python 语言已经成为很多专业的通识必修课程,本书作为立足于本科教学的教材,具有如下特色。

(1) 在逻辑安排上由浅入深,循序渐进,便于读者系统学习。

(2) 案例丰富,内容信息量大,融入了大量医学领域的背景和方法。

(3) 作为教材,每个知识点都配有实例讲解,前 8 章均有针对本章内容的医学实践案例,对于所有的案例都有详细的案例描述、问题分析、编程实现、代码解析,另外,每章设置课堂案例探索,培养学生提出问题、自主探究的能力;第 9 章还给出了完整的综合实践案例,使读者将全书的知识融会贯通从而掌握解决实际问题的能力。

(4) 本书图文并茂,讲解清晰,案例生动、贴近医学实践,可读性强。

本书各章的内容根据程序设计语言的语法和案例难易程度,按照由浅入深的顺序编排,全书分为 3 部分。

第一部分包括第 1~5 章,主要介绍 Python 语言的基本语法。第 1 章介绍 Python 语言的特点和发展历程,第三方库的安装和使用,并利用医学案例解读 Python 语法元素;第 2 章介绍基本数据类型和相关数学库;第 3 章介绍组合数据类型和正则表达式库;第 4 章介绍程序控制结构和随机库;第 5 章介绍函数及模块化和程序打包库。

第二部分包括第 6~8 章,主要介绍文件数据处理和可视化。第 6 章介绍文件数据处理和数据处理库;第 7 章介绍中文分词和词云可视化库;第 8 章介绍绘图数据可视化方法及数据可视化库。

第三部分包括第 9~10 章,主要介绍 Python 语言的综合应用。第 9 章介绍医学综合实践案例,提出 6 个大的综合问题,通过案例描述、问题分析、编程实现帮助学生提高实践能力;第 10 章介绍 Python 在 12 个热门方向上的应用,通过概念介绍、应用现状综述及相关方向第三方库简介,引导学生的兴趣发展。

学习本书前 9 章,对于没有编程基础的初学者来说,不但能够快速学习到 Python 的基础语法,通过解决实际案例问题,还能对每章的语法有更深层的理解;对于有其他编程语言基础的读者来说,每章的案例能够帮助他们快速学会用 Python 语言解决问题。

本书前 9 章,每章除了有医学实践案例外,还配有针对知识点的小例子,每个小例子都配有执行结果和详细的语法讲解。本书所有代码均在 Jupyter Notebook 及 Python 3.9.5 环境下运行通过。第 1～8 章后都配有习题,其中,编程练习都附有数据源及源代码。

本书还提供了丰富的教学资源供教师教学参考和学生练习使用,以本书内容为基础的教学课件和大纲资源以及各章习题答案均发布在清华大学出版社官网,各章案例数据、案例代码以及部分图例的原图等,可通过扫描书中相应位置的二维码获取。另外,由编者主讲的基于阿里天池 AI 课程平台的“Python 语言程序设计”公开课程,提供了虚拟实验教学环境,可供教师指导学生在线实践练习。

本书适合作为高等院校的医药、大数据、人工智能、计算机、软件工程、信息工程、公共卫生管理等专业高年级本科生、研究生的教材,同时可供对 Python 编程开发、数据分析感兴趣的开发人员、广大科技工作者和研究人员参考,希望本书能够让读者更深入地理解 Python 语言在医学领域的应用。

本书第 1、3、5、7 章由郭凤英编写,第 2、4、6、8 章由王若佳编写,第 9、10 章由郭凤英、王若佳、张未未共同编写,全书由郭凤英和王若佳统稿审核。在编写过程中,案例设计、习题设计、答案运行检验、代码收集与整理等工作,还得到了北京中医药大学 12 位学生的通力协助,他们分别是马一跃、吕先睿、吴厚枭、曹家伟、袁子健、李蒙生、杨惠雯、邓杰文、徐玉宽、张希妍、范科鸣、马超(排名不分先后),没有他们的辛勤付出,本书很难在约定时间内完成。在此,衷心感谢他们为本书所做的贡献!

本书受到了 2020 年教育部产学合作协同育人项目的资金资助和阿里云有限公司阿里天池 AI 实训平台的支持。同时,本书的编写也得到了北京中医药大学管理学院、国家人口健康科学数据中心、腾讯公司的大力支持,在此表示诚挚的谢意!

由于编者水平有限,书中难免出现纰漏,恳请读者将书中的错误及遇到的问题随时反馈给我们,以督促我们及时改正,为读者提供更高质量的版本。

郭凤英

2023 年 3 月

目 录

第 7 章　中文分词与词云可视化　183

第 1 章
Python 语言概述

本章学习目标
- 了解 Python 语言发展概况
- 熟悉 Python 语言开发环境的使用
- 熟悉程序设计基本方法
- 熟悉 Python 第三方库的使用
- 熟练掌握输入输出标准函数的使用
- 熟悉 Python 基本语法元素

本章源代码

本章首先介绍 Python 语言的诞生、发展和特点，Python 语言的常用开发环境；然后介绍程序设计的基本方法和 turtle 第三方库的应用；最后通过医学应用案例"中药计量转换""太极五行图"解析 Python 语言基本语法元素。

1.1 Python 语言发展概述

Python 是一种解释型、面向对象、动态数据类型的高级程序设计语言，具有简洁性、易读性及可扩展性。2021 年 10 月，编程语言流行指数排行榜 TIOBE 将 Python 评为最受欢迎的编程语言，并首次将其排名置于 Java、C 和 JavaScript 之上。Python 语言可以在 Windows、Linux、UNIX、macOS 等操作系统中使用，也被称为"胶水语言"。

Python 语言使用户能够专注于解决问题而不是语言本身，因此，被广泛应用于越来越多的领域以解决专业问题。目前，Python 在医学领域的应用也越来越深入。

1.1.1 Python 语言的诞生和发展

1989 年圣诞节期间，荷兰人 Guido van Rossum 开发了一个新的脚本解释程序，并将它命名为 Python，Python 语言自此诞生。Python 2 于 2000 年 10 月 16 日发布，稳定版本是 Python 2.7。Python 3 于 2008 年 12 月 3 日发布，且不完全兼容 Python 2。目前，随着 Python 语言的不断优化，Python 3 已经更新了多个版本，性能也越来越稳定。

1.1.2 Python 语言的特点

从最初的机器语言、汇编语言，发展到后来的高级编程语言，程序设计语言越来越容易被人们所掌握和应用。从最初结构化的程序设计语言（如 Basic、C、Pascal），到面向对象的程序设计语言（如 C++、Java、C♯），编程语言越来越面向真实世界的任务，提供了更多面向真实世界的应用接口。Python 语言之所以被称为 21 世纪最流行的编程语言之一，是因为其有许多重要的特性。

1. 简洁性

Python 语言语法简洁，内部保留字少，代码块用缩进表示包含关系。一条赋值语句可以给多个变量赋值。Python 也是一种强类型语言，变量不需要事先声明，在创建时可根据赋值表达式决定变量的类型。

2. 解释性

Python 语言编写的程序不需要编译成二进制代码，可以直接从源代码运行程序。这是因为在计算机内部，Python 解释器将源代码转换成字节码的中间形式，然后再将它翻译成计算机使用的机器语言并运行，这使得 Python 程序更加易于移植。

3. 开源性

Python 源代码遵循 GPL(general public license，通用公共授权)开源协议，在 OSI 批准的开源许可下开发，因此可以免费获得、使用和分发。

4. 可移植性

由于 Python 的开源性和解释性，以及其具有极强的可移植性，在一种操作系统上编写的 Python 程序，只需少量修改就可以轻松移植到其他操作系统上，例如 Windows、Solaris、OS/2、Linux、UINX、macOS 等。

5. 可扩展性

Python 语言是以 C 语言为基础开发的，所以在 Python 语言程序中可以嵌入 C 语言代码，也可以用 C 语言重新编写 Python 语言的模块。

6. 面向对象

Python 语言具备所有面向对象的特性和功能，支持基于类的程序开发，而且简化了面向对象的实现方法。

7. 丰富的第三方库

除了提供内置标准库以外，Python 还提供非常多的第三方库，如 NumPy、pandas、Matplotlib、SciPy、wxPython、sklearn、jieba、pygame、TensorFlow 等，广泛应用于系统开发、网络运维、网络游戏、图形图像处理、科学计算、Web 开发、人工智能等多个领域，可以帮助用户处理各种问题。

1.2 Python 语言开发环境

Python 的开发环境很多，有 Python 自身的 IDLE，也有第三方的集成开发环境。Python 自身的开发环境安装和配置非常简单易学。本节主要介绍 Python IDLE 的下载、安装和使用，同时简要介绍一款其他环境的安装。

1.2.1 Python IDLE 的下载和安装

1. Python IDLE 的下载

Python 的官方网站是 https://www.python.org/，如图 1.1 所示。在官方网站首页的

Downloads 菜单中,可以看到 Python 最新版本下载链接,默认的是 Windows 版本。如果想查找其他操作系统的版本,可以通过单击 Downloads 菜单下的 All releases 按钮,打开新网页后,即可看到 Linux/UNIX、macOS 等其他操作系统安装链接。本书使用 Windows 版本,以 Python 3.10.4 版本为例,下载安装。单击 Download 菜单下的 Python 3.10.4 按钮,即可下载安装包。

图 1.1　Python 官网

2. Python IDLE 的安装

安装包下载成功以后,双击安装包文件启动安装程序,打开安装启动界面,如图 1.2 所示。首先,勾选 Install launcher for all users(recommended)和 Add Python 3.10 to PATH 两个复选框。Python IDLE 有两种安装方式可以选择:默认安装和自定义安装。单击 Install Now 按钮,开始默认安装,按照安装向导的提示操作即可成功安装;单击 Customize installation 按钮,开始自定义安装,进入高级选项对话框,在此对话框中,可以选择高级安

图 1.2　安装启动界面

装选项并指定安装目录。例如，若使所有用户都可使用该程序，则需选择 Install for all users 选项，并将程序安装在"C:\Program Files\Python310"目录下。

1.2.2　Python IDLE 的使用

Python IDLE 有两个常用的窗口，分别是交互式命令行模式窗口和 Shell 模式窗口，可以选择 Windows 菜单"开始"→Python 3.10→Python IDLE 命令，进入交互式命令行模式窗口，在窗口中，一行只能运行一条 Python 语句；而 Python IDLE Shell 窗口模式，既可以在命令行交互模式中运行代码，也可以新建一个 Python 文件，批量运行代码。

1. Python 交互式命令行窗口

在交互式命令行窗口中，用户可以直接在命令行提示符>>>后输入语句，按 Enter 键后输出运行结果。例如输入 print("hello world")，按 Enter 键执行后，即可打印字符串"hello world"，如图 1.3 所示。

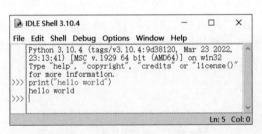

图 1.3　Python 交互式命令行窗口

2. Python IDLE Shell 窗口

在 Python IDLE Shell 窗口中，用户可以直接在命令行提示符>>>后输入程序语句，按 Enter 键后输出运行结果，例如输入 print("hello world")，运行后，即可打印字符串"hello world"，如图 1.4 所示。

图 1.4　Python IDLE Shell 窗口

在 Python IDLE Shell 窗口选择 File→New File 菜单项，可新建一个 Python 程序文件，默认命名为 untitled，输入 5 行 print("hello world")语句后，选择 File→Saves 菜单项，给文件重新命名并保存到指定位置，如命名为 hello.py 后，选择 Run→Run Module 菜单项（或按快捷键 F5），即可运行程序，运行结果显示在 IDLE Shell 窗口中，如图 1.5 和图 1.6 所示。

3. Python 第三方库的安装

Python 的库众多，有些库是内置库，如 Turtle 库、math 库、random 库等，不用单独安装导入即可使用；有些库是第三方库，必须单独安装后导入才能够使用。安装第三方库，一般

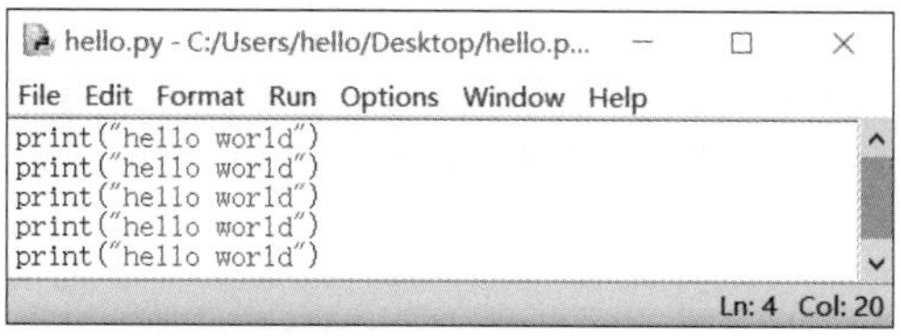

图 1.5　hello.py 程序文件窗口

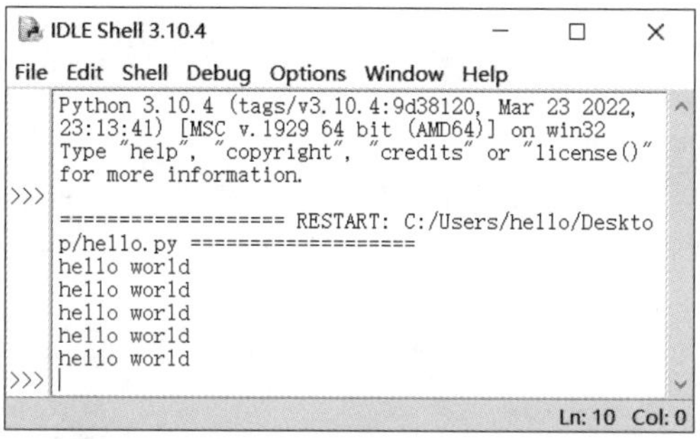

图 1.6　hello.py 程序文件运行结果

在 Windows 命令行提示符窗口使用 pip install 命令，Python 安装引擎则会自动搜索在线库安装资源，自动下载并安装第三方库。步骤如下：第一步，在"Windows 搜索框"中输入 cmd，或选择"开始"菜单→"Windows 系统"→"命令提示符"选项（Windows 10 系统）；第二步，右击"命令提示符"选项，选择"以管理员身份运行"选项，打开命令提示符窗口；第三步，输入"pip install 库名"命令（如输入 pip install jieba），按 Enter 键后，系统将自动下载并安装第三方库；最后，显示安装成功信息（如 Successfully installed jieba-0.42.1）后，第三方库即可使用，如图 1.7 所示。

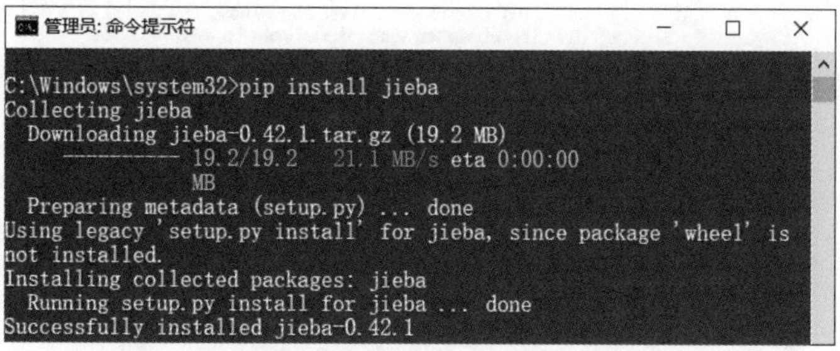

图 1.7　Windows 命令行窗口安装第三方库

1.2.3　Anaconda 集成开发环境简介

Anaconda 是一个第三方、开源免费、跨平台的集成平台，它将多个第三方开发调试环境集成到了一起，支持上百个第三方库，可以在 Windows、Linux、macOS 等多个操作系统中使用。Anaconda 的官方网站是 https://www.anaconda.com/，软件有社区版和商业版两类，普通用户可以免费使用社区版。国内的下载网站常用的有清华大学开源软件镜像站，网址是 https://mirrors.tuna.tsinghua.edu.cn/anaconda/archive/。

1. 安装方法

打开 Anaconda 官网,根据本机操作系统选择合适的版本进行下载,如图 1.8 所示。以 Windows64 位操作系统为例,选择 64-Bit Graphical Installer(591MB)选项,即可下载安装包。

图 1.8　Anaconda 各操作系统下载地址

软件安装包下载成功以后,双击安装包文件启动安装程序,打开安装启动界面,如图 1.9 所示。

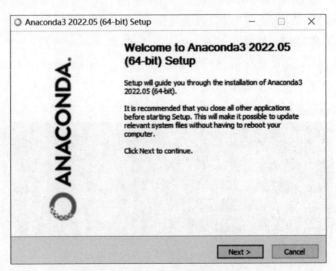

图 1.9　Anaconda 安装程序启动界面

单击 Next 按钮,进入协议界面,如图 1.10 所示。

单击 I Agree 按钮同意许可协议,接着选择安装方式,如图 1.11 所示。有两种安装方式:仅本用户可使用和所有用户都可使用,本书以仅本用户可使用为例,选中 Just Me 单选按钮,单击 Next 按钮,安装在"C:\Files\Anaconda\"目录下。

最后勾选 Anaconda Distribution Tutorial 和 Getting Started with Anaconda 两复选框,将 Anaconda 添加到环境变量中,将 Python 3.9 作为默认的 Python 版本,单击 Install 按

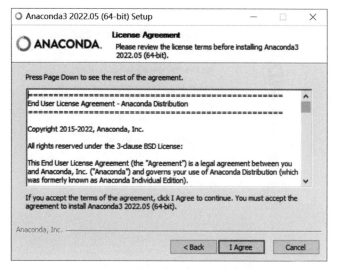

图 1.10　Anaconda 许可协议界面

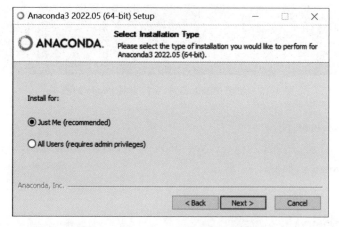

图 1.11　Anaconda 安装方式选择界面

钮,按照安装向导指示进行操作。

安装完成后,单击 Finish 按钮即可结束安装,如图 1.12 所示。

在安装完成 Anaconda 之后,使用快捷键 Win+R,输入 cmd,打开 Windows 命令提示符界面,在命令行中输入 conda --version,若显示出 conda 的版本,则说明 Anaconda 已经成功安装,如图 1.13 所示。

2. Jupyter Notebook 简介

Jupyter Notebook 是基于网页的交互计算的应用程序,可被应用于全过程计算,如开发、文档编写、代码运行和结果展示。Jupyter Notebook 以网页的形式打开,编程时具有语法高亮、缩进、Tab 补全等功能,可以以 HTML、PNG、SVG 等富媒体格式展示结果。Jupyter Notebook 可以通过 pip install jupyter 命令单独安装,也可以通过安装 Anaconda 自动安装。

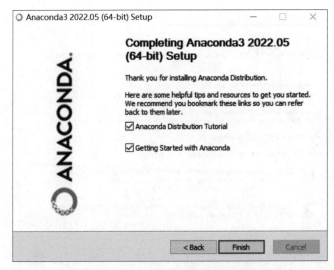

图 1.12　Anaconda 安装完成界面

图 1.13　使用 Windows 命令行查看 conda 的版本

3. Jupyter Notebook 使用

以 Anaconda 自动安装的 Jupyter Notebook 为例，启动 Anaconda，单击 Launch 按钮，开启 Jupyter Notebook，如图 1.14 所示。

图 1.14　Anaconda 的主界面

进入 Jupyter Notebook 后,可以看到 3 个选项。Files 选项类似于资源管理器,用于组织管理本地文件夹和文件;Running 选项中显示运行状态的程序,如 Terminal 或 Notebook;Clusters 选项中显示与并行计算相关的细节内容,如图 1.15 所示。

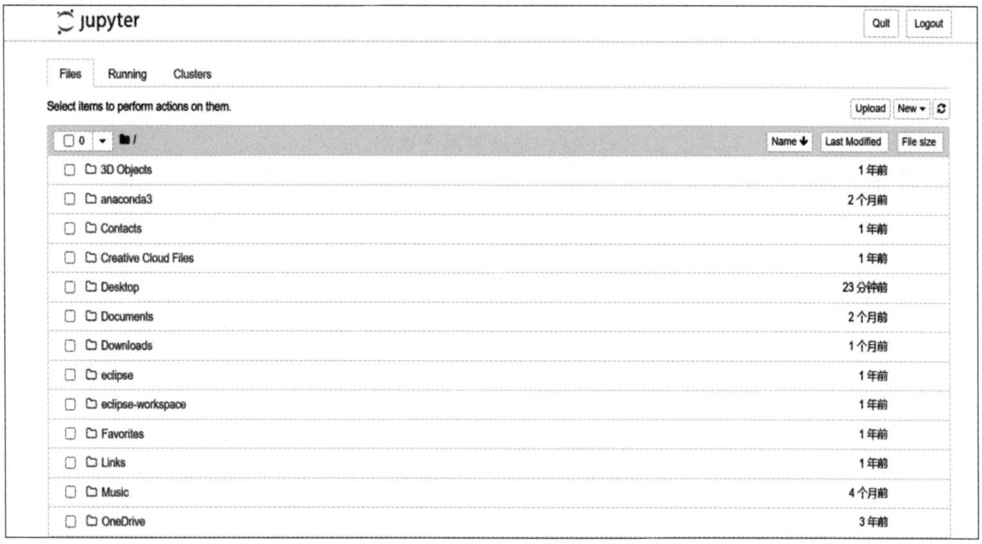

图 1.15　Jupyter Notebook 主界面

单击右侧 New 下拉列表框下的 Python 3 按钮,创建一个新的 Jupyter Notebook 文件,默认文件名为 Untitled,便可在其中编写并运行 Python 代码片段,如图 1.16 所示。

图 1.16　Jupyter Notebook 编辑界面

Jupyter Notebook 文件由代码单元和文本单元构成。代码单元由代码单元格组成,用户可以在代码单元格中编写 Python 表达式,执行 Python 语句。文本单元由文本单元格组成,用于编写文本内容,通过选择 Cell→Cell Type→Markdown 选项,可设置 Jupyter Notebook 单元格的类型为标记单元格,表示当前内容并非 Python 代码,而是文本内容。运行代码后,便可看到输出结果表示为文本,与输入的内容保持一致。

如需在 Jupyter Notebook 中安装第三方库,则在单元格中输入“!pip install［库名］”即可。以安装 NumPy 库为例,执行安装命令后,系统显示安装结果,若该库第一次安装,会显示下载和安装的过程信息和安装成果的提示;若该库在系统中已存在,则显示已存在的提示信息,如图 1.17 所示。

```
In [10]:  !pip install numpy
          Requirement already satisfied: numpy in c:\users\lvmik\anaconda3\lib\site-packages (1.18.5)
```

图 1.17　在 Jupyter Notebook 中安装 NumPy 库

Jupyter Notebook 有很多常用的快捷键,其效果与执行工具栏或菜单命令相同,如表 1.1 所示。

表 1.1　快捷键用法说明

快　捷　键	说　　　明
Alt＋Enter	运行单元格里的代码,并在结果下方创建一个新的单元格
Ctrl＋Enter	运行单元格里的代码,但不会创建新的单元格
B	在当前单元格下方插入新的单元格
A	在当前单元格上方插入新的单元格
M	将代码单元转换至文本单元
Esc	将文本单元转换至代码单元

用户也可通过选择 Help→Keyboard Shortcuts 选项来查看 Jupyter Notebook 的完整快捷方式列表,如图 1.18 所示。

图 1.18　Jupyter Notebook 键盘快捷方式列表

1.2.4　Python 其他开发环境简介

对于大型的开发项目来说,使用集成开发环境或专用代码编辑器会让编写程序更加便捷。下面再介绍几款常用的集成开发环境。

1. PyCharm

PyCharm 是一种跨平台的 IDE(integrated development environment,集成开发环境),可在 Windows、Linux 和 macOS 操作系统上使用,是唯一一款专门面向 Python 的全功能集成开发环境。它操作简单、集成度高,带有帮助用户提高开发效率的多个工具,如调试、语法高亮、项目管理、代码跳转、智能提示、自动完成、单元测试、版本控制等。此外,该 IDE 还提供了一些高级功能,以用于支持 Django 框架下的专业 Web 开发。PyCharm 提供 3 种版本(社区版、专业版和教育版),普通用户可以免费使用社区版。PyCharm 的中文网站网址是 https://www.pycharm.net.cn/。

2. Eclipse

Eclipse 是一个开源的、基于 Java 的可扩展开发平台。虽然最初主要用 Java 语言开发,但通过安装不同的插件,Eclipse 可以支持不同的计算机语言,如可以通过 PyDev 在 Eclipse 里配置 Python 的开发环境。Eclipse 官方网站是 https://www.eclipse.org/。

3. Visual Studio

Visual Studio 是微软提供的运行在 Windows 系统上的编程环境,可以支持多种编程语言,并且提供了丰富的辅助编程工具和调试功能。Visual Studio 有社区版、专业版和企业版 3 个版本,普通用户可以免费使用社区版。

1.3　程序设计基本方法

程序设计是指解决特定问题、编写程序的过程,是软件构造活动中的重要组成部分。程序设计往往以某种程序设计语言为工具,程序设计过程应当包括分析问题、设计算法、编写程序、调试运行程序等阶段。程序设计的常用方法有结构化程序设计方法和面向对象的程序设计方法。

1.3.1　结构化程序设计

结构化程序设计方法由 E.W.Dijkstra 在 1965 年提出,是软件发展的一个重要的里程碑。它是一种自顶向下、逐步求精的程序设计方法,按照模块划分原则,以提高程序可读性、易维护性、可调性和可扩充性为目标。结构化程序设计方法采用 3 种基本的程序结构形式,分别是顺序结构、分支结构和循环结构,这 3 种基本结构的共同特点是只允许有一个入口和一个出口,仅由这 3 种基本结构组成的程序称为结构化程序。结构化程序设计适用于程序规模较大的情况,对于规模较小的程序可采用非结构化的程序设计方法。

1. 自顶向下、逐步求精

自顶向下,即将一个复杂问题划分为若干子问题,再将每个子问题分解为更小的问题,找出问题的关键,并用合适的方法描述问题。逐步求精的过程,是将现实世界的实际问题进行抽象化,转换为可被求解的编程问题。

2. 模块化

模块化是指解决一个复杂问题时,使用自顶向下、逐步求精的方法将要实现的功能划分成若干模块,每个模块既是相互独立的,又可以相互组合,具有松耦合性,模块之间通过接口相互连接和通信。在系统开发时,采用模块化编程的思想,能够使软件系统具有更好的兼容性和可扩展性,也可使开发人员同时协作开发不同的模块,从而大大提高开发效率。

3. IPO 编程思想

IPO 即 input(输入)、process(处理)、output(输出),是一种基本的编程方法。

输入指程序中数据的获取,有多种获取路径,常见的有从控制台输入、输入数据输入、内部变量输入、文件输入、交互界面输入、网络输入。

处理指程序中实现处理功能的方法,是代表经过明确定义的计算机过程,可以将输入转换为输出,通常称为算法。衡量一个程序的优劣,和算法的设计息息相关,算法要具有有穷性、确定性和可行性。

输出指程序对数据处理结果的展示或反馈,程序的输出有多种方式,常见的有控制台输出、系统内部变量输出、文件输出、图形输出、网络输出等。

1.3.2　面向对象的程序设计

面向对象的程序设计(object oriented programming,OOP)继承了结构化程序设计方法的优点,同时有效地解决了结构化程序设计的缺点。面向对象的程序设计思想更接近于真实世界,它将真实世界中的事物(对象)抽象成具有共同特点的类,每个类有自身的特点和行为方式,即类的属性和方法,通过对类封装成独立的单元,将类的属性和方法紧密联系,形成独立的功能单元。

Python 支持面向过程、面向对象、函数式编程等多种编程范式。对于大中型的项目来说,采用面向对象的方式能够更好地设计软件架构,易于重用和组合软件框架和模块。

1. 类和对象

理解面向对象的编程方法,就需要理解类和对象的概念。类是客观世界中任何事物的抽象,而对象是类的实例,1 个类可以实例化为多个对象。例如,在设计一个学生管理系统时,定义了学生类的模型,则创建的每一个学生,即是对学生类的实例化。

2. 属性和方法

类由属性和方法组成。类的属性将类的数据封装起来,不能被外部对象获取,通常以变量的形式定义;而类的方法可以对自身的数据进行获取和操作,通常以函数的形式定义。例如学生类,具有学号、姓名、年龄、身高、体重等属性,又有计算 BMI、计算奖学金等行为方法,如图 1.19 所示。

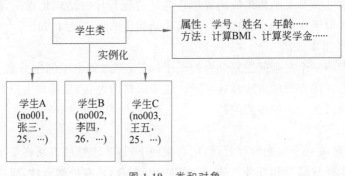

图 1.19　类和对象

1.4　中药计量转换案例语法元素解析

本节通过一个案例简要介绍解决实际问题的基本编程思路和 Python 中的基本语法元素概况,具体语法细节会在后面的章节中详细介绍。

1.4.1　案例描述

中药方剂是按照组方原则,选择适宜的药物,酌定用量,确定适当的剂型和用法,妥善配伍而成的。方剂的组成不是药物随意地堆砌,药物的剂量在方剂的配伍中也起着非常重要的作用。然而,在古代医书记载的中药方剂中,剂量的计量单位有多样化的表示,为了更好地理解方剂的中药剂量,挖掘中医经典方剂的用药规律,就需要对剂量做标准化转换。

中药的计量单位,从古至今有过较多的衍变。古代有重量(铢、两、钱、斤等)、度量(尺、寸)及容量(斗、升、合等)等计量方法。此外,还有可与上述计量方法换算的"刀圭""方寸匕""撮""枚"等较粗略的计量方法,不同朝代的计量方法也有所不同。例如,汉朝时期,1 斗=10 升,1 升=10 合(gě),1 合=150 克,1 斤=16 两,1 两=10 钱,1 钱=3.125 克;明清以来,采用 16 位进制,即 1 斤=16 两=160 钱;目前,我国使用的重量单位的换算规则是 1 斤=10两,1 两=10 钱,1 钱=5 克;现在,采用公制,通常按规定以近似值进行换算,即 1 钱≈3.125 克。

在《伤寒论》的白虎汤中,关于方剂的药物组成是:石膏 1 斤,知母 6 两,炙甘草 2 两,粳米 6 合。请编写程序,输入上述方剂文本,将计量单位标准化为现在通用的克,并将方剂、剂量和计量单位输出。

1.4.2　问题分析

按照 IPO 的编程思想,可以将问题转换为 3 个环节:输入、处理和输出。

该问题的输入是一个描述文本,即用逗号隔开的中药、剂量和计量单位,需要用一个变量来存储从键盘获取的文本数据。

该问题的处理,是需要将问题文本中白虎汤的各味中药信息、中药剂量信息和计量单位信息分别进行提取,进行标准化,也需要 3 个变量分别存储中药、剂量和计量单位。

该问题的输出,是一个标准化后的包含所有信息的文本,也需要一个新的变量存储该信息。

由此分析,该案例需要 6 个变量。解决问题的关键是处理部分,可以使用分步骤的方法来描述该算法的过程,算法步骤如下。

第一步:从键盘获取白虎汤文本。

第二步:将白虎汤文本切分成 4 部分,每部分包含中药、剂量和计量单位。

第三步:循环遍历该 4 种信息,并将中药、剂量和计量单位分别进行提取。

第四步:判断计量单位,按照计量转换标准进行转换,并将转换后的信息添加到白虎汤新文本中。

第五步:如果 4 种中药没有标准化完成,则跳转到第三步继续执行循环;如果标准化完成,则执行第六步。

第六步：打印输出标准化后的白虎汤文本。

1.4.3 编程实现

具体代码内容如下：

```
"""
以下例子是《伤寒论》中的方剂"白虎汤"的药物组成,
石膏 1 斤,知母 6 两,炙甘草 2 两,粳米 6 合
编程将白虎汤的药物的剂量标准化为克(g)
"""
baiht=input("请输入需要标准化的中药方剂白虎汤: ")
baiht_new=""    #定义文本标准化后的变量
baihtlist=baiht.split(',')    #把字符串用逗号切分成由每味中药信息组成的列表
for item in baihtlist:
    yao=item[:-2]
    jl=item[-2]
    jldw=item[-1]
    if jldw=='斤':
        jl=eval(jl) * 500
    elif jldw=='两':
        jl=eval(jl) * 31.25
    elif jldw=='合':
        jl=eval(jl) * 150
    elif jldw=='克':
        jl=eval(jl)
    else:
        print("不能识别该计量单位")
    baiht_new=baiht_new+yao+str(jl)+"g"+","
print("标准化后的白虎汤药物组成是:"+baiht_new)
```

执行结果如下：

```
请输入需要标准化的中药方剂白虎汤: 石膏 1 斤,知母 6 两,炙甘草 2 两,粳米 6 合
标准化后的白虎汤药物组成是: 石膏 500g,知母 187.5g,炙甘草 62.5g,粳米 900g,
```

1.4.4 语法元素解析

Python 语法简洁,结构清晰,下面分类解析代码中的语法元素。

1. 语法高亮显示

在 Python IDLE 配置中,可以将程序中不同的语法元素用不同颜色显示,如代码背景色为白色、保留字显示为绿色、注释显示为红色、控制台输出显示为棕色等。在输入代码时,会自动应用这些颜色突出显示。语法高亮显示可以更容易区分不同的语法元素,增加代码的可读性,同时,还降低了出错的可能性。

本案例中,保留字颜色一致,如 for、in、if、elif、else、print、input；变量的颜色一致,如 baiht、baiht_new；注释语句颜色一致。

2. 代码缩进

Python 语言有严格的缩进规则,通常通过缩进来识别代码块和语句的包含关系。如果没有按照正确的缩进规则编写程序,程序将不能通过编译,从而发生错误。Python 的缩进

方法有两种,可以使用 Tab 键,也可以使用空格(默认 4 个空格),但无论选择哪种缩进方式,一个程序需要保持一致的缩进规则。

本案例中,没有包含关系的代码顶格书写,for 循环结构包含的语句块和 if 分支结构包含的语句块都缩进显示。

3. 保留字

保留字也称为关键字,是指被编程语言内部定义并保留使用的标识符,编写程序时不能定义与保留字相同的标识符。Python 3 版本共有 33 个保留字,如表 1.2 所示。

表 1.2　Python 保留字

and	or	not	in	is
if	elif	else	for	while
break	continue	True	False	None
with	try	except	finally	raise
def	return	lambda	global	class
yield	assert	pass	del	nonlocal
import	as	from		

本案例中,包括的保留字有 if、elif、else、for、in。

4. 注释

注释就是对代码的解释和说明。注释语句虽然在程序运行过程中不运行,却是程序编写时的重要内容,可以增加程序的可读性,便于理解。Python 语言中有两种注释语句:单行注释和多行注释。

单行注释可以单独一行书写,也可以在代码行后书写,以"♯"代表注释开始。如果注释说明文字比较多,需要多行显示,则需使用多行注释。多行注释开头和结尾的符号有两种,可以是 3 个单引号(''')或 3 个双引号(""")。

本案例中,程序开头是多行注释语句,程序中的代码后是单行注释。

5. 变量

变量是存放数据值的容器。与其他编程语言不同,Python 没有声明变量的命令,首次为其赋值时,即创建变量。从底层来看,程序中的数据需要放到内存中保存,变量就相当于这块内存的名字。将数据放入变量的过程,叫作赋值。Python 使用等号(=)作为赋值运算符。

变量的命名需要遵守 Python 标识符命名规范,不能随意命名。变量的名字可以是汉字、英文字母、数字、下画线的组合,但第一个字符不能是数字。变量的名字不能和 Python 保留字同名。变量名中不能包含空格、@、%、$ 等特殊字符。Python 中的变量名严格区分大小写,如 no1 和 No1 不是同一个变量。以单下画线和双下画线开头和结尾的变量具有特殊含义,如_width、_height 表示类属性,__add 表示类的私有成员,不能直接访问;__init__ 表示专用标识符。除非特定场景需要,应避免使用下画线开头的形式给变量命名。

本案例中,用到的变量有 baiht、baiht_new、yao、jl、jldw、baihtlist 等。

6. 字符串

字符串是 Python 中最常用的数据类型,使用单引号(')、双引号(")或三引号(")来创建字符串。字符串用来表示一个文本字符数据。用引号括住的是字符串常量,将字符串常量赋值后,就创建了一个字符串变量。

在 Python 中,字符串类型是属于序列类型的数据类型,元素由多个字符组成,元素按序号索引,可以通过索引和切片的方式获取字符串的一个或多个元素。序号的排列可以按正向递增的顺序,也可以按反向递减的顺序。例如,字符串变量 sc＝"学好 Python",索引序号如表 1.3 所示。

表 1.3　字符串索引序号

反向递减	−8	−7	−6	−5	−4	−3	−2	−1
字符串	学	好	P	y	t	h	o	n
正向递增	0	1	2	3	4	5	6	7

本案例中,中药信息字符串"石膏 1 斤",若 zyxx＝"石膏 1 斤",则对字符串索引 zyxx[−1]即获取计量单位"斤";对字符串索引 zyxx[−2]即获取剂量 1;对字符串切片 zyxx[:−2]即获取中药"石膏"。

7. 列表

列表是 Python 中常用的数据类型,Python 使用"[ ]"来创建列表,列表中的元素可以是任意类型。

在 Python 中,列表类型也属于序列类型,元素之间按序号索引,可以通过索引或切片的方式获取列表中的一个或多 d 个元素。索引序号可以按照正向递增和反向递减的顺序。例如,列表变量 city＝["num01","张三","男","180cm","70kg","90","100"],索引序号如表 1.4 所示。

表 1.4　列表索引序号

反向递减	−8	−7	−6	−5	−4	−3	−2	−1
列表	num01	张三	男	20	180cm	70kg	90	100
正向递增	0	1	2	3	4	5	6	7

本案例中,将白虎汤文本信息字符串 baiht 切分后,生成一个列表,赋值 baihtlist 列表变量中,baihtlist＝["石膏 1 斤","知母 6 两","炙甘草 2 两","粳米 6 合"]。

8. 分支结构

Python 的分支结构有 3 种,即单分支结构、二分支结构和多分支结构,分别由 if 语句、if-else 语句和 if-elif-else 语句表示。分支结构一般根据条件判断来决定执行哪个语句块。

本案例中使用 if-elif-else 语句来判断用什么计量规则完成剂量转换。

9. 循环结构

Python 的循环结构有 2 种: for 循环和 while 循环。for 循环是遍历循环,具有有限循环次数,可以自动执行下次循环;while 循环是条件循环,不确定循环次数,条件不满足就结束循环。

本案例中使用 for 循环实现中药信息的提取,循环执行 4 次。

10. 内置函数

Python 解释器自带的函数叫作内置函数,这些函数可以直接使用,不需要导入某个模块。Python 内置了很多有用的函数,开发者可以直接调用。常用的内置函数有 print()、input()、eval()、type()、str()、int()、float()等。

要调用一个函数,需要知道函数的名称和参数。如果想要知道具体的内置函数,可以直接从 Python 的官方网站查看文档。

本案例中,使用的内置函数有 input()、print()、eval()、str()。

1) input()

input()函数接收任意键盘输入,将所有输入默认为字符串处理,并返回字符串类型。input()函数的基本语法格式是 input([prompt])。其中,prompt 为可选参数,代表提示信息字符串,如例 1.1 所示。

【例 1.1】 在命令行窗口中使用 input()函数获取键盘输入。

```
#例 1.1
>>>a = input("请输入一个整数: ")
请输入一个整数: 123
>>> type(a)
<type 'str'>
```

本例中,第一条语句是从键盘上获取一个输入,赋值到变量 a 中;第二条语句测试 a 的数据类型,显示为字符串类型。

2) print()

print()函数用于在屏幕上打印输出,是最常用的函数。print()函数的基本语法格式是 print([* objects, sep='', end='\n'])。其中可选参数 objects 表示 1 个或多个对象,输出多个对象时,需要用逗号“,”分隔;可选参数 sep 用来定义输出的多个对象的分隔符,默认值是 1 个空格;可选参数 end 用来定义打印完的结尾字符,默认值是换行符\n,也可以换成其他字符串,如例 1.2 所示。

【例 1.2】 在命令行窗口中使用 print()函数打印输出。

```
#例 1.2
>>>print(1)
1
>>> print("Hello World")
Hello World
>>> a = 100
>>> b = '我爱学习 python'
>>> print(a,b)
100 我爱学习 python
>>> print("2022 年","我开始学习 python","yeah!",sep=",") #设置间隔符
2022 年,我开始学习 python,yeah!
```

本例中,第一行语句 print()函数打印输出 1 个整数,第二行语句 print()函数打印输出 1 个字符串;第三行、第四行语句定义 a、b 两个变量,第五行语句利用 print()函数将两个变量打印输出,默认中间以 1 个空格分隔;最后一行语句打印输出 3 个字符串,使用中文逗号

分隔。

3) eval()

eval()函数用来执行一个字符串表达式(去掉字符串外的引号),并返回表达式的值。eval()函数的基本语法格式是 eval(＜expression＞)。其中,必选参数 expression 表示字符串表达式,如例 1.3 所示。

【例 1.3】 在命令行窗口中使用 eval()函数执行字符串表达式。

```
#例 1.3
>>>x = 7
>>> eval('3 * x')
21
>>> eval('pow(2,2)')
4
```

本例中,第一行语句对变量 x 赋值 7,第二行语句使用 eval()函数执行字符串表达式'3 * x',去掉引号后执行 3 * x 表达式,结果为 21;第三行语句使用 eval()函数首先去掉引号后执行表达式 pow(2,2),结果为 4。

4) str()

str()函数是强制类型转换函数,可以将对象转换成字符串类型。str()函数的基本语法格式是 str(object)。其中 object 是任意对象,如例 1.4 所示。

【例 1.4】 在命令行窗口中使用 str()函数。

```
#例 1.4
>>>s = 1
>>> str(s)
'1'
>>> dict1 = {'python': 'python.org', 'baidu': 'baidu.com'}
>>> str(dict1)
"{'python': 'python.org', 'baidu': 'baidu.com'}"
```

本例中,第一行语句对变量 s 赋值整数值 1,第二行语句使用 str()函数将整数转换为字符串;第三行语句定义一个字典变量 dict1,第 4 行语句将字典变量的值强制转换为字符串类型。

5) split()

split()函数是字符串类型的方法,通过指定分隔符对字符串进行切片,返回分割后的字符串列表。split()函数基本语法格式是 string.split([str=""])。其中可选参数 str 是分隔符,默认为空格,如例 1.5 所示。

【例 1.5】 在命令行窗口中使用 split()函数。

```
#例 1.5
>>>stu1 = "n001,小红,167"
>>>print(stu1.split(','))#以,为分隔符
['n001', '小红', '167']
```

本例中,第一行语句定义一个字符串变量 stu1,第二行语句使用 split()函数将字符串变量 stu1 以逗号切片,返回一个列表['n001', '小红', '167'],并打印出来。

6) type()

type()函数返回对象的类型,其基本语法格式是 type(object)。其中 object 表示任意类

型对象,如例 1.6 所示。

【例 1.6】　在命令行窗口中使用 type() 函数测试不同对象的数据类型。

```
#例1.6
#一个参数实例
>>> type(1)               #整数类型
<type 'int'>
>>> type('python')        #字符串类型
<type 'str'>
>>> type([2,3])           #列表类型
<type 'list'>
>>> type({0:'zero'})      #字典类型
<type 'dict'>
```

练一练

1. 运行如下代码,并输入"1+1 2+2",程序的输出结果是＿＿＿＿＿＿。

```
s=input()
s1=s.split()
print(str(s1[1]))
print(eval(s1[1]))
```

  A. 4;4　　　　　　 B. 2+2;4　　　　　 C. 2;2　　　　　　 D. 1+1;2

2. 在 Python 语言中,不能表示注释的是＿＿＿＿＿＿。

  A. '''　　　　　　　 B. """　　　　　　 C. ＃　　　　　　　 D. ＃＃＃

3. 运行如下代码,程序的输出结果是＿＿＿＿＿＿。

```
a='I LOVE PYTHON!'
a1=a.split()
print(type(a1))
```

  A. ＜class 'list'＞　　　　　　　　　 B. ＜class 'dict'＞

  C. ＜class 'str'＞　　　　　　　　　　 D. ＜class 'int'＞

4. 运行如下代码,程序的输出结果是＿＿＿＿＿＿。

```
a='I LOVE PYTHON!'
a1=a.split('O')
print(a1[-3])
```

  A. I L　　　　　　　 B. N!　　　　　　 C. L I　　　　　　　 D. I LO

1.5　Python 库

　　Python 的功能之所以强大,主要依赖于大量的第三方库。Python 的库有标准库和第三方库两种,Python 标准库是随解释器直接安装到操作系统的功能模块,而第三方库需要经过下载安装才能使用。Python 常用的标准库有 Turtle 库、random 库、time 库、math 库、os 库等。本节通过 Turtle 库来介绍 Python 标准库的使用。

1.5.1　Python 库引用方法

Python 库的函数在使用前,都需要先引用、后调用。Python 的标准库和第三方库引用方法相同,有直接引用、别名引用和函数导入 3 种。

1. 直接引用

直接引用的格式是 import ＜库名＞,调用库中函数的格式采用＜库名＞.＜函数名＞。若在程序中引用的库较多时,这种引用的方式不会使多个不同库中的同名函数发生歧义,但缺点是代码比较烦琐。

2. 别名引用

别名引用的格式是 import ＜库名＞ as ＜别名＞,调用库中函数的格式采用"别名.函数名"。当库名比较长,用别名的方式可以让代码更简洁。

3. 函数导入

函数导入格式是 from ＜库名＞ import ∗ 或 from ＜库名＞ import ＜模块名/函数名＞,调用库中函数直接使用函数名调用即可。需要注意的是,当程序中引用的多个库有同名函数时,会发生异常。

1.5.2　Turtle 库简介

Turtle 库是标准库之一,是 Python 2.6 版本以后引入的一个入门级的图形绘制函数库,因此,Turtle 库不需要单独安装,只需要使用 import 命令导入即可使用。Turtle 绘图的场景是一个带有坐标系的画布,绘图工作通过调用 Turtle 库的函数完成。

1. 画布

画布就是 Turtle 的绘图区域,可以设置其大小和初始位置。在画布上,默认有一个坐标原点为画布中心的坐标轴,也是绘制的起点,初始方向是 x 轴正方向(向右)。

2. 画笔

画笔就是 Turtle 的绘图工具,可以通过设置画笔的宽度、颜色、方向等属性自定义画笔。画笔的默认颜色是黑色,宽度为 1 像素,方向向右。

1.5.3　Turtle 库常用函数

Turtle 库中的绘图函数有很多,可以分成 3 种:画笔运动函数、画笔控制函数和全局控制函数。

1. 画笔运动函数

Turtle 画笔运动函数可以分为绘图函数、转向函数、跳转函数和位置函数,主要用来控制画笔在坐标轴上的位置、方向和绘制何种线形,如表 1.5 所示。

表 1.5　画笔运动函数

类　型	函　　数	说　　明
绘图函数	forward(distance)/fd(distance)	向当前画笔方向移动 distance 像素
	backward(distance)/bk(distance)	向当前画笔反方向移动 distance 像素
	dot(d,color)	绘制直径为 d,颜色为 color 的圆点

续表

类　型	函　　数	说　　明
绘图函数	circle(radius[,angle])	绘制角度为 angle,半径为 radius 的弧。radius 为正数,方向为逆时针;radius 为负数,方向为顺时针;angle 默认值为 360
	write('str',font＝(family,size,type)	在 Turtle 位置写字符串 str,字体由字体名、字体大小、字体类型 3 部分组成
转向函数	left(degree)	画笔方向逆时针转动 degree 度
	right(degree)	画笔方向顺时针转动 degree 度
	setheading(angle)/seth(angle)	设置当前画笔朝向为 angle 的角度,angle 为正数,表示逆时针方向;angle 为负数,表示顺时针方向
跳转函数	penup()/up()	提起画笔,用于另起一个地方绘制
	pendown/down()	落下画笔,用于开始绘制
	goto(x,y)	将画笔移动到坐标为(x,y)的位置
位置函数	setx(x)	设置画笔在 x 轴上的 x 坐标,y 坐标不变
	sety(y)	设置画笔在 y 轴上的 y 坐标,x 坐标不变
	home()	设置当前画笔位置为原点,朝向向右

2. 画笔控制函数

Turtle 画笔控制函数可以分为颜色函数、填充函数、状态函数、速度函数和尺寸函数,主要用来控制画笔颜色、填充颜色、显示隐藏状态、速度和尺寸,如表 1.6 所示。

表 1.6　画笔控制函数

类　型	函　　数	说　　明
颜色函数	pencolor(colorstring)	设置画笔颜色,参数可以为颜色名称或三基色模式
	fillcolor(colorstring)	设置填充颜色,参数可以为颜色名称或三基色模式
	color([pencolor,]fillcolor)	同时设置画笔颜色和填充颜色,pencolor 默认时,只设置填充颜色
填充函数	begin_fill()	准备开始填充图形
	end_fill()	填充完成
	filling()	返回当前是否在填充状态
状态函数	hideturtle()	隐藏画笔的 turtle 形状
	showturtle()	显示画笔的 turtle 形状
速度函数	speed(s)	设置画笔速度,s 为整数类型,且取值为 1～10
尺寸函数	pensize(x)/width(x)	设置画笔尺寸为 x 像素

3. 全局控制函数

Turtle 库全局控制函数包括对窗口的操作函数,对画布的设置函数等,如表 1.7 所示。

表 1.7   全局控制函数

类 型	函 数	说 明
窗口函数	clear()	清空 turtle 窗口,turtle 的位置和状态不会改变
	reset()	清空窗口,重置 turtle 状态为起始状态
画布函数	screensize(width,height,bg)	设置画布宽度、高度和背景颜色
	setup(width,height,startx,starty)	设置画布宽度、高度和左上角坐标

1.6   太极五行图案例语法元素解析

1.6.1   案例描述

阴阳学说是中国传统哲学思想中重要的理论之一。《易经》提出:"一阴一阳谓之道"。医学家们运用阴阳学说解释医学中的一切问题,成为了中医学理论体系的指导思想。

五行是指木、火、土、金、水五种基本元素及其运动规律,五行相生相克,如木生火、火生土、土生金、金生水、水生木。对人体来说,应用于以五脏为中心的五个生理、病理系统,为中医在临床诊断、用药、针灸等提供指导。而阴阳与五行,两者相辅相成,五行必合阴阳,阴阳必兼五行。

编程绘制五行阴阳图,其中,绘制五边形作为五行阴阳图框架,五边形的每个角分别用圆表示五行,圆内按顺时针为木、火、土、金、水五个汉字,颜色对应是绿、红、土、金、蓝;在五行框架内,绘制同心圆代表太极图,白色代表阳极在上,黑色代表阴极在下,

扫码看彩图   图 1.20   太极五行图

如图 1.20 所示。

1.6.2   问题分析

下面将绘图拆分成两部分,即绘制五行图和绘制太极图,每一部分封装成一个自定义函数。

1. "绘制五行图"函数 WuXing

在本函数中,设计 2 个参数:画笔宽度(pensize=7)和五行图边长(width)。具体步骤如下。

(1) 定义字典变量,键值对是五行元素名称和对应的颜色。

(2) 从原点开始绘制一个五边形,作为五行图的框架。

(3) 在五个角上分别绘制出五行元素名称并填充对应的颜色。

2. "绘制太极图"函数 TaiJi

在本函数中,设计 3 个参数:太极图圆心的横坐标(x)、纵坐标(y)和半径(r),具体步骤如下。

(1) 以 r/2 为半径绘制两个半圆作为阴阳分界线,以 r 为半径绘制一个圆。

(2) 将阴极填充为黑色。

（3）以 r/6 为半径绘制圆作为阴极点，填充为白色。

（4）以 r/6 为半径绘制圆作为阳极点，填充为黑色。

1.6.3 编程实现

代码片段 1：定义绘制五行图函数。

具体代码内容如下：

```python
import turtle as t
def WuXing(width,pensize=7):
    elements={'木':'green','火':'red','土':'brown','金':'gold','水':'blue',}
    t.pensize(pensize)
    t.seth(36)
    #绘制五边形
    for i in range(5):
        t.forward(width)
        t.right(72)
    t.penup()
    t.goto(-width/10,-width/10)
    t.pendown()
    count = 0
    #绘制五行元素
    for key,value in elements.items():
        t.seth(-45)
        t.fillcolor(value)
        t.begin_fill()
        t.circle(30)
        t.end_fill()
        t.write(key,align="left",font=("黑体",32,"bold"))
        t.right(-45+36 * (-1+2 * count))
        t.penup()
        t.forward(width)
        t.pendown()
        count = count + 1
    return
```

代码片段 2：定义绘制太极图函数。

具体代码内容如下：

```python
def TaiJi(x,y,r):
    t.seth(0)
    t.penup()
    t.goto(x,y+r)
    t.pendown()
    #绘制阴阳极
    t.fillcolor("black")
    t.begin_fill()
    t.circle(-r / 2, 180)
```

```
        t.circle(r / 2, 180)
        t.circle(r, 180)
        t.end_fill()
        t.circle(r, 180)
#绘制阴极点
        t.goto(x,y-2/3 * r)
        t.color("white")
        t.begin_fill()
        t.circle(1/6 * r)
        t.end_fill()
#绘制阳极点
        t.penup()
        t.goto(x,y+1/3 * r)
        t.pendown()
        t.color("black")
        t.begin_fill()
        t.circle(1/6 * r)
        t.end_fill()
        return
```

代码片段 3 ：函数调用。

具体代码内容如下：

```
"""
调用函数,设置五行图边长为 200,
调整圆心坐标,使太极图位于五行图中心,
太极图半径为 110
"""
WuXing(200)
TaiJi(161,-50,110)
t.done
```

代码执行结果如图 1.19 所示。

1.6.4　语法元素解析

1. 第三方库引用

Python 库的函数在使用前,都需要先引用。

本案例中,使用了 Python 标准库 Turtle 库,先使用 import 库名 as 别名的方法引用 Turtle 库。

2. 自定义函数

函数是具有特定功能、可重复使用的代码段,是程序设计过程中,对复杂问题进行分解,完成功能相对独立的单元。函数使程序表达更加清晰,遵循先定义、后调用的原则。函数分为内置(标准)函数和自定义函数两种,Python 内置(标准)函数可以直接调用,当内置(标准)函数无法完成特定功能时,用户可以自定义函数,以完成特定功能。

自定义好的函数可以被多次调用,这样的程序设计方式,也能够减少代码的冗余。

Python 可以使用 def 关键字自定义一个函数,语法格式如下:

```
def 函数名(参数):
    函数体(代码片段)
    return ［表达式］
```

本案例中,定义了 WuXing 五行和 TaiJi 太极两个函数,分别完成五行图和太极图的绘制。

3. 字典

字典是 Python 中常用的数据类型,由键(key)和其对应的值(value)构成的键值对组成,用{}来创建字典。

Python 中,字典类型没有特定的顺序,每个键值对用 key:value 表示,键值对之间用","隔开,可以通过键来查找对应的值。例如,字典变量 info＝{"张三":18,"李四":"男"},info["张三"]就可以获取值 18。

本案例中,定义了五行元素字典 elements,键是五行元素木、火、土、金、水,值是五行代表的颜色 green、red、brown、gold、blue。通过 for 循环遍历每个元素,并获取键和值。

4. 绘制五行图

本案例五行图的绘制,需要分别绘制五边形、五边形每个角上的圆和五行元素 5 个文字。五边形 5 条边的长度是 200,通过 WuXing 函数的参数 width 获取。

首先,设置 elements 字典的初始值,调用画笔宽度函数 pensize(),设置画笔粗细为 WuXing 函数 pensize 参数的值,调用 seth()函数,设置画笔角度为 36;然后,执行 for 循环 5 次,其中,调用 forward()函数绘制五行图的 5 条边,调用 right()函数调整画笔转向。

然后使用 penup()和 pendown()抬起画笔和落下画笔,使用 goto()函数完成将画笔跳转到一个合适的坐标点。

最后,使用 for 循环 5 次,每次获取 elements 字典的键和值,将 elements 字典的值作为 fillcolor()函数的参数设置填充颜色,接着,调用 circle()函数绘制圆形,调用 begin_fill()函数和 end_fill()函数完成圆形内部的颜色填充,调用 write()函数绘制由 elements 字典的键代表的 5 行文字。

5. 绘制太极图

太极图的绘制,需要分别绘制黑色的阴极、白色的阳极、黑色的极点以及白色的极点。主要使用 circle()函数来完成,circle()函数有两个参数:半径和角度。其中,半径是必选参数,半径为负数时顺时针绘制,半径为正数时逆时针绘制;角度是可选参数,默认值是 360,即绘制正圆形。

本案例中,阴极和阳极需要绘制半圆,因此,角度的值是 180。先绘制阴极,从上到下开始绘制,首先顺时针绘制半圆,再逆时针绘制半圆,接着逆时针绘制大半圆,再用黑色填充;然后再绘制半圆,再转到阳极绘制,方法与阴极的绘制类似。最后绘制白色的阳极圆点和黑色的阴极圆点。

1.7 本章小结

扫码查看思维导图

1.8 本章习题

一、选择题

1. 以下关于开发环境的描述,错误的选项是_____。

　　A. Jupyter Notebook 是 Python 语言常用的开发环境之一

　　B. IDLE 中可以编辑与运行代码

　　C. PyCharm 中可以编辑与运行代码

　　D. Word 是 Python 语言常用的开发环境

2. 以下关于变量命名的描述,错误的选项是_____。

　　A. Python 语言中的变量命名可以是中文字符

　　B. Python 语言中的变量命名可以是英文字符

　　C. Python 语言中的变量命名可以是 list1

　　D. Python 语言中的变量命名可以是 3yao

3. 以下关于 IPO 模式的描述,错误的选项是_____。

　　A. P 即 program,指的是编程

　　B. P 即 process,指的是处理

　　C. I 即 input,指的是输入

　　D. O 即 output,指的是输出

4. 以下关于 Turtle 库中函数的描述,错误的选项是_____。

　　A. (190,190,190)可用于 Turtle 库中对颜色值的表示

　　B. BEBEBE 可用于 Turtle 库中对颜色值的表示

　　C. Turtle 库中 setup()函数的作用是设置窗口大小

　　D. seth()函数的作用是调整绘图方向,seth(90)表示画笔绘制方向向右旋转 90°

5. 以下关于 Turtle 库函数的描述,错误的选项是_____。

　　A. pk()是 Turtle 库中的函数

　　B. pd()是 Turtle 库中的函数

　　C. penup()是 Turtle 库中的函数

　　D. left()是 Turtle 库中的函数

二、编程题

1. 执行以下代码，并试着说出所包含的语法元素。

```python
for i in range(1,10):
for j in range(1,i+1):
    print("{} * {}={:2} ".format(j,i,i * j),end='')
    print('')
```

2. 执行以下代码，并试着说出所包含的语法元素。

```python
list1=[1,2,3,4,5,6]
for i in list1:
    print(i)
```

3. 执行以下代码，并试着说出所包含的语法元素。

```python
#回文数
a = (input('请输入一个数字'))
b = (a[::-1])
if a == b:
    print('{}是回文数'.format(a))
else:
    print('{}不是回文数'.format(a))
```

4. 执行以下代码，并试着逐行解释代码。

```python
from turtle import *
color((83/255,30/255,178/255))
begin_fill()
fd(200)
right(120)
fd(200)
right(120)
fd(200)
end_fill()
```

5. 执行以下代码，并试着逐行解释代码。

```python
import turtle
turtle.color('red', 'yellow')
turtle.speed("fastest")
turtle.begin_fill()
for x in range(100):
    turtle.forward(2 * x)
    turtle.left(90)
turtle.end_fill()
turtle.done()
```

第**2**章

简单数据类型

本章学习目标
- 掌握 Python 中数字类型和布尔类型的概念
- 熟练使用简单数据类型的运算符及基本函数
- 熟悉 math 库的常用函数和应用场景
- 掌握简单数据类型在医学领域中的基本应用

本章源代码

本章首先介绍 Python 中的简单数据类型,即数字类型和布尔类型的概念;然后介绍简单数据类型的运算符和基本函数的概念及使用方法;再通过引入具有数学运算功能的 math 库,介绍该库的基本功能、常用函数和应用技巧;最后基于"每天减肥一点点""圆形分布法"的实践案例,让读者进一步掌握简单数据类型在医疗健康领域中的应用。

2.1 数字类型

数字类型主要以阿拉伯数字的形式表示,在 Python 中数字类型可分为整数(int)、浮点数(float)和复数(complex)3 种类型。

2.1.1 整数

Python 中的整数与数学中整数的概念一致,即没有小数部分的数字。理论上,Python 整数并没有取值范围限制,当所用数值超过计算机自身的计算能力时,Python 会自动转用高精度计算。

在 Python 中,整数有 4 种进制表示形式,具体如下。

(1)十进制形式,是人们最常见的整数形式,由 0~9 共 10 个数字排列组合而成,如 1010、83、−2、10000。

(2)二进制形式,是最简单的进位制,仅有 0 和 1 两个基本数字符号,遵循逢 2 进 1 的原则。在 Python 中表示二进制形式时需以 0b 或 0B 开头,如 0b0010、0B1011。

(3)八进制形式,由 0~7 共 8 个数字组成,遵循逢 8 进 1 的原则。在 Python 中八进制形式表示时需以 0o 或 0O 开头,如 0o711、0O346。

(4)十六进制形式,由 0~9 这 10 个数字以及 A~F(或 a~f)6 个字母组成,其中 A 表示十进制中的 10,B 为 11,以此类推,遵循逢 16 进 1 的原则。在 Python 中表示十六进制形式时需以 0x 或 0X 开头,如 0xABF34、0X98CCE。

现通过代码的形式对 4 种进制表示形式加以说明,如例 2.1 所示。

【例 2.1】 Python 中的 4 种进制表示形式。

```
#例 2.1
a = 0b010
b = -0B101
c = 0o123
d = -0O456
e = 0x9a
f = -0X89
print(a,b,c,d,e,f)
```

代码执行结果如下:

```
2 -5 83 -302 154 -137
```

本例中,a 和 b 为二进制整数,c 和 d 为八进制整数,e 和 f 为十六进制整数。二、八、十六进制整数在使用 print 语句输出时,其输出结果会自动转换为十进制形式。有关整数之间的进制转换,遵循按权展开的原则,其中权是指该进制形式所包含的数字符号数量(如十进制包含 0~9 共 10 个数字符号,因此权值为 10)。所谓按权展开,即任何一个数值都是各位数字本身的值与其权之积的总和。图 2.1 为十进制整数 1234 和八进制整数 1234 的按权展开示意图,其中,八进制整数 1234 按权展开后得到的结果 665,即转换后的十进制数字。

$$(1234)_{10} = 1 \times 10^3 + 2 \times 10^2 + 3 \times 10^1 + 4 \times 10^0$$

权

$$(1234)_8 = 1 \times 8^3 + 2 \times 8^2 + 3 \times 8^1 + 4 \times 8^0$$

图 2.1 整数进制转换

练一练

下面代码的输出结果是_____。

```
x = 0o1010
print(x)
```

A. 10   B. 520   C. 1024   D. 32768

2.1.2 浮点数

浮点数与数学中的小数概念一致。之所以称之为浮点数,是因为在计算机有限内存中,小数点的位置不固定,可以灵活地表示更大范围的数值。同一个浮点数有很多表达方式,例如 1234.5 可以表示为 1.2345×10^3 或 12.345×10^2。

在 Python 中,浮点数有两种书写形式,即十进制形式和指数形式,具体如下。

(1) 十进制形式,是人们常见的小数表示形式,如 12.3、123.0、0.123。需要注意的是,浮点数书写时必须包含小数点,否则会被 Python 当作整数处理。

(2) 指数形式。浮点数还可以采用科学记数法表示,即以字母 e 或 E 作为幂符号,表示以 10 为基数的形式,如 1.23×10^9 可以写作 1.23e9 或者 12.3E8;0.000012 可以写成 1.2e-5 等。需要注意的是,在 Python 中将任何一个数字以指数形式进行表示时,即使它的最终值看起来像一个整数,其仍是一个浮点数。例如,14E3 虽然等价于 14000,但 14E3 在 Python 中仍是一个浮点数。

两种浮点数表示形式的代码如例 2.2 所示。

【例 2.2】 Python 中的浮点数表示。

```
#例 2.2
print(0.047)
print(0.000000000000000000000000000847)
print(3456797451324567873245234523453.45006)
print(5.6E5)
print(type(5.6E5))
print(12.3 * 0.1)
```

代码执行结果如下：

```
0.047
8.47e-26
3.456797451324568e+26
560000.0
<class 'float'>
1.2300000000000002
```

本例中，从输出结果可以看出，Python 能容纳极小和极大的浮点数，并且 print()函数在输出浮点数时，会根据浮点数的长度和大小适当地舍去一部分数字，或者采用科学记数法表示。在输入 print(12.3 * 0.1)时，其输出结果不符合常理，很明显应该是 1.23，但 print()函数的输出结果却为 1.2300000000000002，存在不确定尾数。原因在于浮点数在内存中是以二进制形式存储的，而十进制小数在转换成二进制时很有可能是一串无限循环的数字，无法精确表示，因此在 Python 中浮点数的精度存在一定限制，此时可使用 round()函数截取浮点数的小数尾数，如例 2.3 所示。

【例 2.3】 使用 round()函数截取浮点数的小数尾数。

```
#例 2.3
print(0.1+0.2)
print(0.1+0.2==0.3)
print(round(0.1+0.2,1)==0.3)
```

代码执行结果如下：

```
0.30000000000000004
False
True
```

本例中，0.1+0.2 的计算结果存在不确定尾数，和 0.3 并不相等，通过 round()函数对其结果保留 1 位小数后，等式成立。

练一练

下面代码的输出结果是_____。

```
x = 3.1415926
print(round(x,2),round(x))
```

A. 3.14 3   B. 3 3.14   C. 2 2   D. 6.28 3

2.1.3 复数

Python 中的复数与数学中复数的概念一致,由实部(real)和虚部(imag)构成。在 Python 中,有关复数的具体表述如下,使用方法如例 2.4 所示。

(1) 复数虚部以 j 或者 J 作为后缀,具体格式为 a+bj,其中 a 表示实部,b 表示虚部。

(2) 实数部分和虚数部分都是浮点数类型。

(3) 可以用 z.real()和 z.imag()函数来获取复数 z 的实数部分和虚数部分。

【例 2.4】 Python 中的复数。

```
#例2.4
x = 7e-2
print('x=',x,type(x))
y = -3
print('y=',y,type(y))
z = 7e-2-3j
print('z=',z,type(z))
print(z.real,z.imag,type(z.real),type(z.imag))
```

代码执行结果如下:

```
x= 0.07 <class 'float'>
y= -3 <class 'int'>
z= (0.07-3j) <class 'complex'>
0.07 -3.0  <class 'float'><class 'float'>
```

练一练

1. 关于 python 的复数类型,以下选项中描述错误的是_____。

    A. 复数类型表示数学中的复数

    B. 复数的虚数部分通过后缀"j"来表示

    C. 对于复数 z,可以用 z.real()函数获得它的实数部分

    D. 复数的实数与虚数部分可以是整数

2. 下面代码的输出结果是_____。

```
print(1.23e-4+5.67e+8j.real)
```

    A. 0.000123   B. 1.23   C. 5.67e+8   D. 1.23e4

2.2 布尔类型

Python 提供了布尔类型(bool)来表示真或假,分别取值为 True 或 False,常用于控制分支结构和循环结构的条件表达式中。例如,比较算式 2>1 是正确的,在程序世界里称之为"真",在 Python 中使用 True 来表示;而 4>5 这个比较算式是错误的,在程序世界里称之为"假",在 Python 中使用 False 来表示,如例 2.5 所示。

【例 2.5】 Python 中的布尔类型。

```
#例 2.5
print(True)
print(true)
print(3>2,5<3)
print(type(False))
print(True==1,False==0)
```

代码执行结果如下：

```
True
#第二行报错
True False
<class 'bool'>
True True
```

本例中，在 Python 中可以直接用 True 和 False 表示布尔值（注意大小写），也可以通过布尔运算计算得到布尔值。此外，在 Python 3 版本中，布尔类型是一种特殊的整数，True 和 False 可以和数字进行运算，其中 True 为 1，False 为 0。

练一练

下面代码的输出结果是_____。

```
print(1>2-2,(1>2)-2)
```

A. False−2　False−2　　　B. True　False−2　　　C. 1　−2　　　D. True　−2

2.3　运算符与基本函数

2.3.1　算术运算符

算术运算符，即数学运算符，主要用来对数字进行数学运算，例如常见的加减乘除。Python 中的常见算术运算符的形式、运算符的说明以及相应的注意事项如表 2.1 所示。

表 2.1　算术运算符

形　式	说　　明	注　意　事　项
x＋y	x 与 y 的和	
x−y	x 与 y 的差	
x＊y	x 与 y 的积	
x/y	x 与 y 的商	除数不能为 0，这将导致 ZeroDivisionError 错误
x//y	x 与 y 的整数商，即只保留结果的整数部分，舍弃小数部分	该运算直接丢掉结果的小数部分，而不是四舍五入
x％y	x 与 y 之商的余数，也称为模运算	求余运算的本质是除法运算，所以第二个数字也不能为 0，否则会导致 ZeroDivisionError 错误
−x	x 的负值，即 x＊(−1)	
＋x	x 本身	
x＊＊y	x 的 y 次幂，即 x^y	由于开方是次方的逆运算，所以也可以使用＊＊运算符间接地实现开方运算

例 2.6 中的代码实现了算术运算符的基本功能。

【例 2.6】 Python 中的算术运算符。

```
#例2.6
x = 10
y = 3
print('x+y=',x+y)
print('x-y=',x-y)
print('x * y=',x * y)
print('x/y=',x/y)
print('x//y=',x//y)
print('x%y=',x%y)
print('x * * y=',x * * y)
```

代码执行结果如下:

```
x+y= 13
x-y= 7
x * y= 30
x/y= 3.3333333333333335
x//y= 3
x%y= 1
x**y= 1000
```

接下来,将通过具体例子对算术运算过程中的常见注意事项做详细说明。

1. 运算符单斜线/和双斜线//的比较

Python 支持/和//两个除法运算符,但它们之间有所区别。

(1) /表示普通除法,使用它计算出来的结果和数学中的计算结果相同。/的计算结果为浮点数,不管是否能除尽,也不管参与运算的是整数还是浮点数。

(2) //表示整除,即只保留结果的整数部分,舍弃小数部分。需要注意的是,该运算符是直接丢掉结果的小数部分,而不是四舍五入。//的计算结果一般为整数,当有浮点数参与运算时,//的结果才是浮点数。

具体使用方法如例 2.7 所示。

【例 2.7】 运算符/和//的比较。

```
#例2.7
#整数不能除尽
print("23/5 =", 23/5)
print("23//5 =", 23//5)
print("23.0//5 =", 23.0//5)
print("--------------------")
#整数能除尽
print("25/5 =", 25/5)
print("25//5 =", 25//5)
print("25.0//5 =", 25.0//5)
print("--------------------")
#小数除法
print("12.4/3.5 =", 12.4/3.5)
print("12.4//3.5 =", 12.4//3.5)
```

代码执行结果如下：

```
23/5 = 4.6
23//5 = 4
23.0//5 = 4.0
-------------------
25/5 = 5.0
25//5 = 5
25.0//5 = 5.0
-------------------
12.4/3.5 = 3.542857142857143
12.4//3.5 = 3.0
```

2. 运算符%的注意事项

在 Python 中，百分号%运算符用来求两个数相除的余数。由于求余运算的本质是除法运算，因此算式中第二个数字不能取 0，否则会导致 ZeroDivisionError 错误。此外，需要注意的是，求余结果的正负和第一个数字没有关系，只由第二个数字决定；当%两边的数字都是整数时，求余的结果也是整数，而只要有任意一个数字是浮点数，求余的结果即为浮点数。

运算符%的具体使用方法如例 2.8 所示。

【例 2.8】 运算符%。

```
#例2.8
print("-----整数求余-----")
print("15%6 =", 15%6)
print("-15%6 =", -15%6)
print("15%-6 =", 15%-6)
print("---整数和小数运算---")
print("23.5%6 =", 23.5%6)
print("23%6.5 =", 23%6.5)
```

代码执行结果如下：

```
-----整数求余-----
15%6 = 3
-15%6 = 3
15%-6 = -3
---整数和小数运算---
23.5%6 = 5.5
23%6.5 = 3.5
```

3. 运算符**可实现开方运算

在 Python 中，**为乘方运算符，用来求 x 的 y 次方。由于开方是次方的逆运算，因此可以使用**运算符间接地实现开方运算，如例 2.9 所示。

【例 2.9】 运算符**。

```
#例2.9
print('----乘方运算----')
print('3**4 =', 3**4)
print('2**5 =', 2**5)
print('----开方运算----')
```

```
print('81**(1/4) =', 81**(1/4))
print('32**(1/5) =', 32**(1/5))
```

代码执行结果如下：

```
----乘方运算----
3**4 = 81
2**5 = 32
----开方运算----
81**(1/4) = 3.0
32**(1/5) = 2.0
```

4. 不同数字类型之间可进行混合运算，生成结果为最宽类型

整数、浮点数和复数这 3 种数字类型存在一种扩展关系，其中整数是浮点数的特例，浮点数是复数的特例。不同数字类型间可以进行混合运算，运算后生成结果为最宽的类型，如例 2.10 所示。

【例 2.10】 运算符混合运算。

```
#例2.10
#整数和浮点数的混合运算
print(123+5.0)
#整数和复数的混合运算
print(123+5e3j)
#浮点数和复数的混合运算
print(3.8-6j)
```

代码执行结果如下：

```
128.0
(123+5000j)
(3.8-6j)
```

从上述代码结果中可以看出，整数和浮点数的运算结果为浮点数，任何数字类型与复数的运算结果为复数，且复数在 print()函数中输出时最外侧有小括号。

> **练一练**
>
> 下列表达式的结果不是 2 的是_____。
>
> A. 12％5　　　　　B. 5//2　　　　　C. 1＊2　　　　　D. 1＋3/3

2.3.2　赋值运算符

赋值运算符用来将其右侧的值传递给左侧的变量或者常量，在 Python 中最基本的赋值运算符为等号"＝"，它既可以直接将右侧的值赋给左侧的变量，也可以在进行某些运算后再赋给左侧的变量，例加减乘除、函数调用、逻辑运算等。此外，由于等号具有右结合性，因此可以通过多个等号实现连续赋值，如例 2.11 所示。

【例 2.11】 Python 中的赋值运算符。

```
#例2.11
#将常量赋值给变量
n1 = 100
```

```
#将变量的值赋给另一个变量
n2 = n1
#将运算结果赋给变量
sum1 = 25 + 46
#连续赋值
n3 = n4 = n5 = n1 %6
print(n1,n2,sum1,n3,n4,n5)
```

代码执行结果如下：

```
100 100 71 4 4 4
```

此外，等号还可与其他运算符相结合，扩展成为功能更加强大的增强赋值运算符，这些增强赋值运算符的形式及其等价形式如表 2.2 所示。扩展后的赋值运算符使得赋值表达式的书写更加简洁、方便。

表 2.2   增强赋值运算符

形　式	等 价 形 式	形　式	等 价 形 式
x+=y	x=x+y	x//=y	x=x//y
x-=y	x=x-y	x%=y	x=x%y
x*=y	x=x*y	x**=y	x=x**y
x/=y	x=x/y		

2.3.3   比较运算符

比较运算符，也称关系运算符，用于对常量、变量或表达式的结果进行大小比较。如果这种比较是成立的，则返回 True(真)，反之则返回 False(假)。Python 中的常见比较运算符及相应说明如表 2.3 所示。

表 2.3   比较运算符

比较运算符	说　　明
>	大于，如果>前面的值大于后面的值，则返回 True，否则返回 False
<	小于，如果<前面的值小于后面的值，则返回 True，否则返回 False
>=	大于或等于(等价于数学中的≥)，如果>=前面的值大于或等于后面的值，则返回 True，否则返回 False
<=	小于或等于(等价于数学中的≤)，如果<=前面的值小于或等于后面的值，则返回 True，否则返回 False
==	等于，如果==两边的值相等，则返回 True，否则返回 False
!=	不等于(等价于数学中的≠)，如果!=两边的值不相等，则返回 True，否则返回 False

具体使用方法如例 2.12 所示。

【例 2.12】   Python 中的比较运算符。

```
#例 2.12
print("199 是否大于 100: ", 199 > 100)
print("24 * 5 是否小于或等于 76: ", 24 * 5 <= 76)
```

```
print("86.5是否等于 86.5: ", 86.5 == 86.5)
print("34是否不等于 34.0: ", 34 != 34.0)
```

代码执行结果如下：

```
199是否大于 100: True
24 * 5是否小于或等于 76: False
86.5是否等于 86.5: True
34是否不等于 34.0: False
```

练一练

以下代码的输出结果是_____。

```
x = 2
x *= 3 + 5**2
print(x)
```

A. 13   B. 56   C. 15   D. 2

2.3.4 逻辑运算符

逻辑运算符用于将多个逻辑语句连接成一个更为复杂的复杂语句，主要包括与、或和非。Python 中常见的逻辑运算符的形式、含义及其说明如表 2.4 所示。

表 2.4 逻辑运算符

形　式	含　义	说　明
a and b	逻辑与	当 a 和 b 两个表达式都为真时，a and b 的结果才为真，否则为假
a or b	逻辑或	当 a 和 b 两个表达式都为假时，a or b 的结果才是假，否则为真
not a	逻辑非	如果 a 为真，那么 not a 的结果为假；如果 a 为假，那么 not a 的结果为真

具体使用方法如例 2.13 所示。

【例 2.13】 Python 中的逻辑运算符。

```
#例 2.13
a = (3>4)
b = (5!=6)
print(a and b,a or b,not a)
```

代码执行结果如下：

```
False True True
```

逻辑运算符在需要条件判断的场合应用较多。以 BMI 体重指数（计算公式为 BMI＝体重（kg）/身高（m）^{2}）判断健康状态为例，按照我国的判断标准，BMI 在 [18.5,24.0) 为正常，[24.0,28.0) 为超重，≥28kg/m^2 为肥胖，<18.5kg/m^2 为偏瘦。如例 2.14 所示，可通过对用户输入的身高、体重进行计算，自动给出该用户的健康状态。

【例 2.14】 基于 BMI 指数的健康状态判断。

```
#例 2.14
height = eval(input("请输入身高: "))
weight = eval(input("请输入体重: "))
BMI = weight/(height**2)
if BMI >= 18.5 and BMI<=23.9:
    print("恭喜,你的身体很健康")
if BMI >23.9 and BMI<=27.9:
    print('超重,该减肥了')
if BMI > 27.9:
    print('肥胖,别再吃了,多运动吧')
if BMI < 18.5:
    print('偏瘦,多吃点')
```

代码执行结果如下:

```
#用户依次输入 1.6,51
恭喜,你的身体很健康
```

练一练

现有 5 位学生的基本信息如下表所示,请写出符合以下条件的表达式。

学　号	数　学	语　文	英　语	党　员	违　纪
1	97	120	116	False	无
2	110	103	139	True	无
3	58	79	44	False	打架
4	102	118	122	True	无
5	145	130	141	True	逃课

(1) 语数外成绩均大于 100 且为党员。

(2) 各科没有不及格且没有违纪但不是党员。

(3) 各科有不及格或者有违反校规的。

2.3.5　数值运算函数

Python 的内置函数中有部分函数可用于特定的数值运算,常见的数值运算函数及其功能说明如表 2.5 所示。

表 2.5　数值运算函数

函　　数	说　　明
abs(x)	x 的绝对值
divmod(x, y)	(x//y, x%y),输出为二元组形式(也称为元组类型)
pow(x,y[,z])	(x**y)%z,[..]表示该参数可以省略,即 pow(x,y),它与"**"符号相同
round(x[,ndigits])	对 x 四舍五入,保留 ndigits 位小数,round(x)返回四舍五入的整数值
max(x_1,x_2,$\cdots$,x_n)	x_1,x_2,$\cdots$,x_n 的最大值,n 没有限定
min(x_1,x_2,$\cdots$,x_n)	x_1,x_2,$\cdots$,x_n 的最小值,n 没有限定

具体使用方法如例 2.15 所示。

【例 2.15】　Python 中的数值运算函数。

```
#例 2.15
x=10
y=3
z=-20.5769
print(abs(z))
print(round(z,3))
print(pow(x,y))
print(divmod(x,y))
print(max(20,12.22,3,-5,7,4))
print(min(20,12.22,3,-5,7,4))
```

代码执行结果如下：

```
20.5769
-20.577
1000
(3, 1)
20
-5
```

练一练

1. 以下代码的输出结果是_____。

```
x = 11
y = 4
print(divmod(x,y))
```

　A.（2,3）　　　　　B.（3,2）　　　　　C. 2,3　　　　　D. 3,2

2. 请编写 Python 程序计算下列数学表达式的结果，小数点后保留 3 位。

$$x = \sqrt{\frac{3^4 + 5 * 6^7}{8}}$$

2.3.6　数值类型转换函数

Python 提供了多种可实现数据类型转换的函数，具体函数及说明如表 2.6 所示。在进行数值类型转换时，需要注意如下 4 点事项。

表 2.6　数值类型转换函数

函　　　数	说　　　明
type(x)	查看 x 的数据类型
int(x)	将 x 转换为整数，x 可以是浮点数或字符串
float(x)	将 x 转换为浮点数，x 可以是整数或字符串
complex(x[, y])	将 x 和 y 生成一个复数的实数部分和虚数部分，当函数参数有字符串时，只能有 1 个参数
bool(x)	将 x 转换为布尔类型

（1）用 int()函数将浮点数转换为整数时，并不是四舍五入，而是直接去掉小数部分。

（2）字符串类型也可转换成数字类型。

（3）复数在输出时外面有括号，且即使复数虚部为 0，仍需要写出来。

（4）其他类型值转换为 bool 值时，除了 ""、""""、""""""""、0、()、[]、{}、None、0.0、0L、0.0+0.0j、False 为 False 外，其他值转换后均为 True。

具体用法如例 2.16 所示。

【例 2.16】 Python 中的数值类型转换函数。

```
#例 2.16
x = 20.56
y = 5
z = "10.4"
m = ''
print(type(x),int(x))
print(type(y),float(y))
print(type(z),float(z))
print(complex(x,y))
print(complex(z))
print(bool(x),bool(m))
```

代码执行结果如下：

```
<class 'float'> 20
<class 'int'> 5.0
<class 'str'> 10.4
(20.56+5j)
(10.4+0j)
True False
```

2.4 数学运算库

2.4.1 math 库简介

math 库是 Python 提供的内置数学类函数库，它仅支持整数和浮点数运算，不支持复数类型运算。math 库提供了 4 个数学常数和 44 个函数，其中 44 个函数包括 16 个数值表示函数、8 个幂对数函数、16 个三角对数函数和 4 个高等特殊函数。由于 math 库中函数数量较多，在学习过程中只需要理解函数功能，记住常用函数即可。在实际编程中，如果需要采用 math 库，可以查看 math 库官方网站中的函数说明，以作参考。

2.4.2 math 库常用函数

math 库中的常用函数及其功能说明如表 2.7 所示。

表 2.7　math 库常用函数

类　型	形　式	说　明
常量函数	pi	π 的近似值,为 15 位小数
	e	e 的近似值,为 15 位小数
幂对数函数	pow(x,y)	计算 x 的 y 次方
	log(x,base)	以 base 为底的 x 的对数,若 base 省略,可默认为以 e 为底的对数
	log10(x)	以 10 为基的对数
	sqrt(x)	算术平方根
	exp(x)	e 的 x 次幂
数值运算函数	ceil(x)	对浮点数向上取整
	floor(x)	对浮点数向下取整
	fsum([x,y,z,…])	返回浮点数的精确和
	modf(x)	返回 x 的小数和整数部分,两个结果都带有 x 的符号并且是浮点数
	factorial(x)	返回 x 的阶乘,如果 x 不是整数或为负数时则将引发 ValueError
	gcd(x,y,z,…)	返回所有参数的最大公约数。如果所有参数为零,则返回值为 0;不带参数的 gcd()函数返回 0
	lcm(x,y,z,…)	返回给定的整数参数的最小公倍数。如果参数之一为零,则返回值为 0;不带参数的 lcm()函数返回 1
	comb(n,k)	返回不重复且无顺序地从 n 项中选择 k 项的方式总数。如果任一参数不为整数则会引发 TypeError;如果任一参数为负数则会引发 ValueError
	perm(n,k=None)	返回不重复且有顺序地从 n 项中选择 k 项的方式总数。若 k 未指定或为 None,k 默认为 n。如果任一参数不为整数则会引发 TypeError;如果任一参数为负数则会引发 ValueError
三角运算函数	degrees(x)	将弧度值转换成角度值
	radians(x)	将角度值转换成弧度值
	sin(x)	正弦函数
	cos(x)	余弦函数
	tan(x)	正切函数
	asin(x)	反正弦函数,x∈[−1.0,1.0]
	acos(x)	反余弦函数,x∈[−1.0,1.0]
	atan(x)	反正切函数,x∈[−1.0,1.0]

　　下面通过几个例子对 math 库中的常用函数进行解析,如在计算圆面积时可使用 math 库中的 pi 函数;进行浮点数精确求和时可使用 fsum()函数;求解阶乘时可使用 factorial() 函数;求解排列组合问题时可使用 comb()函数;将弧度制转换为角度时可使用 degrees()函数等,如例 2.17 所示。

【例 2.17】   math 库常用函数。

```
#例 2.17
import math
#求半径为 10 的圆面积,保留 2 位小数
area = 10**2 * math.pi
area = round(area,2)
print(area)
#浮点数精确求和
sum1 = 0.1+0.2+0.3
sum2 = math.fsum([0.1,0.2,0.3])
print(sum1,sum2)
#求 10 的阶乘
print(math.factorial(10))
#从 30 名同学中选出 3 名同学参加数据分析大赛,有多少种选法?
print(math.comb(30,3))
#将 π 的弧度制转换为角度值
rad = math.pi
print(math.degrees(rad))
#判断 arctan1 的值与 π/4 的大小
print(math.atan(1)>math.pi)
```

代码执行结果如下:

```
314.16
0.6000000000000001 0.6
3628800
4060
180.0
False
```

练一练

请利用 math 库计算下列题目,结果需保留两位小数。

(1) $e^{\sin 3}$ (2) $\log_3 2^7$ (3) $\sqrt{\pi^2+4}$

(4) $\dfrac{3!}{1+10^{0.2}}$ (5) $\left| \ln\sqrt{\dfrac{\pi}{4}} \right|$ (6) $e^{\pi-\sqrt{2}}-1$

2.4.3   math 库应用

生活中的很多事情可抽象成数学问题来解答,math 库提供的数学运算功能可以大大增加运算效率。接下来通过 3 个实例,简单介绍 math 库的可能应用场景。

1. 运输价格计算

已知某快递公司规定运输价格为:2kg 以下 10 元,2kg 以上每多 1kg 的货物另收 2 元(不足 1kg 按 1kg 计算)。假设现有 13.5kg 的货物,请问运送这批货物需要的运输价格是多少?

该应用场景中,不足 1kg 按 1kg 计算的条件涉及向上取整问题,因此可使用 math 库的 ceil() 函数,如例 2.18 所示。

【例 2.18】　运输价格计算。

```
#例2.18
#使用ceil实现向上取整
import math
weight = 13.5
money = 10 + math.ceil(weight-2) * 2
print('运送13.5kg货物需要{}元'.format(money))
```

代码执行结果如下：

运送 13.5kg 货物需要 34 元

2. 卫生资源分配

新冠肺炎疫情初期，"武汉战疫"牵动着国人的心弦，为了应对床位紧缺问题，武汉市在各地建立方舱医院或其他集中安置点来安置轻症或无症状感染者。假设武汉市总共有 3653 名医生、10397 名护士、1967 名麻醉师，要求每个集中安置点的医生、护士、麻醉师人数都分别相等，且均没有剩余，请问最多可以新建多少个集中安置点？

此问题中要求医生、护士和麻醉师在安置后没有剩余，说明 3 种职业的数量均可以被安置点数量整除，因此可将该任务抽象为求解最大公约数问题，采用 math 库中的 gcd() 函数求解 3653、10397 和 1967 三个数字的最大公约数即可，如例 2.19 所示。

【例 2.19】　解决医疗卫生分配问题。

```
#例2.19
#医疗卫生分配问题
import math
num = math.gcd(3653,10397,1967)
print('最多可以新建{}个集中安置点'.format(num))
```

代码执行结果如下：

最多可以新建 281 个集中安置点

3. 志愿者选取

某社区共有 58 人申请做志愿者，但仅有 24 个岗位。小明家有 6 个人，若不考虑年龄经验等因素，在所有申请者中随机抽取志愿者，请问小明家至少有 2 个人成功被选为志愿者的概率为多少？如例 2.20 所示。

【例 2.20】　小明家至少有 2 个人成功被选为志愿者的概率。

```
#例2.20
import math
#小明家没有人被选为做志愿者的概率
p0 = math.comb(6,0) * math.comb(52,24)/math.comb(58,24)
#1人被选为做志愿者的概率
p1 = math.comb(6,1) * math.comb(52,23)/math.comb(58,24)
#总概率减去以上两种情况
p = 1-p0-p1
print('小明家至少有2个人成功被选为志愿者的概率为',round(p,3))
```

代码执行结果如下：

小明家至少有 2 个人成功被选为志愿者的概率为 0.802

2.5 医学实践案例解析

2.5.1 案例 1：每天减肥一点点

1. 案例描述

减肥属于以减少人体过度的脂肪、体重为目的的行为方式。适度减重可降低患肥胖症的风险,也可提高有肥胖并发症的患者的健康水平。减肥的关键在于消耗的热量比摄入的多,科学运动和平衡饮食是健康减肥的两大护法。从理论上来看,二者都是为了创造热量缺口,例如通过饮食来限制日常总体热量的摄入,也可以实现热量差,或者通过运动来增加日常消耗,也可以实现热量差。

若想有效减脂,最好的方法是"控制饮食＋运动",二者缺一不可。此外,为了身体健康,应该循序渐进地少热量摄入并增加运动效果。据此,提出如下问题。

(1) 假设今日饮食摄入 2500 大卡,计划此后每天比前一天减少 10% 的摄入,持续一周,那么一周后每天饮食摄入多少大卡?

(2) 假设今日运动消耗 500 大卡,计划此后每天比前一天增加 10% 的消耗,持续一周,那么一周后每天运动消耗多少大卡?

(3) 人都是具有一定惰性的,适当的休息也未必不是一个好选择。若仅在周一至周六运动,周日休息,不运动,那么 x 天后每天运动消耗多少大卡(假设今日为周一)?

2. 问题分析

对于问题(1),可设置变量 intake 为今日饮食摄入,每天减少 10% 的摄入,即在今日饮食摄入基础上乘以(1—10%),持续一周即 7 天,那么需要连续乘以 7 个(1—10%),即(1—10%)的 7 次方。

对于问题(2),可设置变量 consume 为今日运动消耗,每天增加 10% 的消耗,即在今日运动消耗基础上乘以(1＋10%),持续一周即 7 天,那么需要连续乘以 7 个(1＋10%),即(1＋10%)的 7 次方。

对于问题(3),首先获取用户天数 x,由于今日为周一,而周日休息,因此可以通过整除判断 x 天内有多少个 7 天,每个 7 天中有 6 天运动,剩下不足 7 天的天数可通过求余数获得。综上,可计算用户总共运动的天数,再连续乘以数量为运动天数的(1＋10%)即可。

3. 编程实现

具体代码内容如下:

```
#问题1
intake = 2500
intake_new = intake * pow((1-0.1),7)
print('一周后每天饮食摄入为{:.2f}大卡'.format(intake_new))
#问题2
consume = 500
consume_new = consume * pow((1+0.1),7)
print('一周后每天运动消耗为{:.2f}大卡'.format(consume_new))
```

```
#问题 3
consume = 500
x = int(input("请输入天数："))
sportday = x // 7 * 6 + (x %7)
consume = 500 * pow((1+0.1),sportday)
week = x%7
if x%7 == 0:
    week = '日'
print('第{}天,周{},运动消耗为{:.2f}大卡'.format(x,week,consume))
```

代码执行结果如下：

```
一周后每天饮食摄入为 1195.74 大卡
一周后每天运动消耗为 974.36 大卡
#用户输入 14
第 14 天,周日,运动消耗为 1569.21 大卡
```

4. 代码解析

对于问题(1)，可使用 Python 内置运算函数 pow(x,y) 返回 x 的 y 次方的值，或直接使用运算符**实现乘方运算。

对于问题(2)，同样可使用 Python 内置运算函数 pow(x,y) 返回 x 的 y 次方的值，或直接使用运算符**实现乘方运算。

对于问题(3)，设变量 consume 为今日运动消耗，通过 input() 函数获取用户天数 x，利用//运算符可以返回商的整数部分，%运算符可返回余数部分。

2.5.2　案例 2：圆形分布法的实现

1. 案例描述

医学中有些观察数据常具有周期性变化规律，如婴儿的出生时刻、心脏病的发作时间、中医十二经脉的子午流注规律等，类似此类具有周期性变化的资料称为圆形分布资料。此类资料如果采用常规的线性数据统计分析方法来计算分析，往往很难确切反映其内在分布特点。例如，求实验对象的平均入睡时间，假设有 3 个人的入睡时间分别为 3 点、23 点、22 点，若 3 个数直接求平均数(3+23+22)/3＝16，显然是不合理的，因为 3 个时刻都在午夜前后，均数却在 16 点。而采用圆形分布法求得 3 个时刻的均值为 23 点 55 分，正好在子夜附近。因此，圆形分布资料应采用圆形分布法统计分析。

假设以下为某天某医院 3 名婴儿的出生时刻：15:30、12:56、21:48。请利用 Python 中的 math 库求其平均出生时刻。

2. 问题分析

处理圆形分布资料的一般步骤如下。

(1) 计算 3 个出生时刻的角度值，并将角度转换为弧度。

(2) 求解 3 个出生时刻弧度对应的三角函数值，计算平均三角函数值，并判断其正负。

(3) 代入以下公式求得平均弧度。

设 $\bar{x}$ 和 $\bar{y}$ 分别表示角度 cos 值与 sin 值的均值，则弧度的平均值可以表示为：

$$\bar{\alpha} = \begin{cases} \arctan(\bar{y}/\bar{x}) & (\bar{x} > 0, \bar{y} > 0) \\ 2\pi + \arctan(\bar{y}/\bar{x}) & (\bar{x} > 0, \bar{y} < 0) \\ \pi + \arctan(\bar{y}/\bar{x}) & (\bar{x} < 0) \\ \dfrac{\pi}{2} & (\bar{x} = 0, \bar{y} > 0) \\ \dfrac{3\pi}{2} & (\bar{x} = 0, \bar{y} < 0) \\ 不一定 & (\bar{x} = 0, \bar{y} = 0) \end{cases}$$

（4）将计算得到的平均弧度转换为角度。

（5）基于角度与时刻之间的转换公式求得最终的平均出生时刻。

3. 编程实现

具体代码内容如下：

```python
import math
#计算角度
a=((15+30/60)/24) * 360
b=((12+56/60)/24) * 360
c=((21+48/60)/24) * 360
#计算弧度
hd_a=math.radians(a)
hd_b=math.radians(b)
hd_c=math.radians(c)
#计算三角函数
cos_a=math.cos(hd_a)
cos_b=math.cos(hd_b)
cos_c=math.cos(hd_c)
sin_a=math.sin(hd_a)
sin_b=math.sin(hd_b)
sin_c=math.sin(hd_c)
#计算平均三角函数值
avg_cos=(cos_a+cos_b+cos_c)/3
avg_sin=(sin_a+sin_b+sin_c)/3
#计算平均弧度(avg_cos<0 公式)
avg_hd=math.pi+math.atan(avg_sin/avg_cos)
#弧度转角度
avg_jd=math.degrees(avg_hd)
#角度转小时
avg_time=(avg_jd/360) * 24
#小时转时刻
xs,zs=math.modf(avg_time)        #modf 函数返回一个浮点数的小数部分和整数部分
fz=int(float(format(xs,"0.2f")) * 60)
sk=str(int(zs))+":"+str(fz)
print('三位婴儿的平均出生时刻为{}'.format(sk))
```

代码执行结果如下：

```
三位婴儿的平均出生时刻为 16:19
```

4. 代码解析

本例利用 Python 中 math 库处理圆形分布资料,具体使用函数如下。

(1) 为实现角度转换为弧度,使用 math 库中的 radians()函数。

(2) 为实现 cos 和 sin 值的求解,分别使用 math 库中的 cos()与 sin()函数。

(3) 为计算平均弧度,使用 math 库中的常量函数 pi 与三角函数 atan()。

(4) 为实现弧度转换为角度,使用 math 库中的 degrees()函数。

(5) 使用 modf()函数分别返回浮点数的整数部分和小数部分,实现角度与时刻之间的转换。

2.6　课堂实践探索

2.6.1　探索 1:坚持多少天才开始有减肥效果

2.5.1 节案例 1 分别探索了饮食摄入和运动消耗随时间变化的规律。现在基于案例 1 进一步提出问题:已知正常成年人每日基础代谢可消耗 1500 大卡,假设今日饮食摄入 3000 大卡,今日运动消耗 300 大卡,计划此后每天比前一天减少 10% 的饮食摄入,并增加 10% 的运动消耗,那么坚持多少天才开始有减肥效果?

若想计算坚持多少天才开始有减肥效果,需要找到饮食摄入低于基础代谢和运动消耗之和的那一天。由于不确定最终是第几天,因此需要使用无限循环 while 语句,当饮食摄入大于基础代谢和运动消耗之和时,进入循环进行计算,否则不需进一步计算,直接输出结果即可。

具体代码内容如下:

```
#坚持多少天才开始有减肥效果
intake = 3000
sport_consume = 300
total_consume = 1500 + sport_consume
i = 1
while intake > total_consume:
    intake = 3000 * pow((1-0.1),i)
    sport_consume = 300 * pow((1+0.1),i)
    total_consume = 1500 + sport_consume
    print('第{}天的饮食摄入为{:.2f}大卡,运动消耗为{:.2f}大卡,总消耗为{:.2f}大卡'
    .format(i,intake,sport_consume,total_consume))
    i += 1
print('第{}天才能有减肥效果,此时每日摄入为{:.2f},运动消耗为{:.2f}大卡,总消耗为
{:.2f}大卡'.format(i-1,intake,sport_consume,total_consume))
```

代码执行结果如下:

```
第 1 天的饮食摄入为 2700.00 大卡,运动消耗为 330.00 大卡,总消耗为 1830.00 大卡
第 2 天的饮食摄入为 2430.00 大卡,运动消耗为 363.00 大卡,总消耗为 1863.00 大卡
第 3 天的饮食摄入为 2187.00 大卡,运动消耗为 399.30 大卡,总消耗为 1899.30 大卡
第 4 天的饮食摄入为 1968.30 大卡,运动消耗为 439.23 大卡,总消耗为 1939.23 大卡
第 5 天的饮食摄入为 1771.47 大卡,运动消耗为 483.15 大卡,总消耗为 1983.15 大卡
第 5 天才能有减肥效果,此时每日摄入为 1771.47,运动消耗为 483.15 大卡,总消耗为 1983.15
大卡
```

请分析以上代码，并尝试进行修改。

2.6.2　探索 2：坚持多少天才能减肥 10 斤

在 2.5.1 节案例 1 的基础上，已知正常成年人每日基础代谢可消耗 1500 大卡，每日最低饮食摄入为 1500 大卡，最高运动消耗为 3000 大卡，按净消耗 3500 大卡可减掉 1 斤体重计算。假设今日饮食摄入 2500 大卡，今日运动消耗 500 大卡，计划此后每天比前一天减少 10％的饮食摄入，并增加 10％的运动消耗，若想瘦 10 斤，需要多少天（注：暂不考虑摄入大于消耗时会长胖的情况）？

首先，由于不确定需要坚持多少天才能减肥 10 斤，因此需要使用无限循环 while 语句，当总消耗与饮食摄入的差累计达到 3500×10 大卡时，可输出最终结果，否则将继续运算。其中，i 为运动天数，用于控制循环条件的改变。此外，由于设置了最高运动消耗和最低饮食摄入，因此还需要使用 if 分支结构判断是否达到最高或最低的数值标准。

具体代码内容如下：

```python
#坚持多少天才能减肥 10 斤
intake = 2500
sport_consume = 500
total_day_consume = 1500 + sport_consume
weight_consume = 3500 * 10
total_consume = 0
i = 1
while total_consume <= weight_consume:
    if 2500 * pow((1-0.1),i) >1500:
        intake = 2500 * pow((1-0.1),i)
    else: intake = 1500
    if 500 * pow((1+0.1),i) <3000:
        sport_consume = 500 * pow((1+0.1),i)
    else: sport_consume = 3000
    total_day_consume = 1500 + sport_consume
    if intake > total_day_consume:
        print('第{}天的饮食摄入为{:.2f}大卡,运动消耗为{:.2f}大卡,总消耗为{:.2f}大卡'.format(i,intake,sport_consume,total_day_consume))
    else:
        total_consume += total_day_consume - intake
        print('第{}天的饮食摄入为{:.2f}大卡,运动消耗为{:.2f}大卡,总消耗为{:.2f}大卡,累计消耗{:.2f}大卡'.format(i, intake, sport_consume, total_day_consume,total_consume))
    i += 1
```

代码执行结果如下：

第 1 天的饮食摄入为 2250.00 大卡,运动消耗为 550.00 大卡,总消耗为 2050.00 大卡
第 2 天的饮食摄入为 2025.00 大卡,运动消耗为 605.00 大卡,总消耗为 2105.00 大卡,累计消耗 80.00 大卡
第 3 天的饮食摄入为 1822.50 大卡,运动消耗为 665.50 大卡,总消耗为 2165.50 大卡,累计消耗 423.00 大卡
第 4 天的饮食摄入为 1640.25 大卡,运动消耗为 732.05 大卡,总消耗为 2232.05 大卡,累计消耗 1014.80 大卡

第 5 天的饮食摄入为 1500.00 大卡,运动消耗为 805.26 大卡,总消耗为 2305.26 大卡,累计消耗 1820.05 大卡

第 6 天的饮食摄入为 1500.00 大卡,运动消耗为 885.78 大卡,总消耗为 2385.78 大卡,累计消耗 2705.84 大卡

第 7 天的饮食摄入为 1500.00 大卡,运动消耗为 974.36 大卡,总消耗为 2474.36 大卡,累计消耗 3680.19 大卡

第 8 天的饮食摄入为 1500.00 大卡,运动消耗为 1071.79 大卡,总消耗为 2571.79 大卡,累计消耗 4751.99 大卡

第 9 天的饮食摄入为 1500.00 大卡,运动消耗为 1178.97 大卡,总消耗为 2678.97 大卡,累计消耗 5930.96 大卡

第 10 天的饮食摄入为 1500.00 大卡,运动消耗为 1296.87 大卡,总消耗为 2796.87 大卡,累计消耗 7227.83 大卡

第 11 天的饮食摄入为 1500.00 大卡,运动消耗为 1426.56 大卡,总消耗为 2926.56 大卡,累计消耗 8654.39 大卡

第 12 天的饮食摄入为 1500.00 大卡,运动消耗为 1569.21 大卡,总消耗为 3069.21 大卡,累计消耗 10223.61 大卡

第 13 天的饮食摄入为 1500.00 大卡,运动消耗为 1726.14 大卡,总消耗为 3226.14 大卡,累计消耗 11949.74 大卡

第 14 天的饮食摄入为 1500.00 大卡,运动消耗为 1898.75 大卡,总消耗为 3398.75 大卡,累计消耗 13848.49 大卡

第 15 天的饮食摄入为 1500.00 大卡,运动消耗为 2088.62 大卡,总消耗为 3588.62 大卡,累计消耗 15937.11 大卡

第 16 天的饮食摄入为 1500.00 大卡,运动消耗为 2297.49 大卡,总消耗为 3797.49 大卡,累计消耗 18234.60 大卡

第 17 天的饮食摄入为 1500.00 大卡,运动消耗为 2527.24 大卡,总消耗为 4027.24 大卡,累计消耗 20761.84 大卡

第 18 天的饮食摄入为 1500.00 大卡,运动消耗为 2779.96 大卡,总消耗为 4279.96 大卡,累计消耗 23541.80 大卡

第 19 天的饮食摄入为 1500.00 大卡,运动消耗为 3000.00 大卡,总消耗为 4500.00 大卡,累计消耗 26541.80 大卡

第 20 天的饮食摄入为 1500.00 大卡,运动消耗为 3000.00 大卡,总消耗为 4500.00 大卡,累计消耗 29541.80 大卡

第 21 天的饮食摄入为 1500.00 大卡,运动消耗为 3000.00 大卡,总消耗为 4500.00 大卡,累计消耗 32541.80 大卡

第 22 天的饮食摄入为 1500.00 大卡,运动消耗为 3000.00 大卡,总消耗为 4500.00 大卡,累计消耗 35541.80 大卡

请分析以上代码,并尝试进行改进。

2.7　本章小结

扫码查看思维导图

2.8 本章习题

一、选择题

1. 关于 Python 数字类型,以下选项中描述错误的是_____。

    A. Python 语言要求所有浮点数必须带有小数部分

    B. Python 整数类型提供了 4 种进制表示方式:十进制、二进制、八进制、十六进制

    C. Python 语言提供 int、float、complex 等数字类型

    D. Python 语言中,复数类型中实数部分和虚数部分的数值都是浮点类型,复数的虚数部分通过后缀 C 或者 c 来表示

2. 关于 Python 的数字类型,以下选项中描述错误的是_____。

    A. 1.0 是浮点数,不是整数

    B. 浮点数有十进制、二进制、八进制和十六进制等表示方式

    C. 整数类型的数值一定不会出现小数点

    D. 复数类型虚部为 0 时,表示为 $1+0j$

3. 关于 Python 语言的浮点数类型,以下选项中描述错误的是_____。

    A. 浮点数类型与数学中实数的概念一致

    B. 浮点数类型表示带有小数的类型

    C. Python 语言要求所有浮点数必须带有小数部分

    D. 小数部分不可以为 0

4. 下面代码的输出结果是_____。

```
x=0b1010
print(x)
```

    A. 10   B. 16   C. 256   D. 1024

5. 下面代码的输出结果是_____。

```
import math
x=math.pi
print(round(x))
```

    A. 3.0   B. 3   C. 3.14   D. 3.1

6. 下面代码的输出结果是_____。

```
x = 10
y = -1+2j
print(x+y)
```

    A. 11   B. 9   C. (9+2j)   D. 2j

7. 下面代码的输出结果是_____。

```
x = 10
y = 1.2
z = -1+2j
sum = x + y + z
type(sum)==float
```

  A. True   B. 0   C. False   D. 1

8. 表达式 3**2 * 4//6%7 的计算结果是_____。

  A. 3   B. 4   C. 5   D. 6

9. 下列 Python 表达式中,能正确表示"变量 x 能够被 4 整除且不能被 100 整除"的_____。

  A.（x%4==0）or（x%100!=0)   B.（x%4==0）and（x%100!=0)

  C.（x/4==0）or（x/100!=0)   D.（x/4==0）and（x/100!=0)

10. 设一年 365 天,第 1 天的能力值为基数记为 1.0。当好好学习时,能力值相比前一天会提高千分之五。以下选项中,不能获得持续学习 1 年后的能力值是_____。

  A. pow((1.0+0.005),365)   B. 1.005**365

  C. 1.005//365   D. pow(1.0+0.005,365)

二、编程题

1. 血压以 mmHg 或 kPa 为计量单位,换算公式为:1kPa＝7.5mmHg;1mmHg＝0.133kPa。临床中测量值多以 mmHg 为单位。

请编写程序,获取用户输入以 mmHg 为单位的血压值,换算为 kPa 为单位。

示例如下:

```
输入: 140
输出: 140 mmHg=18.62 kPa
```

2. 假设某台手术持续时间为 6789 秒,编程计算该台手术时间是多少时多少分多少秒,以"xx 时 xx 分 xx 秒"的形式表示出来。

示例如下:

```
输出: 1 小时 53 分 9 秒
```

3. 关于输液时间计算有如下公式:

  输液所用时间(min)＝液体总量(mL)×滴系数(滴/mL)÷滴落速度(滴/min)

若某患者进行输液时,输液袋中的药物为 400mL 加入了 20mg 多巴胺的浓度为 10% 的葡萄糖溶液,该液体药物的滴落速度为 20 滴/min,请编写程序计算输液袋中的药物可维持几个小时(按 15 滴/mL 计算)。

示例如下:

```
输出: 5.0
```

4. 在临床中,很多药物的剂量需要根据患者的体表面积决定。人体体表面积计算公式为:

$$体表面积(m^2)＝0.0061×身高(cm)＋0.0128×体重(kg)×0.6$$

请编写程序,获取用户输入的身高和体重,输出对应人体体表面积。

示例如下:

```
用户依次输入: 1.63; 60
输出: 体表面积为 36.6125184m²
```

第 **3** 章
组合数据类型

本章学习目标
- 熟悉组合数据类型的特点和分类
- 熟练掌握字符串、列表和元组类型的创建方法、操作符、操作方法
- 掌握集合的创建方法、操作符、操作方法
- 熟练掌握字典的创建方法、操作符、操作方法
- 运用组合数据类型解决数据存储问题

本章源代码

本章首先介绍组合数据类型的特点和分类,然后分别介绍字符串类型、列表类型、元组类型、集合类型和字典类型的常用操作和常用方法,同时介绍各数据类型的应用。其次介绍正则表达式库,并通过两个医学实践案例介绍组合数据类型的应用。最后,提出两个探索问题,引导读者思考。

3.1　组合数据类型概述

简单数据类型能够存储单个数据,当要存储一系列数据时,则需要定义多个简单数据类型变量。另外,数值类型仅能存放数值型数据,无法存放文本数据。在 Python 中,使用组合数据类型可以将多个数据存储在一个变量中。

按照数据的组织方式,组合数据类型可以分为序列类型、集合类型和映射类型。序列类型常见的有字符串、元组和列表;集合类型常见的有集合;映射类型常见的有字典。根据数据是否可修改,又可将组合数据类型分为可变类型和不可变类型,如表 3.1 所示。

表 3.1　组合数据类型分类

	分　类	细　类	特　点
组合数据类型	序列类型	字符串	不可变类型
		元组	不可变类型
		列表	可变类型
	集合类型	集合	可变类型
	映射类型	字典	可变类型

　　不可变类型的变量在第一次赋值声明时,会在内存中开辟一块空间,用来存储这个变量被赋予的值,此时变量的值就与开辟的内存空间绑定了,开发者不能修改存储在内存中的值。如果给变量重新赋值,就会开辟一块新的内存空间存储新的值。因此,不可变数据类型的值发生变化,地址也会变,如例 3.1 所示。

【例 3.1】　不可变类型的变量前后赋值的地址变化。

```
#例 3.1
a=2
b=2
print("a 的原地址是: {},b 的原地址是: {}".format(id(a),id(b)))
a=3
b=5
print("a 的新地址是: {},b 的新地址是: {}".format(id(a),id(b)))
str1="abc"
str2="abc"
print("str1 的原地址是: {},str2 的原地址是: {}".format(id(str1),id(str2)))
str1="abdf"
str2="abff"
print("str1 的新地址是: {},str2 的新地址是: {}".format(id(str1),id(str2)))
```

代码执行结果如下:

```
a 的原地址是: 140714581008816,b 的原地址是: 140714581008816
a 的新地址是: 140714581008848,b 的新地址是: 140714581008912
str1 的原地址是: 2492572533424,str2 的原地址是: 2492572533424
str1 的新地址是: 2492640969648,str2 的新地址是: 2492640968880
```

　　本例中,两个整数变量 a 和 b,当值相同时,地址是一样的,当分别被重新赋不同的值后,地址都发生了变化,不再相同;两个字符串变量 str1 和 str2,当最初赋值相同时,地址是相同的,当分别被重新赋不同的值后,地址发生了变化,不再相同。

　　可变类型的变量在第一次赋值声明时,也会在内存中开辟一块空间,用来存储这个变量被赋予的值。开发者能修改存储在内存中的值,当该变量的值发生了改变,它对应的内存地址不发生改变。可变数据类型变量中的值发生变化,地址不会变。若对变量进行重新赋值,则变量的地址也会改变,如例 3.2 所示。

【例 3.2】　定义两个列表,追加新元素,观察列表前后地址变化。

```
#例 3.2
lst1=["abc",1]
lst2=["abc",1]
print("lst1 的原地址是: {},lst2 的原地址是{}".format(id(lst1),id(lst2)))
lst1.append(5)          #在列表 lst1 中追加一个新元素 5
lst2.append(7)          #在列表 lst1 中追加一个新元素 7
print("lst1 追加元素后的地址是: {},lst2 追加元素后的地址是:
{}".format(id(lst1),id(lst2)))
lst1=["abc",1,"ddd"]
lst2=["abc",2,"fff"]
print("lst1 重新赋值后的地址是: {},lst2 重新赋值后的地址是:
{}".format(id(lst1),id(lst2)))
```

代码执行结果如下:

```
lst1 的原地址是：2492641197896,lst2 的原地址是：2492641197832
lst1 追加元素后的地址是：2492641197896,lst2 追加元素后的地址是：2492641197832
lst1 重新赋值后的地址是：2492640309064,lst2 重新赋值后的地址是：2492640307848
```

本例中，即使两个列表变量 lst1 和 lst2 赋的初值是相同的，地址却是不一样的，当分别追加了新元素，地址都没有发生变化；当分别被重新赋值后，相当于又重新开辟了内存单元（内存单元有新的内存单元地址），两个列表变量的新地址和原地址不再相同。

3.1.1　序列类型

序列类型按照先后顺序组织元素。序列中，每个元素都有自己的编号（索引号），可以通过索引号来获取元素。索引号有两类编号方式：从左向右按正向递增的顺序，起始序号为0；从右向左按反向递减的顺序，起始序号为 −1，如表 3.2 所示。

表 3.2　序列类型索引

序号	0	1	2	3	4	5	6	7	8	9	10	11	12
元素	中	华	人	民	共	和	国	，	首	都	北	京	。
序号	−13	−12	−11	−10	−9	−8	−7	−6	−5	−4	−3	−2	−1

序列类型有一些通用的操作，如索引、切片、运算、判断成员，也可以使用 Python 的内置函数和序列类型的方法来完成复杂的操作。

1. 序列的索引

序列类型按序号索引，获取字符串变量 zg＝"中华人民共和国，首都北京。"，从左向右的索引号从 0 开始，最大索引号是 12，从右向左的索引号从 −1 开始，最小索引号是 −13。对字符串 zg 内的单个字符索引，可以使用索引号来标识。例如字符"首"，可以使用 zg[8]或 zg[−5]索引。

2. 序列的切片

序列类型通过切片可以访问一定范围内的元素，可以是连续的元素，也可以是按指定步长的不连续的元素，并生成一个新的序列。序列切片方式，有以下几种情况，如表 3.3 所示。

表 3.3　序列类型切片方式

类　别	方　法	说　明	举　例	结　果
两边切片	[:n]	从左侧开始到第 n−1 个索引号	zg[:4]或者 zg[−9]	"中华人民"
	[n:]	从左侧第 n 个索引号开始到序列最后	zg[10:]或者 zg[−3:]	"北京。"
中间切片	[n:m]	从左侧第 n 个索引号开始到第 m−1 个索引号	zg[4:7]或者 zg[−9:−6]	"共和国"
	[n:m:k]	从左侧第 n 个索引号开始到第 m−1 个索引号，以 k 为步长	zg[1:10:2]或者 zg[−12:−3:2]	"华民和，都"

3. 序列的加法运算

序列类型的加法运算，是序列和序列之间的连接，从而生成一个新的序列，用"＋"运算符实现。如,"abc"+"def"表达式运算的结果是"abcdef"。这种连接运算,只支持相同类型的序列之间进行。

4. 序列的乘法运算

序列类型的乘法运算,是序列的若干次重复,从而生成一个新的序列,用"*"运算符实现。如,"abc" * 3 表达式运算的结果是"abcabcabc"。

5. 判断序列成员

判断一个元素是不是序列的成员,可以使用 in 和 not in 保留字来实现。如表 3.2 的序列中,判断"共和国"是不是序列的元素,可以用表达式"共和国" in "中华人民共和国,首都北京。"表示,表达式的结果为逻辑值真(True);表达式"共和国" not in "中华人民共和国,首都北京。"的结果为逻辑值假(False)。

6. 内置函数

Python 提供了一些内置函数,如表 3.4 所示。

表 3.4　序列类型内置函数

类别	函　　数	功　　能	举　　例	结　　果
统计函数	len(x)	返回序列 x 的长度即元素个数	len("ab;c")	4
	min(x)	返回序列 x 中最小的元素	min("abc")	"a"
	max(x)	返回序列 x 中最大的元素	max("abc")	"c"
	sum(x)	对元素都是数值类型的序列 x 求和	sum([1,2,3])	6
修改函数	sorted(x[, reverse = False])	对序列元素排序,返回一个有序列表	sorted(['b','c','a'])	['a', 'b', 'c']
	reversed(x)	返回一个以逆序访问的迭代器	reversed(['a','b','c'])	迭代器
生成函数	zip(x_1[, x_2, x_3, …, x_n])	返回一个 zip 对象,可生成一个迭代器,迭代器的第 n 个元素是由所有参数序列第 n 个元素组成的 n 元组	zip('abc',(1,2,3))	迭代器
	enumerate(x)	返回一个 enumerate 对象,可生成迭代器,该迭代器元素是由序列 x 元素的索引和值组成的元组	enumerate('abc')	迭代器

3.1.2　集合类型

数学中有集合的概念,而在 Python 中,集合类型用来保存不重复的元素,也就是说集合中的元素是唯一的。因此,集合元素有以下几个特性:①无序性,集合中的元素是没有前后顺序的;②多样性,集合中可以保存多种数据类型的元素;③唯一性,集合中的元素是唯一存在的,不会重复出现。

集合类型的操作包括数学集合中的并、交、差、补运算,如果集合 A 的元素包含集合 B 的元素,则集合 A 是集合 B 的父集,集合 B 是集合 A 的子集,相应地,集合的运算也包括判断集合之间的包含关系。

由于集合类型的特点,集合的应用通常用于数据的去重、元素共现、数据包含等场景中。

3.1.3　映射类型

映射是指两个事物之间的对应关系,两个事物间的映射关系在生活中大量存在。例如,学生的编号对应唯一的一个学生、医院内的患者编号对应唯一的一个患者。类似学生编号和学生、患者编号和患者的这种对应关系就是映射中的一对一关系。

除了一对一关系外,映射也有一对多和多对多关系。例如,一种疾病可能对应多种症状、同一种症状可能会对应多种疾病。当具有一对多或多对多关系的多个事物出现交集时,就要考虑去重机制。

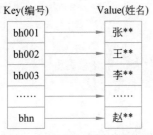

在计算机中,映射(key-value)是一种关联式的容器类型,它存储了对象与对象之间的映射关系。Python 也提供了映射类型,字典是 Python 语言中唯一的映射类型。字典有两个属性,一个属性是 key(也称为键),另一个属性是 value(也称为值),key 和 value 统称为键值对,一个 key 可以对应一个值,也可以对应多个值。通过 key 可以获取到 value。例如,可以把患者编号和患者姓名以字典方式存储起来,患者编号存储到 key 中,患者姓名存储到 value 中。这样就可以通过患者编号很容易找到某位患者了,如图 3.1 所示。

图 3.1　编号姓名映射关系图

Python 中,字典是典型的映射类型。

3.2　字符串

Python 中,字符串是最常使用的数据类型,由 0 个或多个字符组成。字符串属于序列类型。

3.2.1　字符串的创建

字符串的标识符是一对单引号''、一对双引号""或一对三引号''''''',可以标识一个字符串常量。例如,'中国',"北京",'''健康中国'''。

3.2.2　转义字符

Python 中,程序里的字符串中的一些特殊字符,使用键盘无法直接输入,如 Tab 制表位、回车等,可以用斜线\加一个字符来代替,通常称为转义字符。常见的转义字符如表 3.5 所示,用法如例 3.3 所示。

表 3.5　常见转义字符

转义字符	说　　明	转义字符	说　　明
\n	换行,将当前位置移到下一行开头	\\	代表反斜线字符'\'
\t	水平制表,跳到下一个 Tab 位置	\'	代表一个单引号字符
\b	退格,将当前位置移到前一列	\"	代表一个双引号字符
\r	回车,将当前位置移到本行开头		

【例 3.3】 创建一个患者就诊信息字符串,并将内容分行,按格式打印输出。

```
#例3.3
st= "患者：\t 张**\n 性别：\t 男 \n 年龄：\t40\n 出院描述：生命体征正常,伤口无疼痛,无发
热乏力,食欲好,二便如常。"
print(st)
```

代码执行结果如下:

```
患    者：      张**
性    别：      男
年    龄：      40
出院描述：生命体征正常,伤口无疼痛,无发热乏力,食欲好,二便如常。
```

本例中,字符串 st 包含的字符有普通文本字符,也有特殊字符。其中,\t 代表 1 个制表位,\n 代表换行。打印输出时,实现格式化打印结果。

3.2.3　字符串内建函数

对字符串的操作,除了使用序列类型通用的操作符外,还有字符串的内建函数,也称为字符串的操作方法,可以对字符串数据进行处理。字符串的内建函数很多,常用的如表 3.6 所示,用法如例 3.4 所示。

表 3.6　常见字符串内建函数

类　型	方　法	描　述
字符串 转换函数	string.capitalize()	将 string 的第一个字符转换为大写
	string.lower()	将 string 中所有大写字符转换为小写
	string.upper()	将 string 中所有小写字符转换为大写
	string.swapcase()	将 string 中所有字符大小写翻转
	string.center(width)	将 string 字符串扩充至 width 长度,原字符串居中,两边填充空格
	string.format(str)	将 str 格式化为指定的 string 模式
字符串 处理函数	string.strip(str)	将 string 的左右两边指定字符去掉
	string.replace(str1,str2)	将 string 中的 str1 替换成 str2
	string.split(str="")	将 string 切片,str 为分隔符
	string.join(seq)	以 string 作为分隔符,将 seq 中所有的元素(字符串表示)合并为一个新的字符串
字符串 判断函数	string.find(str)	检测 str 是否包含在 string 中,如果是返回开始的索引值,否则返回 −1
	string.isalnum()	如果 string 至少有一个字符,并且所有字符都是字母或数字,则返回 True,否则返回 False
	string.isalpha()	如果 string 至少有一个字符,并且所有字符都是字母,则返回 True,否则返回 False
	string.isdecimal()	如果 string 只包含十进制数字,则返回 True,否则返回 False
	string.isnumeric()	如果 string 中只包含数字字符,则返回 True,否则返回 False
	string.startswith(obj)	检查字符串是否以 obj 开头,如果是,返回 True,否则返回 False
	string.endswith(obj)	检查字符串是否以 obj 结束,如果是,返回 True,否则返回 False
	string.count(str)	返回 str 在 string 中出现的次数

为了便于理解,可以把内建函数按功能分类。字符串转换函数是对原有字符串的元素进行修改;字符串处理函数功能是对字符串进行清洗,处理掉不需要的元素;字符串判断函数是检查字符串中的元素是否符合某个特征。

不论哪种字符串内建函数,都不能在原字符串上修改,而是生成一个新的字符串副本。例如,string.lower()函数,将原字符串中所有的大写字母转换为小写字母,并返回一个新的字符串。

【例3.4】 中药方剂字符串,包含中药、剂量及炮制信息。请对字符串做预处理,提取中药和剂量信息,并将内容打印输出。

```
#例3.4
st="茯苓 3 两,芍药 3 两,生姜 3 两(切),白术 2 两,附子 1 枚(炮、去皮、破 8 片)"
lst=st.split(",")
print(lst)
for item in lst:
    if "(" in item:
        n=item.find("(")
        item=item[:n]
    for c in item:
        if c.isdecimal():
            m=item.find(c)
            break
    yao=item[:m]
    jl=item[m:]
    print(yao,jl)
```

代码执行结果如下:

```
['茯苓 3 两', '芍药 3 两', '生姜 3 两(切)', '白术 2 两', '附子 1 枚(炮、去皮、破 8 片)']
茯苓 3 两
芍药 3 两
生姜 3 两
白术 2 两
附子 1 枚
```

本例中,字符串 st 以英文逗号分隔,由中药、剂量和炮制方法组成,炮制方法在括号中,目标是提取中药和剂量信息。首先,利用 split()函数对字符串进行切分,返回单个中药信息组成的列表;接着,对列表进行循环遍历,如果字符串里包含字符左括号"(",则利用 find()函数找到"("字符所在索引位置,并对字符串进行切片,去掉字符"("以后的所有的信息,即去掉炮制信息;预处理后,再遍历该字符串中的每个字符,如果字符是数字,则记住该数字所在位置,跳出循环;最后,切片获取数字左边的子字符串保存到 yao 变量中,切片获取数字右边的子字符串保存到 jl 变量中,并打印输出。

3.2.4　字符串格式化

字符串格式化用于解决字符串和变量同时输出时的格式安排问题。字符串是程序向控制台、网络、文件等介质输出运算结果的主要形式之一,为了能提供更好的可读性和灵活性,字符串类型的格式化是运用字符串类型的重要内容之一。Python 语言同时支持两种字符串格式化方法,format 方式是在 Python 3 引入的一个新的字符串格式化的方法,通过访问字符串的内建函数 format()实现。

字符串 format()方法的基本使用格式是:＜模版字符串＞.format(＜逗号分隔的参数＞),其中,＜模版字符串＞由一系列的槽和其他固定字符组成,槽用来控制修改字符串中嵌入值出现的位置,用{}表示,其基本思想是将 format()方法的＜逗号分隔的参数＞中的参数按照序号关系替换到＜模板字符串＞的槽中。

＜模版字符串＞的槽内可以设置参数序号(如果缺省序号时,默认从 0 开始排序),还可以设置格式控制信息。槽的内部样式格式是{＜参数序号＞:＜格式控制标记＞},＜格式控制标记＞包括:＜填充＞＜对齐＞＜宽度＞＜,＞＜精度＞＜类型＞6 个字段,可以组合使用,具体说明如表 3.7 所示,用法如例 3.5 所示。

表 3.7　格式控制标记说明

格式控制标记	说　　明
填充	＜宽度＞内除了参数外的字符采用什么方式表示,默认采用空格,可以通过＜填充＞更换
对齐	在＜宽度＞内输出时的对齐方式,分别使用＜、＞和^ 3 个符号表示左对齐、右对齐和居中对齐
宽度	当前槽的设定输出字符宽度。如果该槽对应的 format()函数参数长度比＜宽度＞设定值大,则使用参数实际长度;如果该值的实际位数小于指定宽度,则位数将被默认以空格字符补充
精度	表示两个含义,由小数点(.)开头。对于浮点数,精度表示小数部分输出的有效位数;对于字符串,精度表示输出的最大长度
,	用于显示数字的千位分隔符
类型	表示输出整数和浮点数类型的格式规则。对于整数类型,输出格式包括 6 种:b(二进制)、c(unicode 字符)、d(十进制方式)、o(八进制方式)、x(小写十六进制方式)、X(大写十六进制方式)。对于浮点数类型,输出格式包括 4 种:e(小写字母 e 的指数形式)、E(大写字母 E 的指数形式)、f(标准浮点形式)、%(百分形式)

【例 3.5】　按格式打印九九乘法表。

```
#例 3.5
for i in range(1,10):
    a = 1
    while a <= i:
        print("{0} * {1}={2:>2}".format(a,i,a * i),end="\t")
        a +=1
    print()
```

代码执行结果如下:

```
1 * 1= 1
1 * 2= 2   2 * 2= 4
1 * 3= 3   2 * 3= 6   3 * 3= 9
1 * 4= 4   2 * 4= 8   3 * 4=12   4 * 4=16
1 * 5= 5   2 * 5=10   3 * 5=15   4 * 5=20   5 * 5=25
1 * 6= 6   2 * 6=12   3 * 6=18   4 * 6=24   5 * 6=30   6 * 6=36
```

```
1*7= 7   2*7=14   3*7=21   4*7=28   5*7=35   6*7=42   7*7=49
1*8= 8   2*8=16   3*8=24   4*8=32   5*8=40   6*8=48   7*8=56   8*8=64
1*9= 9   2*9=18   3*9=27   4*9=36   5*9=45   6*9=54   7*9=63   8*9=72   9*9=81
```

本例中,外循环 for 循环执行 9 次,循环变量 i 代表行号;内循环 while 循环执行 i 次,循环变量 a 代表列号;内循环每循环一次,按格式打印当前行当前列的一个乘法等式(列号 * 行号＝a * i),行内以\t 制表位分隔;每执行完一个 for 循环,调用 print()函数实现换行。

3.3　列表和元组

Python 的序列类型中,列表是最常用的 Python 数据类型,它可以同时保存多个不同类似的数据。创建一个列表,只要把用逗号分隔的不同元素使用方括号[ ]括起来即可。列表的元素不需要具有相同的类型,可以是任意类型,每个元素都有位置对应的索引值(也可称为下标)。

列表的元素可以增加、删除、修改,也可以改变元素的顺序。对列表的操作可以通过列表的操作符和内建函数实现。

元组和列表较相似,都是序列类型,符合序列类型的特征,很多操作都是相似的;但二者又有区别,最大的区别是,列表的元素是可变的,而元组的元素是不可变的。

3.3.1　列表的创建

1. 直接创建

创建一个列表,只要把用逗号分隔的不同元素使用方括号[]括起来即可,如赋值语句 list1＝["关冲", "劳宫", "前谷", 123];赋值语句 list2＝[],则创建一个空列表。

2. 使用 list()函数创建

使用 list()函数可以将字符串、元组、字典等其他组合数据类型转换为列表,如例 3.6 所示。

【例 3.6】　创建列表。

```
#例 3.6
list1=[]
list2=["关冲", "劳宫", "前谷", 123]
print(list2)
print("字符串'This is Python'转换为列表: ",list("This is Python"))
```

代码执行结果是:

```
['关冲', '劳宫', '前谷', 123]
字符串'This is Python'转换为列表: ['T', 'h', 'i', 's', ' ', 'i', 's', ' ', 'P', 'y',
't', 'h', 'o', 'n']
```

本例中,list1 为空列表,list2 是直接赋值的非空列表,利用 list()函数将字符串转换为列表。值得注意的是,在原字符串"This is Python"中,字符串中的每个元素转换为列表中的每个元素,顺序不变。

3.3.2　列表操作符

列表的常用操作包括索引、切片、加、乘、检查成员。索引操作是通过索引号的方式获取列表中的单个数据项;切片操作是通过起止索引号获取连续或按步长增长的不连续的数据项;列表加运算是将两个列表的数据项首尾相连生成一个新的列表;列表乘运算是将列表复制 n 次并连接生成新的列表;检查成员操作是判断某个元素是不是列表的数据项,如例 3.7 所示。

【例 3.7】　创建一个由感冒的症状组成的列表,并执行索引、切片、加、乘、检查成员等操作。

```
#例 3.7
感冒=["打喷嚏","流鼻涕","发烧 37.5 以上","嗓子疼","怕冷","咳嗽"]
新冠肺炎=["发热","干咳","乏力","肌肉痛","关节痛"]
print(感冒[0])
print(感冒[1:3])
print(感冒[0:5:2])
print(感冒+新冠肺炎)
print(感冒 * 2)
print("发烧" in 新冠肺炎)
```

代码执行结果如下:

```
打喷嚏
['流鼻涕', '发烧 37.5 以上']
['打喷嚏', '发烧 37.5 以上', '怕冷']
['打喷嚏', '流鼻涕', '发烧 37.5 以上', '嗓子疼', '怕冷', '咳嗽', '发热', '干咳', '乏
力', '肌肉痛', '关节痛']
['打喷嚏', '流鼻涕', '发烧 37.5 以上', '嗓子疼', '怕冷', '咳嗽', '打喷嚏', '流鼻涕',
'发烧 37.5 以上', '嗓子疼', '怕冷', '咳嗽']
False
```

本例中,新建两个列表变量:感冒和新冠肺炎。通过索引号"感冒[0]"获取第 0 个数据项;通过"感冒[1:3]"获取第 1 个和第 2 个数据项(不包括 3);通过"感冒[0:5:2]"获取从 0 开始到第 4 个数据项(不包括 5),以 2 为步长,即第 0 个、第 2 个、第 4 个数据项;通过"感冒＋新冠肺炎"将两个列表首尾相连生成新的列表;通过"感冒 * 2"使列表复制 1 次元素生成新的列表;通过""发烧" in 新冠肺炎"判断发烧是不是新冠肺炎的数据项。

3.3.3　列表内建函数

列表对自身元素的操作,还可以通过内建函数来完成。列表是可变的,可以对元素增加、删除、修改,可以统计和索引元素。常用内建函数如表 3.8 所示。

表 3.8　列表类型内建函数

类别	函　　数	功　　　　能
增加函数	list.append(x)	将元素 x 追加到列表末尾
	list.insert(n,x)	在指定位置 n 添加元素 x
	list.extend(x)	将列表 x 追加到原列表后面,返回合并后的列表
删除函数	list.pop([n])	删除列表位置 n 的元素,n 缺省时,删除列表末尾元素,返回删除的元素
	list.remove(x)	删除元素 x,如果有多个元素 x,删除的是第一次出现的元素,如果元素不存在会报错
	list.clear()	清除所有元素,返回空列表

续表

类别	函　数	功　能
排序 函数	list.sort([key＝lambda x：x[m],reverse＝ False)	对列表中的元素排序,默认升序排序,如果元素是元组,可以以元组中的 第 m 个元素作为排序关键字进行排序,reverse＝False,为升序排序, reverse＝True,为降序排序,返回排序后列表
	list.reverse()	将列表进行翻转,返回翻转后的列表
统计 函数	list.count(x)	返回的是元素 x 在列表里面的个数
	list.index(x)	返回的是元素 x 在列表中的第一个位置

　　为了便于记忆,将内建函数分为 4 类,分别是增加函数、删除函数、排序函数、统计函数。增加函数,既可以在列表末尾,也可以在指定位置增加元素,还可以将一个列表整体追加到原列表中。append()函数可以将新的元素追加到列表的末尾,返回一个新的列表;insert()函数可以在指定位置添加元素,原位置元素按顺序向后移动;extend()函数可以将另一个列表与原列表合并起来组成新列表。删除函数,既可以逐个删除元素,也可以一次性删除全部元素。pop()函数可以删除指定位置的元素,如果需要保存被删除的元素,可以存储到一个变量中;而 remove()函数则是删除指定元素,如果元素不存在,则会报错;clear()函数可以将元素一次性全部删除,在做数据处理时,应谨慎使用。排序函数可以使用 reverse()函数直接对列表翻转,也可以使用 sort()函数进行升序或降序排序,在使用 sort()函数排序时,还可以指定某个元素作为排序关键字。统计函数中,利用 count()函数可以统计某个元素在列表中出现的次数,利用 index()函数获取某个元素在列表中第一次出现的位置。

3.3.4　元组的创建和使用

　　Python 的序列类型中,元组是有序且不可更改的序列。创建一个元组,只要把用逗号分隔的不同的元素使用圆括号()括起来即可。例如赋值语句 tuple1＝(),可以创建一个空元组;赋值语句 tuple2＝("关冲","劳宫","前谷",123)可以创建一个非空元组,每个元素都有位置对应的索引值(也可称为下标)。

　　元组的元素不能增加、删除、修改,也不能改变元素的顺序。对元组的操作除了可以索引、切片、加、乘、判断成员外,元组的操作函数不包括增加、删除、修改类别,如果需要对元组进行修改,就要将元组先转换为列表,再做修改。因此,元组的内建函数,只有统计类型的函数与列表相似,利用 count()函数可以统计某个元素在元组中出现的次数,利用 index()函数可以获取某个元素在元组中第一次出现的位置,说明如表 3.8 所示,用法如例 3.8 所示。

　　【例 3.8】　创建一个由风寒感冒、风热感冒的症状组成的列表,创建一个由姓名和体温为二元组的元素组成的体温列表,执行追加、插入、排序、弹出等操作,并使用 for 循环按格式打印输出体温元素和类型。

```
#例 3.8
风寒感冒=["打喷嚏","流清鼻涕","发烧 37.5 以上","嗓子疼","怕冷","咳嗽"]
风热感冒=["发热","咽痛","乏力","肌肉痛","关节痛","黄痰","浓黄鼻涕","咳嗽"]
体温=[("小红",40),("小名",38),("小亮",36),("小颖",38.5),("小花",39),("小良",40)]
风寒感冒.append("恶风")
print(风寒感冒)
```

```
风热感冒.insert(1,"头疼")
print(风热感冒)
体温.sort(key=lambda x:x[1],reverse=True)
print(体温)
print(风寒感冒.pop(5))
for name in 体温:
    print("{}:{}".format(name[0],name[1]))
    print(name,type(name))
```

代码执行结果如下：

```
['打喷嚏', '流清鼻涕', '发烧37.5以上', '嗓子疼', '怕冷', '咳嗽', '恶风']
['发热', '头疼', '咽痛', '乏力', '肌肉痛', '关节痛', '黄痰', '浓黄鼻涕', '咳嗽']
[('小红', 40), ('小良', 40), ('小花', 39), ('小颖', 38.5), ('小名', 38), ('小亮', 36)]
咳嗽
小红:40
('小红', 40) <class 'tuple'>
小良:40
('小良', 40) <class 'tuple'>
小花:39
('小花', 39) <class 'tuple'>
小颖:38.5
('小颖', 38.5) <class 'tuple'>
小名:38
('小名', 38) <class 'tuple'>
小亮:36
('小亮', 36) <class 'tuple'>
```

本例中，风寒感冒和风热感冒的列表，是由症状字符串组成的；体温列表是由姓名和体温的元组为元素组成的。利用 append() 函数，向风寒感冒列表的最后追加症状"恶风"；利用 insert() 函数，向风热感冒列表的索引位置 1 处插入症状"头疼"；利用 sort() 函数对体温列表排序，排序关键字是列表元素的元组第 2 个数据项（即体温），reverse ＝ True 为降序排序。

3.4 集合

Python 中，集合通常用来存放唯一值的一系列数据，即包含 0 个或多个数据项的无序组合。

需要注意以下几点。

（1）集合的元素只能是固定数据类型，如整数、浮点数、字符串、元组；不能是可变数据类型，如列表、字典。

（2）集合的元素是无序的，因此，不能对集合做索引、切片、排序、修改、插入等操作，集合的输出顺序和定义顺序可以不一致。

（3）集合的元素是唯一的，因此，任何包含重复数据的添加都是无效的，使用集合类型能够过滤掉重复元素。

3.4.1 集合的创建

1. 直接创建

创建一个非空集合,只要把用逗号分隔的不同的元素使用大括号{}括起来即可,如赋值语句 set1={"关冲","劳宫","前谷",123}。

2. 使用 set()函数创建

使用 set()函数可以将字符串、列表、元组等其他类型转换为集合,如果 set()函数参数为空,则创建一个空集合,如例 3.9 所示。

【例 3.9】 分别创建空集合,非空集合。

```
#例 3.9
set1=set()
print("空集合: ",set1)
set2={"关冲","劳宫","前谷",123}
print("非空集合: ",set2)
set3=set("This is Python")
print("字符串'This is Python'转换为集合: ",set3)
```

代码执行结果是:

```
空集合: set()
非空集合: {'前谷', '关冲', 123, '劳宫'}
字符串'This is Python'转换为集合: {'t', 's', 'y', 'P', ' ', 'n', 'T', 'o', 'h', 'i'}
```

本例中,利用 set()函数创建空集合 set1,通过直接赋值的方法创建非空集合 set2,利用 set()函数将字符串转换为集合 set3。值得注意的是,在原字符串"This is Python"中,字符 h、i、s 存在重复,生成集合后,只保留 1 个字母。

3.4.2 集合运算

集合有 4 种基本的操作符: 交集(&),并集(|),差集(−),补集(^)。利用这些操作符可以进行集合基本运算。另外,还可以判断集合的包含关系,如表 3.9 和例 3.10 所示。

表 3.9   集合类型操作符

操作符	示　例	描　　　述
&	S&T	交集,返回一个新集合,包括同时在 S 和 T 中的元素
|	S|T	并集,返回一个新集合,包括集合 S 和 T 中的所有元素
−	S−T	差集,返回一个新集合,包括在集合 S 中但不在集合 T 中的元素
^	S^T	补集,返回一个新集合,包括集合 S 和 T 中的元素,但不包括同时在集合 S 和 T 中的元素
<=	S<=T	如果 S 与 T 相同或者 S 是 T 的子集,则返回 True;否则返回 False。可以用 S<T 判断 S 是不是 T 的真子集
>=	S>=T	如果 S 与 T 相同或者 S 是 T 的父集,则返回 True;否则返回 False。可以用 S>T 判断 S 是不是 T 的真父集

【例 3.10】　集合的运算。

```
#例 3.10
风寒感冒=["打喷嚏","流清鼻涕","发热","怕冷","咳嗽","恶风","咳嗽"]
风热感冒=["发热","咽痛","乏力","肌肉痛","关节痛","黄痰","流浓黄鼻涕","咳嗽"]
set4=set(风寒感冒)
set5=set(风热感冒)
print("风寒感冒和风热感冒的共同症状是: ",set4&set5)
print("风寒感冒和风热感冒的症状一共有: ",set4|set5)
print("风寒感冒里包含的症状,在风热感冒没有的是: ",set4-set5)
print("去掉风寒感冒和风热感冒共有症状后,其他症状是: ",set4^set5)
```

代码执行结果是:

```
风寒感冒和风热感冒的共同症状是: {'发热', '咳嗽'}
风寒感冒和风热感冒的症状一共有: {'发热', '肌肉痛', '怕冷', '流清鼻涕', '关节痛', '打喷
嚏', '恶风', '黄痰', '咽痛', '乏力', '流浓黄鼻涕', '咳嗽'}
风寒感冒里包含的症状,在风热感冒没有的是: {'恶风', '怕冷', '流清鼻涕', '打喷嚏'}
去掉风寒感冒和风热感冒共有症状后,其他症状是: {'肌肉痛', '怕冷', '流清鼻涕', '关节痛',
'打喷嚏', '恶风', '黄痰', '咽痛', '乏力', '流浓黄鼻涕'}
```

集合的交、并、差、补运算应用在实际问题中,可以解决共现问题、统计去重后数据项个数、排除混杂数据等。在本例中,判断某人的感冒是风寒感冒还是风热感冒,可以通过症状作为参考,使用交运算找出共同症状;使用并运算找出所有症状;使用差运算排除风热感冒因素;使用补运算找出排除共同症状外的其他症状。

3.4.3　集合内建函数

与序列类型类似,Python 也提供了多种集合的内建函数用于元素的添加和删除,如表 3.10 和例 3.11 所示。

表 3.10　集合类型内建函数

类别	函　　数	描　　述
添加	S.add(x)	如果数据项 x 不在集合 S 中,将 x 添加到 S 中
	S.update(T)	合并集合 T 中的元素到当前集合 S 中,并自动去除重复元素
删除	S.pop()	随机删除并返回集合中的一个元素,如果集合为空则抛出异常
	S.remove(x)	如果 x 在集合 S 中,移除该元素;如果 x 不存在则抛出异常
	S.discard(x)	如果 x 在集合 S 中,移除该元素;如果 x 不存在不报错
	S.clear()	清空集合

【例 3.11】　集合的操作。

```
#例 3.11
风寒感冒={"打喷嚏","流清鼻涕","发热","怕冷","咳嗽","恶风"}
风热感冒={"发热","咽痛","乏力","肌肉痛","关节痛","黄痰","流浓黄鼻涕","咳嗽"}
风寒感冒.add("头疼")
print("风寒感冒添加头疼: ",风寒感冒)
zhengz1=风寒感冒.pop()
```

```
print("随机删除风寒感冒 1 个症状并返回: ",zhengz1,风寒感冒)
zhengz2=风寒感冒.discard("咳嗽")
print("随机删除风寒感冒 1 个症状不返回结果: ",zhengz2,风寒感冒)
风寒感冒.update(风热感冒)
print("合并症状到风寒感冒并去重: ",风寒感冒)
风寒感冒.clear()
print("清空集合",风寒感冒)
```

代码执行结果是:

```
风寒感冒添加头疼: {'打喷嚏', '咳嗽', '头疼', '怕冷', '流清鼻涕', '恶风', '发热'}
随机删除风寒感冒 1 个症状并返回: 打喷嚏 {'咳嗽', '头疼', '怕冷', '流清鼻涕', '恶风',
'发热'}
随机删除风寒感冒 1 个症状不返回结果: None {'头疼', '怕冷', '流清鼻涕', '恶风', '发热'}
合并症状到风寒感冒并去重: {'关节痛', '流浓黄鼻涕', '肌肉痛', '咳嗽', '头疼', '怕冷',
'咽痛', '流清鼻涕', '黄痰', '恶风', '发热', '乏力'}
清空集合 set()
```

本例中,需要注意的是,因集合本身是无序的,所以,无论添加还是删除元素,都不能以序号作为索引。在删除元素时,需要关注几种内建函数的用法和注意事项。

3.5　字典

Python 的组合数据类型中,字典是典型的映射类型。字典不同于其他组合数据类型,它的数据项是由"键值对"的映射组成,键和值分别是两个集合,因此字典的元素也是无序的,如图 3.2 所示。

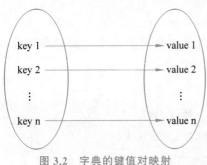

图 3.2　字典的键值对映射

在列表中,可以通过"下标数字"找到对应的对象。而在字典中,可以通过"键对象"找到对应的"值对象"。"键"是任意的不可变数据,例如整数、浮点数、字符串、元组。但是,列表、字典、集合这些可变对象不能作为"键",并且"键"不可重复。"值"可以是任意的数据,并且可重复。

字典的元素可以增加、删除、修改。对字典的操作可以通过字典的操作符和内建函数实现。

3.5.1　字典的创建

创建一个字典,只要把用逗号分隔的不同的键值对使用花括号({})括起来即可。例如 dict1={"中国":"北京","俄罗斯":"莫斯科"},创建一个非空字典;dict2={}创建一个空字典。也可以使用 dict()函数创建一个字典,如 dict4=dict(),具体用法如例 3.12 所示。

【例 3.12】　字典的创建的方法。

```
#例 3.12
dict1={'name':'张明明','age':30,'job':'数据分析师'}
print("dict1: ",dict1)
```

```
dict2=dict(name='张明明',age=30,job='数据分析师')
print("dict2: ",dict2)
dict3=dict([("name","张明明"),("age",30),("job",'数据分析师')])
print("dict3: ",dict3)
k=("name","age","job")
v=("张明明",30,'数据分析师')
dict4=dict(zip(k,v))
print("dict4: ",dict4)
dict5={ }                  #空的字典对象
dict6=dict()               #空的字典对象
print(dict5,dict6)
```

代码执行结果是：

```
dict1: {'name': '张明明', 'age': 30, 'job': '数据分析师'}
dict2: {'name': '张明明', 'age': 30, 'job': '数据分析师'}
dict3: {'name': '张明明', 'age': 30, 'job': '数据分析师'}
dict4: {'name': '张明明', 'age': 30, 'job': '数据分析师'}
{} {}
```

本例中,第 1 行通过直接赋值的方法创建一个非空字典;第 3 行通过调用 dict()函数,使用按名称参数传递的方法创建一个非空字典;第 5 行,通过调用 dict()函数将由二元组元组组成的列表强制类型转换为字典;第 9 行,通过调用 zip()函数生成迭代器,再调用 dict()函数强制类型转换的方法创建字典;第 11、12 行使用两种方法创建空字典。

3.5.2 字典操作符

字典类型的操作符比较简单,常用的有赋值操作符等号(=),判断成员的操作运算符 in,如 dict[name]="张明",可以通过 name 键进行索引修改其对应的值为"张明";语句 name in dict1,是用来判断 name 是不是字典 dict1 的键。

3.5.3 字典内建函数

字典的操作通常使用内建函数来完成,字典是可变的,可以对元素增加、删除、修改,但字典是无序的,如果要排序,需要先转换成列表才能完成。常用内建函数如表 3.11 所示,具体用法如例 3.13 所示。

表 3.11 字典类型内建函数

类别	函 数	描 述
获取	D.keys()	返回字典 D 键的可迭代对象
	D.values()	返回字典 D 值的可迭代对象
	D.items()	返回字典 D 键值对的可迭代对象
	D.get(key,v=None)	如果键存在,则返回其对应值;如果键不在字典中,则返回默认值 v
	D.copy()	返回字典 D 的副本
添加	D.update(D2)	将字典 D2 的键值对添加到字典 D 中

类别	函　　数	描　　述
删除	D.pop(key[,d])	移除并且返回对应给定键或给定的默认值 D 的值
	D.popitem()	从 D 中移除任意一项,并将其作为(键,值)对返回
	D.clear()	清空字典

【例 3.13】 对字典数据进行遍历,获取数据项、键、值,并查找相关键值数据。

```
#例 3.13
dict1= {'name':'张明明','age':30,'job':'数据分析师'}
for item in dict1.items():
    print("键值对元组: ",item)
for key in dict1.keys():
    print("键: ",key)
for value in dict1.values():
    print("值: ",value)
print(dict1.get("name","无"))
print(dict1.get('bmi',0))
```

代码执行结果如下:

```
键值对元组: ('name', '张明明')
键值对元组: ('age', 30)
键值对元组: ('job', '数据分析师')
键: name
键: age
键: job
值: 张明明
值: 30
值: 数据分析师
张明明
0
```

本例中,dict1 是一个个人信息字典,第一个 for 循环遍历字典中所有的键值对,执行结果是每个键值对以二元组的形式显示;第二个 for 循环遍历字典中所有的键,执行结果是获取每个键;第三个 for 循环遍历字典中所有的值,执行结果是获取每个值;最后通过调用 get()函数查找 name 和 age 键是否在字典中,如果键存在,则返回对应的值,因此 name 键存在返回值张明明,bmi 键不存在返回默认值 0。

3.6　正则表达式库

在医学中,有大量文本类数据,如医院电子病历系统中的医生诊断信息、患者主诉信息,医生开立的处方,医学期刊文献、典籍、科普文章,互联网医疗平台中的医患沟通数据等,要想对它们进行深入的挖掘和分析,经常需要从文本或字符串中抽取出想要的信息,用于进一步的语义理解或其他处理。在这些文本中,有时往往存在大量的信息符合某种特定的规律,如何快速有效地提取这些相似规律的文本,是文本信息抽取的关键点。正则表达式就是一种从文本中抽取信息的有效手段,它一般通过搜索特定模式的语句实现信息的抽取。正则表达式应用范围非常广泛,如网页爬取、网页信息解析、文本预处理和信息抽取等,可以将非结构化、半结构化的文本转换成结构化的文本。本节通过介绍 Python 中正则表达式 re 库中的函数和元字符,演示正则表达式在文本信息处理中的应用。

3.6.1　正则表达式的概念

正则表达式(regular expression)是一种可以用于模式匹配和替换的工具,它是一种专用的编程语言。使用正则表达式,可以对指定文本实现匹配测试、内容查找、内容替换、字符串切分等功能。

非结构化文本通常有两类,一种是文本格式的文档;另一种是网页格式的文档。对于非结构化文本,正则表达式可以进行信息抽取,转换成结构化信息,方便进一步分析和挖掘;对于网页文档,往往含有大量的 html 标签,需要使用正则表达式将这些无用的标签去掉,抽取关键的文本信息,转换为自然语言文本。

3.6.2　正则表达式的字符

正则表达式描述了一种字符串匹配的模式(pattern),可以用来检查一个字符串是否含有某种子串、将匹配的子串替换或者从某个字符串中取出符合某个条件的子串等。正则表达式的模式串是由普通字符(如字符 a 到 z)以及特殊字符(称为"元字符")组成的模式字符串,模式描述在搜索文本时要匹配的 1 个或多个字符串。正则表达式作为一个模板,将某个字符模式与所搜索的字符串进行匹配。

构造正则表达式的方法和创建数学表达式的方法一样,也就是用多种元字符与运算符可以将小的表达式结合在一起来创建更大的表达式。正则表达式的组件可以是单个的字符、字符集合、字符范围、字符间的选择或者所有这些组件的任意组合。

例如,模式字符串"pytho+n",可以匹配 python、pythoon、pythooon 等,+号代表前面的字符必须至少出现 1 次;pytho*n,可以匹配 pythn、python、pythoon、pythooon 等,*号代表前面的字符出现 0 到多次;pytho?n,可以匹配 pythn、python 等,? 号代表前面的字符出现 0 到 1 次。这里的+、*、? 都是元字符。

1. 普通字符

普通字符包括没有显示指定为元字符的所有字符,包括字母、数字、标点符号等,如表 3.12 所示。非打印字符也是正则表达式的一部分,如回车符、换行符等。另外,字符串中可以包含任何字符,如果待匹配的字符串中出现 $、[] 等特殊字符,就会与正则表达式的特殊字符发生冲突。在 Python 中,解决这个问题的方式是使用转义字符\对字符串中的特殊字符进行转义,如\\$代表普通字符 $,如表 3.13 所示,具体用法如例 3.14 所示。

表 3.12　正则表达式中的普通字符

字　　符	描　　述	示　　例
［ABC］	表示包含括号内的任意字母、汉字、数字标点符号组成的字符串	pat1＝"a［bd］c",该模式可以匹配"abc"和"adc"字符串

续表

字 符	描 述	示 例
[^ABC]	表示不包含括号内的任意字母、汉字、数字标点符号组成的字符串	pat1="a[^bd]c",该模式可以匹配除"abc"和"adc"等以 a 开头、以 c 结尾的长度为 3 的字符串
[A-Z]	匹配所有大写字母；[a-z]表示匹配所有小写字母	pat1="p[a-z]",该模式可以匹配所有以 p 开头、第二个字符是任意小写字母的长度为 2 的字符串
[0-9]	匹配所有数字 0,1,2,…,9	pat1="p[0-9]",该模式可以匹配所有以 p 开头、第二个字符是数字的字符串,如"p0","p1",…,"p9"
[\u4E00-\u9FA5]	匹配所有中文汉字	pat1="[0-9]+[\u4E00-\u9FA5]+",该模式可以匹配所有以任意数字开头后面是中文汉字的字符串

表 3.13　正则表达式中的非打印字符

字符	描 述	字符	描 述
\n	换行符	\d	匹配数字
\r	回车符	\D	匹配非数字
\t	制表符	\w	字、字母、数字
\v	垂直制表符	\W	与\w 相反,非(字、字母、数字)
\s	任何空白字符	\f	换页符
\S	匹配任何非空白字符,等价于[^\f\n\r\t\v]		

2. 元字符

元字符是特殊字符,就是一些有特殊含义的字符,若要匹配这些特殊字符,必须首先使字符"转义",即将反斜线字符\放在它们前面。因此,元字符在正则表达式串中扮演着特殊的作用,如表 3.14 所示。

表 3.14　正则表达式中的元字符

字符	描 述	示 例
$	匹配输入字符串的结尾位置,要匹配 $ 字符本身,使用\ $	pat1=" language. $ ",该模式可以匹配以 language.结尾的字符串
?	匹配前面的子表达式 0 次或 1 次	pat1=pytho?n,该模式可以匹配 pythn、python 包含 0 个或 1 个 o 的字符串
*	匹配前面的子表达式 0 次或多次	pat1=pytho*n,该模式可以匹配 pythn、python、pythoon、pythooon 等包含 0 个或多个 o 的字符串
+	匹配前面的子表达式 1 次或多次	pat1=python+n,该模式可以匹配 python、pythoon、pythooon 等包含 1 个或多个 o 的字符串

续表

字符	描 述	示 例
{n}	匹配前面的子表达式 n 次	pat1＝pytho{3}n,该模式可以匹配 pythooon
{n,}	匹配前面的子表达式至少 n 次	pat1＝pytho{3,}n,该模式可以匹配 pythooon、pythooooon、……
{n,m}	匹配前面的子表达式至少 n 次,至多 m 次	pat1＝pytho{3,4}n,该模式可以匹配 pythooon、pythooooon
.	匹配除换行符 \n 之外的任何单字符	pat1＝"p.",该模式可以匹配以 p 开头,第二个字符除换行之外的任意长度为 2 的字符串
^	匹配输入字符串的开始位置,当该符号在方括号表达式中使用时,表示不接受该方括号表达式中的字符集合	pat1＝"^p",该模式可以匹配以 p 开头的字符
|	指明两项之间任选其一	pat1＝"pa|b"等价于 pat1＝p[ab],该模式可以匹配以 p 开头,第二个字符是 a 或 b 的长度为 2 的字符串
\	转义字符,用来对特殊字符进行转义	如\n 代表换行
[ ]	标记一个子表达式中任意单个字符的开始和结束位置	pat1＝"[is]",该模式可以匹配原字符串中的所有 i 和 s 字符
( )	标记一个子字符串的开始和结束位置	pat1＝"(is)",该模式可以匹配原字符串中的所有 is 子字符串

【例 3.14】 正则表达式的模式和字符。

```
#例 3.14
import re
str1="自然语言不是自动语言"
pat1="自[然动]语"
print(re.findall(pat1,str1))

str2="python is a language."
pat2="p[a-z]"
print(re.findall(pat2,str2))
pat3="language.$ "
print(re.findall(pat3,str2))

str3="python is a language. javascript is a language too."
pat4="(is)"
print(re.findall(pat4,str3))

str4="python is a language. paggage"
pat5="p."
print(re.findall(pat5,str4))
pat6="pa|b"
print(re.findall(pat6,str4))
pat7="^p"
print(re.findall(pat7,str4))
```

代码执行结果如下:

```
['自然语', '自动语']
['py']
['language.']
['is', 'is']
['py', 'pa']
['pa']
['p']
```

本例中,创建了 7 个模式 pat1～pat7,分别在字符串 str1～str4 中匹配相应的字符串。模式 1 字符串"自[然动]语"代表以"自"开头以"语"结尾,[]括号里的汉字匹配任意一个 3 字字符串,使用 re 库的 findall()函数将该模式和 str1 字符串进行匹配,结果得到['自然语','自动语']列表;模式 2 和模式 1 相同;模式 3 代表匹配以"language."结尾的字符串,结果在 str2 中有匹配;模式 4 的"(is)"代表匹配所有的"is"字符串,结果匹配到两个"is";模式 5 的"p."代表匹配以 p 开头的两个字符,结果匹配到两个'py'和'pa';模式 6 的"pa|b"匹配'pa'或者'pb',结果在 str4 中匹配到'pa';模式 7 的'^p'匹配以'p'开头的字符,结果在 str4 中匹配到开头字符'p'。

3.6.3　re 库常用函数

Python 自 1.5 版本起增加了 re 库,它提供 perl 风格的正则表达式模式。re 库使得 Python 语言可以使用全部的正则表达式功能。re 库提供了很多内建函数,这些函数接收一个模式字符串作为它们的第一个参数。常用函数如表 3.15 所示。

表 3.15　re 库常用函数

函　　数	描　　述
compile(pattern,flags)	用于编译正则表达式,生成一个正则表达式(pattern)对象,供 match()和 search()这两个函数使用
re.match(pattern,string,flags=0)	按模式 pattern 从字符串 string 起始位置匹配,并返回第一个成功的匹配对象,若起始位置匹配不成功则返回 None
re.search(pattern,string,flags=0)	按模式 pattern 扫描整个字符串 string 并返回第一个成功的匹配对象,否则返回 None
findall(string[,pos[,endpos]])	在字符串中找到正则表达式所匹配的所有子串,并返回一个列表,否则返回空列表
re.sub(pattern,repl,string,count=0,flags=0)	按模式 pattern 扫描整个字符串,将字符串 string 中的匹配项替换为 repl 字符串,返回替换后的结果字符串。count 是最大替换次数;0 代表替换所有匹配;flags 为标志,用于控制正则表达式的匹配方式,如是否区分大小写等
re.subn(pattern,repl,string,count=0,flags=0)	按模式 pattern 扫描整个字符串,将字符串 string 中的匹配项替换为 repl 字符串,返回二元组(替换的最终字符串结果,替换了多少次)
re.finditer(pattern,string,flags=0)	与 findall()函数类似,在字符串中找到正则表达式所匹配的所有子串,并把它们作为一个迭代器返回
re.split(pattern,string[,maxsplit=0,flags=0])	按照模式 pattern 能够利用匹配的子串将字符串 string 分割,返回字符串列表

注意,以上函数中 flags 是可选参数,表示匹配模式,例如忽略大小写、多行模式等。具体参数为:re.I 表示忽略大小写;re.L 表示特殊字符集 \w,\W,\b,\B,\s,\S 依赖于当前环境;re.M 表示多行模式;re.S 表示.并且包括换行符在内的任意字符(.不包括换行符);re.U 表示特殊字符集\w,\W,\b,\B,\d,\D,\s,\S,根据 unicode 字符集解析字符;re.X 表示为了增加可读性,忽略空格和♯后面的注释。

3.6.4　re 库常用对象

1. re.RegexObject

re.RegexObject 为正则对象,re.compile()返回一个正则模式对象,可以供 match()和 search()这两个函数作为 pattern 参数使用。

2. re.MatchObject

re.MatchObject 为匹配对象,re.search()和 re.match()函数都返回一个匹配对象。该匹配对象有 4 个常用方法,通过这些方法获取相应的信息,具体内容如下。

(1) group()方法:返回匹配的字符串。

(2) start()方法:返回匹配开始的位置。

(3) end()方法:返回匹配结束的位置。

(4) span()方法:返回一个元组包含匹配(开始,结束)的位置。

具体用法如例 3.15 所示。

【例 3.15】　使用 re 库函数查找匹配。

```
#例 3.15
import re
str1='this is abcABC'
reslut1=re.search('abc',str1)
reslut2=re.match('abc', str1)
reslut3=re.findall('abc',str1,re.I)
print("search 函数匹配结果",type(reslut1),reslut1.group()) #结果 : 'abc'
print("match 函数匹配结果",reslut2) #结果 : 'abc'
print("findall 函数匹配结果",reslut3)

str2="茯苓 3 两,芍药 13 两,生姜 10 两(切),白术 2 两,附子 1 枚(炮、去皮、破 8 片)"
reslut4=re.subn('(.*?)', '', str2)
print(reslut4[0])

pat1=re.compile("\d+[两枚]")
pat2=re.compile("\d")
for item in reslut4[0].split(","):
    addr=re.search(pat2,item).span()[0]
    reslut5=re.findall(pat1,item)
    print(item[:addr],"".join(reslut5))
```

代码执行结果如下:

```
search 函数匹配结果<class 're.Match'> abc
match 函数匹配结果 None
findall 函数匹配结果 ['abc', 'ABC']
```

```
茯苓 3 两,芍药 13 两,生姜 10 两,白术 2 两,附子 1 枚
茯苓 3 两
芍药 13 两
生姜 10 两
白术 2 两
附子 1 枚
```

本例中,在字符串 str1 中有大小写 abc 子字符串,使用 search()函数在 str1 中按照匹配模式进行扫描,得到的匹配结果是一个匹配对象,用该匹配对象的 group()方法可以获取的结果是"abc"字符串;使用 match()函数在 str1 中按照匹配模式扫描是不是以"abc"开头的,得到的匹配结果为空;使用 findall()函数在 str1 中按照匹配模式进行扫描,不区分大小写,得到的匹配结果是一个['abc', 'ABC']列表。

字符串 str2 包含中药方剂信息,对字符串 str2 的处理包含以下两步。第一步,去除带括号的炮制方法。在匹配模式的字符串'(.＊?)'中,.代表除换行符的任意字符,＊代表扩展 0 或多次,加? 代表最小匹配。该字符串代表全角括号括住的任意多个字符,利用 subn()函数将所有符合模式的字符串都替换为空字符串,得到结果字符串和匹配次数组成的二元组。第二步,将每个中药和剂量提取,并格式化打印。使用 compile()函数,定义 pat1 模式串,代表剂量和单位的模式;定义 pat2 模式串,代表数字的模式;for 循环遍历字符串列表,利用 search()函数找到数字所在的索引位置 addr,对字符串做切片 item[:addr]获取中药;利用 findall()函数按照 pat1 模式找到剂量和单位,得到一个结果列表,最后将中药和转换为字符串的剂量以及剂量单位打印输出。

3.7   医学实践案例解析

2022 年 3 月 29 日,国务院办公厅发布《国务院办公厅关于印发"十四五"中医药发展规划的通知》,对"十四五"时期中医药工作进行了全面部署,具体包括四大原则、七大目标、十大重点任务等,提出:构建新发展格局,坚持中西医并重,传承精华、守正创新,实施中医药振兴发展重大工程,补短板、强弱项、扬优势、激活力,推进中医药和现代科学相结合。

中国传统的中医药学科有浩如烟海的古代文献,如《本草纲目》《伤寒论》等,记载了大量的中药、处方和医案,为中医药学的传承发展提供了宝贵的临床诊疗用药经验;现代中医药在传承发展过程中,医生们在博采古方的基础上,在自己的临床过程中,也总结了大量符合现代人特定的经验方,这些宝贵经验也值得分析和挖掘。

本节的两个案例就是主要运用本章所学的基本知识和基本方法,来解决中医药领域的科学问题。

3.7.1   案例 1: 古代方剂信息提取

1. 案例描述

在中医古籍《寿世保元·卷二》中记载了"胃苓丸"这一方剂,其药物组成为:苍术(米泔浸,炒)1 两,陈皮 1 两,厚朴(姜汁炒)1 两,白术(去芦,土炒)1 两,白茯苓(去皮)2 两,肉桂 5 钱,猪苓 1 两,泽泻 1 两,人参 5 钱,黄连(姜汁炒)1 两,白芍(炒)1 两,甘草(炙)5 钱。主治:途中伤暑而作水泻、腹痛烦渴者;行人不服水土。

这一方剂详细描述了"药物名称""制法""剂量"等信息,而在分析药物组成时,往往只需要"药物名称",且目前的数据是非格式化的,不利于直接进行研究。所以尝试用 re 库对其进行规范化处理。

2. 问题分析

目标是通过 re 库的处理,将杂乱的字符串类型转换为格式化的列表类型,并去除不需要的部分,具体步骤如下。

第一步:观察字符串,首先将括号及括号里的内容去除(注意:半角和全角括号都要考虑到)。

第二步:将全角逗号转换成半角逗号。

第三步:去除药物剂量及单位。

第四步:将整理好的字符串以","分隔成列表。

3. 编程实现

具体代码内容如下:

```
import re
str = '苍术(米泔浸,炒)1两,陈皮1两,厚朴(姜汁炒)1两,白术(去芦,土炒)1两,白茯苓(去皮)2两,肉桂5钱,猪苓1两,泽泻1两,人参5钱,黄连(姜汁炒)1两,白芍(炒)1两,甘草(炙)5钱'
#1.去除括号及括号里的内容
str1 = re.sub('[((].*?[))]','',str)
#2.将全角逗号替换为半角逗号(方便转换列表类型)
str2 = re.sub('[,]',',',str1)
#3.匹配"数字+中文字符"组合,去除剂量及单位
str3 = re.sub('[0-9]+[\u4E00-\u9FA5]+','',str2)
#4.以","为分隔符,将字符串转列表
list = re.split(',',str3)
print(list)
```

代码执行结果如下:

```
['苍术', '陈皮', '厚朴', '白术', '白茯苓', '肉桂', '猪苓', '泽泻', '人参', '黄连', '白
芍', '甘草']
```

4. 代码解析

第一步,去除括号及括号内的中药炮制方法。利用 sub()函数,将要去除的信息替换成空字符串。正则表达式的模式字符串是'[((].*?[))]',考虑到括号可能有全角和半角,所以在表达式中用[((]表示中括号中的任意一个字符,在小括号内可以包含任意字符。使用.匹配除换行符 \n 之外的任何单字符,* 匹配前面的子表达式 0 次或多次,点号星号(.*)搭配可以匹配任何除\n 外的多个字符。? 代表匹配前面的子表达式 0 次或 1 次,.* 表达式增加问号? 后,即最小匹配,而不是贪婪匹配(无限匹配)。

第二步,将全角逗号替换为半角逗号(方便转换列表类型),利用 sub()函数实现。

第三步,匹配"数字+中文字符"的组合,去除剂量及单位。在正则表达式的模式字符串'[0-9]+[\u4E00-\u9FA5]+'中,[0-9]+代表任意多个数字,[\u4E00-\u9FA5]+代表任意多个汉字,组合起来即以任意数字开头后面是汉字的字符串。

3.7.2 案例 2: 处方用药规律分析

1. 案例描述

频次统计是常用的描述性统计方法,现代的中医医案中,包含了很多种中药和药物配伍信息,对中药出现的频次进行统计,可以用于分析处方的用药规律。

目前收集到某医生某日处方中的中药种类与剂量如下:石膏 5g、知母 7g、甘草 10g、粳米 3g、石膏 5g、知母 10g、甘草 10g、粳米 5g、人参 5g、竹叶 6g、石膏 7g、半夏 3g、麦冬 10g、人参 2g、甘草 10g、粳米 3g、栀子 4g、豆豉 8g、栀子 9g、连翘 6g、薄荷 8g、甘草 3g、黄芩 6g、黄连 3g、桔梗 7g、大黄 8g、当归 4g、白芍 10g、地骨皮 11g、桑白皮 11g、甘草 12g、桑白皮 7g、地骨皮 8g、粳米 10g、甘草 4g、人参 5g、茯苓 7g、桑白皮 3g、地骨皮 12g、麦冬 5g、知母 8g、川贝母 8g、桔梗 8g、黄芩 5g、薄荷 4g、桑白皮 4g、半夏 3g、黄芩 6g、黄连 6g、山栀 3g、黄连末 3g、藕汁 3g、人乳汁 15g、姜汁 7g、蜂蜜 10g、茯苓 5g、黄芩 2g、桑白皮 3g、麦冬 6g、栀子 7g、黄芩 5g、栀子 23g、玄参 2g、桔梗 6g、山豆根 9g、薄荷 12g、黄连 5g、金银花 12g、麦冬 6g、黄芩 7g、栀子 4g、川贝母 12g、甘草 6g、金银花 10g、黄芩 12g、山豆根 12g、玄参 2g、白芍 4g、麦冬 7g、桔梗 8g、人参 5g、甘草 10g、黄连 10g、桑白皮 6g。请编程统计该医生某日处方中用的中药的频次及每种中药的平均剂量。

2. 问题分析

该问题可分解为 3 个子问题,文本清洗、文本信息提取和统计。在该段文本中,中药信息之间以中文顿号分隔,中药信息本身包括中药名称、剂量和计量单位,从统计的角度来说,计量单位没有意义,可以先对文本预处理将之清洗掉;然后再对字符串以中药信息为单位切分;接下来,就可以分别提取中药信息和计量信息,最后做频次统计和平均值计算,具体步骤如下。

第一步:将文本信息保存到处方字符串中。

第二步:对文本字符串进行预处理,去掉所有的计量单位字符"g"。

第三步:对文本字符串进行分隔,切分成单个中药信息。

第四步:遍历中药信息列表,从每个中药信息中分别提取中药和剂量信息并放到列表中。

第五步:新建字典,以中药为键,以频次和用量为值。

第六步:遍历新的中药信息列表,进行频次统计和用量统计。

3. 编程实现

代码片段 1 :第一步至第四步。

具体代码内容如下:

```
chufang="石膏 5g、知母 7g、甘草 10g、粳米 3g、石膏 5g、知母 10g、甘草 10g、粳米 5g、人参 5g、竹
叶 6g、石膏 7g、半夏 3g、麦冬 10g、人参 2g、甘草 10g、粳米 3g、栀子 4g、豆豉 8g、栀子 9g、连翘 6g、
薄荷 8g、甘草 3g、黄芩 6g、黄连 3g、桔梗 7g、大黄 8g、当归 4g、白芍 10g、地骨皮 11g、桑白皮 11g、
甘草 12g、桑白皮 7g、地骨皮 8g、粳米 10g、甘草 4g、人参 5g、茯苓 7g、桑白皮 3g、地骨皮 12g、麦冬
5g、知母 8g、川贝母 8g、桔梗 8g、黄芩 5g、薄荷 4g、桑白皮 4g、半夏 3g、黄芩 6g、黄连 6g、山栀 3g、
黄连末 3g、藕汁 3g、人乳汁 15g、姜汁 7g、蜂蜜 10g、茯苓 5g、黄芩 2g、桑白皮 3g、麦冬 6g、栀子 7g、
黄芩 5g、栀子 23g、玄参 2g、桔梗 6g、山豆根 9g、薄荷 12g、黄连 5g、金银花 12g、麦冬 6g、黄芩 7g、
栀子 4g、川贝母 12g、甘草 6g、金银花 10g、黄芩 12g、山豆根 12g、玄参 2g、白芍 4g、麦冬 7g、桔梗
8g、人参 5g、甘草 10g、黄连 10g、桑白皮 6g"
```

```
#文本预处理
chufang=chufang.replace("g","")          #去计量单位
chufanglst=chufang.split('、')           #将字符串切分成中药信息列表

#信息提取
zzxxlst=[]     #定义信息列表
for zyxx in chufanglst:
    zy=[]
    zy.append(re.search("\D+",zyxx).group())
    zy.append(re.search("\d+",zyxx).group())
    zzxxlst.append(zy)
print(zzxxlst)
```

代码执行结果如下：

```
[['石膏', '5'], ['知母', '7'], ['甘草', '10'], ['粳米', '3'], ['石膏', '5'], ['知母',
'10'], ['甘草', '10'], ['粳米', '5'], ['人参', '5'], ['竹叶', '6'], ['石膏', '7'],
['半夏', '3'], ['麦冬', '10'], ['人参', '2'], ['甘草', '10'], ['粳米', '3'], ['栀子',
'4'], ['豆豉', '8'], ['栀子', '9'], ['连翘', '6'], ['薄荷', '8'], ['甘草', '3'], ['黄芩',
'6'], ['黄连', '3'], ['桔梗', '7'], ['大黄', '8'], ['当归', '4'], ['白芍', '10'], ['地
骨皮', '11'], ['桑白皮', '11'], ['甘草', '12'], ['桑白皮', '7'], ['地骨皮', '8'], ['粳
米', '10'], ['甘草', '4'], ['人参', '5'], ['茯苓', '7'], ['桑白皮', '3'], ['地骨皮',
'12'], ['麦冬', '5'], ['知母', '8'], ['川贝母', '8'], ['桔梗', '8'], ['黄芩', '5'], ['薄
荷', '4'], ['桑白皮', '4'], ['半夏', '3'], ['黄芩', '6'], ['黄连', '6'], ['山栀',
'3'], ['黄连末', '3'], ['藕汁', '3'], ['人乳汁', '15'], ['姜汁', '7'], ['蜂蜜', '10'],
['茯苓', '5'], ['黄芩', '2'], ['桑白皮', '3'], ['麦冬', '6'], ['栀子', '7'], ['黄芩',
'5'], ['栀子', '23'], ['玄参', '2'], ['桔梗', '6'], ['山豆根', '9'], ['薄荷', '12'],
['黄连', '5'], ['金银花', '12'], ['麦冬', '6'], ['黄芩', '7'], ['栀子', '4'], ['川贝母',
'12'], ['甘草', '6'], ['金银花', '10'], ['黄芩', '12'], ['山豆根', '12'], ['玄参',
'2'], ['白芍', '4'], ['麦冬', '7'], ['桔梗', '8'], ['人参', '5'], ['甘草', '10'], ['黄
连', '10'], ['桑白皮', '6']]
```

代码片段 2：第五步至第六步。

具体代码内容如下：

```
#中药频次和总剂量统计
zydict={}
for zyxx in zzxxlst:
    pcyl=[]
    if zyxx[0] not in zydict:
        pcyl.append(int(zyxx[1]))
        pcyl.append(1)
        zydict[zyxx[0]]=pcyl
    else:
        zydict.get(zyxx[0])[0]=zydict.get(zyxx[0])[0]+int(zyxx[1])
        zydict.get(zyxx[0])[1]=zydict.get(zyxx[0])[1]+1
for item in zydict:
    newvalue=[]
    avg=zydict[item][0]/zydict[item][1]
```

```
newvalue.append(round(avg,1))
newvalue.append(zydict[item][1])
zydict[item]=newvalue
```

代码执行结果如下：

```
{'石膏': [5.7, 3], '知母': [8.3, 3], '甘草': [8.1, 8], '粳米': [5.2, 4], '人参': [4.2,
4], '竹叶': [6.0, 1], '半夏': [3.0, 2], '麦冬': [6.8, 5], '栀子': [9.4, 5], '豆豉':
[8.0, 1], '连翘': [6.0, 1], '薄荷': [8.0, 3], '黄芩': [6.1, 7], '黄连': [6.0, 4], '桔
梗': [7.2, 4], '大黄': [8.0, 1], '当归': [4.0, 1], '白芍': [7.0, 2], '地骨皮': [10.3,
3], '桑白皮': [5.7, 6], '茯苓': [6.0, 2], '川贝母': [10.0, 2], '山栀': [3.0, 1], '黄连
末': [3.0, 1], '藕汁': [3.0, 1], '人乳汁': [15.0, 1], '姜汁': [7.0, 1], '蜂蜜': [10.0,
1], '玄参': [2.0, 2], '山豆根': [10.5, 2], '金银花': [11.0, 2]}
```

4. 案例代码分析

代码片段 1。第一步，进行文本预处理，去掉计量单位。首先利用字符串的 replace()方法，将字符串 chufang 的'g'替换为空字符串；然后利用字符串的 split()方法，用顿号将字符串切分成处方列表 chufanglst，每个元素是中药和剂量，如石膏 5。第二步，定义信息列表。每个元素是由中药和剂量组成的子列表，如["石膏","5"]；for 循环遍历处方列表 chufanglst，对处方列表中的每个元素进行信息提取，逐步提取到 zzxxlst 总信息列表中，利用 re.search()方法，使用"\D+"提取非数字字符，使用"\d+"提取数字字符，分别追加到 zy 子列表中，最后再将 zy 子列表追加到总信息列表 zzxxlst 中，得到如[["石膏","5"],……]的列表。

代码片段 2，对中药频次和平均剂量统计。首先，定义中药频次和总剂量词典 zydict。for 循环遍历总信息列表 zzxxlst，判断字典中是否有同名中药的键，如果没有，将中药的剂量和频次 1 作为该中药键值列表添加到字典中；如果该中药键存在，则更新剂量，将新剂量累加到原剂量中，频次累加 1，结果如{'石膏': [5.7, 3],……}。

3.8 课堂实践探索

3.8.1 探索问题 1: 如何提取剂量信息

3.7.1 节的案例 1 提取了中药的信息。而在医生实际遣方用药中，剂量也是非常重要的参考因素，因此，试探索将"胃苓丸"中的中药和剂量都提取出来，制作中药处方字典，如{"苍术":"1 两",……}。

这里给出如下提示。

1. 数据预处理

将字符串 str= '苍术(米泔浸,炒)1 两,陈皮 1 两,厚朴(姜汁炒)1 两,白术(去芦,土炒)1 两,白茯苓(去皮)2 两,肉桂 5 钱,猪苓 1 两,泽泻 1 两,人参 5 钱,黄连(姜汁炒)1 两,白芍(炒)1 两,甘草(炙)5 钱'去除括号内的炮制信息。

2. 信息提取

利用正则表达式提取中药和剂量。

3. 信息保存

建立字典保存数据。

具体代码内容如下：

```
import re
chuf = '苍术(米泔浸,炒)1两,陈皮1两,厚朴(姜汁炒)1两,白术(去芦,土炒)1两,白茯苓(去
皮)2两,肉桂5钱,猪苓1两,泽泻1两,人参5钱,黄连(姜汁炒)1两,白芍(炒)1两,甘草(炙)5钱'
chuf1 = re.sub('[((].*?[))]','',chuf)
chuflst=chuf1.split(',')
chufdict={}
for zy in chuflst:
    yao=re.match('[\u4E00-\u9FA5]+',zy).group()
    jl=re.search('[0-9]+[\u4E00-\u9FA5]+',zy).group()
    chufdict[yao]=jl
print(chufdict)
```

代码执行结果如下：

```
{'苍术': '1两', '陈皮': '1两', '厚朴': '1两', '白术': '1两', '白茯苓': '2两', '肉
桂': '5钱', '猪苓': '1两', '泽泻': '1两', '人参': '5钱', '黄连': '1两', '白芍':
'1两', '甘草': '5钱'}
```

请分析以上代码，并尝试进行改进。

3.8.2 探索问题 2: 如何将用药信息按用药频次排序输出

在 3.7.2 节案例 2 中，用药频次较高的中药及剂量，对于医生开立处方具有较大参考意义，因此，试探索将案例的结果按照中药的用药频次高低排序，并将频次前 15 位的中药、平均剂量以及频次打印输出。

提示如下：

(1) 将字典转换为列表，利用列表的 sort()方法完成排序；

(2) 注意 sort()方法的排序关键字参数 key 的定义。

具体代码内容如下：

```
lstdict=list(zydict.items())
lstdict.sort(key=lambda x:x[1][1],reverse=True)
print("{0:<10}{1:^10}{2:>10}".format("中药","平均剂量","用药频次"))
for item in lstdict[:15]:
    print("{0:<10}{1:^10}{2:>10}".format(item[0],item[1][0],item[1][1]))
```

代码执行结果如下：

中药	平均剂量	用药频次
甘草	8.1	8
黄芩	6.1	7
桑白皮	5.7	6
麦冬	6.8	5
栀子	9.4	5
粳米	5.2	4
人参	4.2	4
黄连	6.0	4
桔梗	7.2	4
石膏	5.7	3

知母	8.3	3
薄荷	8.0	3
地骨皮	10.3	3
半夏	3.0	2
白芍	7.0	2

请分析以上代码，并尝试进行改进。

3.9 本章小结

扫码查看思维导图

3.10 本章习题

一、选择题

1. 下面代码的输出结果是＿＿＿＿＿＿＿。

```
s=set()
type(s)
```

  A. ＜class 'dict'＞   B. ＜class 'set'＞

  C. ＜class 'list'＞   D. ＜class 'tuple'＞

2. 下面代码的输出结果是＿＿＿＿＿＿＿。

```
t=('cat','dog','tiger','human')
t[::-1]
```

  A. ('human','tiger','dog','cat')

  B. ['human','tiger','dog','cat']

  C. ['cat','dog','tiger']

  D. ('cat','dog','tiger')

3. 下面代码的输出结果是＿＿＿＿＿＿＿。

```
s=['seashell','gold','pink','brown','purple',tomato']
print(len(s),min(s),max(s))
```

  A. 6 seashell gold   B. 6 brown tomato

  C. 5 pink brown   D. 5 purple tomato

4. 下面代码的输出结果是＿＿＿＿＿＿＿。

```
dic = {'k1': "v1", "k2": "v2", "k3": [11,22,33]}
for i in dic.items():
    print(i)
```

  A. ('k1', 'v1')

   ('k2', 'v2')

   ('k3', [11, 22，33])

  B. v1 v2 [11,22,33]

  C. k1 k2 k3

  D. invalid syntax

5. 以下关于组合数据类型的说法,错误的选项是_____。

  A. 字符串的标识符是一对单引号''、一对双引号""或一对三引号"""""",可以标识一个字符串常量

  B. 集合中的元素是可以出现重复的

  C. 列表切片时从左向右的起始位置是 0,从右向左的起始位置为 -1

  D. 列表中的元素是可以出现重复的

6. 能够完全匹配字符串"(010)-62661617"和字符串"01062661617"的正则表达式不包括_____。

  A. r"\(?\d{3}\)?-?\d{8}"

  B. r"[0-9()-]+"

  C. r"[0-9(-)]*\d*"

  D. r"[()]?\d*[)-]*\d*"

二、编程题

1. 输入任意 1 个三位数的整数,求这个三位数每一位上的数字的和是多少,并打印输出。

示例如下:

```
输入:123
输出:您输入的整数位的和是:6
```

2. 编写程序,实现月份数字向英文缩写的转换。

示例如下:

```
输入:1,2,3,4,…,12
输出:Jan,Feb,Mar,Apr,…,Dec
```

注:月份数字为 1~12,不同月份对应的缩写如下:

1 月	2 月	3 月	4 月	5 月	6 月	7 月	8 月	9 月	10 月	11 月	12 月
Jan	Feb	Mar	Apr	May	Jun	Jul	Aug	Sep	Oct	Nov	Dec

3. 疫情时期,患者在进入医院时常常需要做就诊登记,填写体温等有关信息。当天就诊的患者有张三、王麻子、李四,医院在登记他们的个人体温时出现了错误,现需要对他们的信息进行修正。

医院数据库中的信息字典为 d={"张三":365,"王床子":36.9,"王麻子":36.9},请编

写程序对医院数据库中的信息字典进行修改，并将正确信息全部打印输出在屏幕上（注：张三将自己的体温输入成了 365℃，实际上他只有 36.5℃；王麻子将自己的名字输入成了王床子后，重新输入了一次，他的体温是 36.9℃；李四没有输入她的信息就进行了就诊，她当时的体温是 36.7℃）。

输出示例如下：

```
张三就诊时体温为：36.5℃
王麻子就诊时体温为：36.9℃
```

4. 某家医院计划进行某种药物药效的实验，现共有 200 名志愿者参与实验，医院将从中随机挑选 100 名志愿者作为实验组，剩余的志愿者则作为对照组。试编写程序，使用 random 库，在 200 名志愿者中随机挑选 100 名志愿者并打印 100 名志愿者的编号（注：200 名志愿者的编号分别为 1,2,3,…,200）。

输出示例如下（不代表真实输出结果）：

```
3,4,5,23,76,…,170
(设置随机种子为 1,否则答案无效)
```

5. 进入医院互联网诊疗平台进行就诊前，患者需要在挂号前注册个人的账户，并设置用户名与密码。该医院互联网诊疗平台的规则是：用户名只能包含由大小写字母构成的长度为 8～12 位的字符，密码必须由大、小写字母及数字构成的长度为 12 位的字符，且必须包含大、小写字母和数字 3 种类型。

请编写程序，用键盘获取患者的用户名和密码（用户名和密码用逗号隔开），利用正则表达式判断用户名和密码是否合法。

示例如下：

```
输入：
请输入用户名：reorew233
请输入密码：efrHHJ348123
输出：
您输入的用户名不对,请输入 8~12 位大小写字母组成的用户名!
```

第 4 章

程序控制结构

本章学习目标

- 熟悉程序流程图的基本概念与表示方法
- 掌握程序的 3 种基本控制结构
- 熟练使用 Python 的分支结构与循环结构
- 熟悉 Python 的错误与异常处理
- 掌握 random 标准库的常用函数与使用

本章源代码

本章首先引入程序流程图,对顺序结构、分支结构和循环结构这 3 种程序的基本控制结构做简要介绍;然后重点介绍分支结构、循环结构和异常处理的关键字用法与应用场景;通过引入具有随机数生成功能的 random 库,介绍该库的基本功能、常用函数和应用技巧;最后基于"经脉背诵小助手""方剂背诵小帮手"的实践案例及"自动计分"与"错题本"的实践探索,让读者进一步掌握程序的控制结构在医疗健康领域中的应用。

4.1 程序的基本结构

与其他编程语言相同,Python 程序的基本结构也可分为以下 3 种:顺序结构、分支结构和循环结构。本节首先介绍程序的流程图表示方法,然后通过实例绘制并说明不同结构的程序流程图,以帮助读者更好地加以区分。

4.1.1 程序流程图

程序流程图是一种表达程序控制结构的方式,主要用于程序分析和过程描述,它由一系列图形、流程线和文字说明组成。这种流程图重点对程序的逻辑与处理顺序进行说明,具有直观、清晰、易理解的特点。

表 4.1 列出了流程图的常用图形符号,其中圆角矩形为起始框或终止框,表示程序的开始或结束;平行四边形为输入框或输出框,表示程序运行至此时输入或输出的内容;矩形框为处理框、执行框,用于变量赋值、计算等数据操作;菱形框为判断框,框中标明判断条件,并在框外使用 Y(Yes,指条件成立)或 N(No,指条件不成立)指出不同结果的流向;带有箭头的线段为流程线,表示流程框之间的流向;圆形为连接圈,表示算法流向出口或入口的连接点,通常用于流程图较长、篇幅不够时的衔接。

表 4.1　程序流程图

图形符号	符号名称	说　　明	流　　线
▭	起始、终止框	表示算法的开始或结束	起始框：一条流出线 终止框：一条流入线
▱	输入、输出框	框中标明输入、输出的内容	只有一条流入线和一条流出线
▭	处理框	框中标明进行什么处理	只有一条流入线和一条流出线
◇	判断框	框中标明判断条件并在框外标明判断后的两种结果的流向	一条流入线多条流出线，但同时只能有一条流出线起作用
→	流程线	表示从某一框到另一框的流向	
○	连接圈	表示算法流向出口或入口的连接点	一条流线

下面以"计算 0～100 累加的和"为例，详细阐述程序流程图的绘制过程。首先绘制圆角矩形框表示程序开始，然后绘制矩形框对变量 sum 和 n 进行赋值，均赋值为 0，接着绘制菱形框进行条件判断，判断变量 n 是否小于或等于 100，若条件成立，则绘制流程线指向处理框 sum＝sum＋n，将 n 的值加到 sum 中，然后指向处理框 n＝n＋1，为 n 进行重新赋值；若条件不成立，说明此时 n 的取值已大于 100，不需要再计算其和，此时绘制平行四边形框，直接输出 sum 值即可，最后绘制圆角矩形框表示程序结束，如图 4.1 所示。

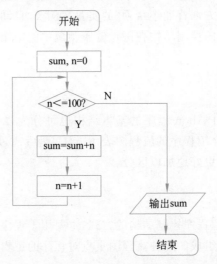

图 4.1　计算 0～100 累加的和的程序流程图

练一练

1. 若需绘制"求绝对值"的程序流程图，需判断输入数字 x 为正数还是负数，实现该判断的图形形状为_____。

A. 矩形框　　　　　B. 菱形框　　　　　C. 平行四边形框　　　　　D. 椭圆形框

2. 下图为计算 $1+1/3+1/5+\cdots+1/99$ 的流程图,请将空缺处补充完整。

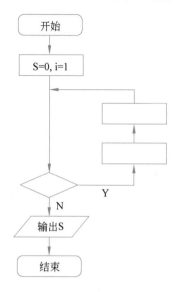

4.1.2 程序的基本控制结构

程序流程图一般由顺序结构、分支结构和循环结构 3 种基本控制结构组成。下面将以"根据圆半径求圆面积和周长"为例,介绍 3 种基本控制结构的概念与区别。

1. 顺序结构

顺序结构,是最简单的程序控制结构,表示流程图按照流程线所指顺序由上至下依次执行,不用根据判断结果决定流程走向,也不需要判断是否需要执行重复内容。例如,已知圆半径 R,求圆面积和周长的流程图。首先通过输入框让用户输入圆半径 R,然后分别通过圆的面积计算公式和周长计算公式得到计算结果,并通过输出框输出,如图 4.2 所示。

使用 Python 对该流程图进行编程,代码如下。该段代码中,程序按照从头到尾的顺序依次执行每一条 Python 代码,既没有重复执行任何代码,也没有跳过任何代码,如例 4.1 所示。

【例 4.1】 顺序结构求圆面积及周长。

```
#例 4.1
import math
R = eval(input("请输入圆半径:"))
S = math.pi * R * R
L = 2 * math.pi * R
print("半径为{}的圆面积为{:.2f}、周长为{:.2f}".format(R,S,L))
```

代码执行结果如下:

```
请输入圆半径:5
半径为 5 的圆面积为 78.54、周长为 31.42
```

2. 分支结构

分支结构,或称为选择结构,是指流程图需根据给定的条件判断内容,并根据判断结果决定流程的走向。同样是计算圆的面积和周长,可以通过增加判断框的方式,首先判断用户输入的圆半径是否大于 0,若大于 0 则正常计算,若小于 0 则提示输入的半径无效。加入分支结构的流程图如图 4.3 所示。

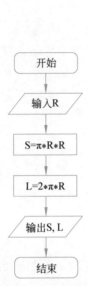

图 4.2　求圆面积及周长的顺序结构流程图　　　图 4.3　求圆面积及周长的分支结构流程图

使用 Python 对图 4.3 的流程图进行编程,代码如下。该段代码使用了 if…else 结构,通过 R>0 的条件判断,决定了代码走向。当用户输入圆半径−2 时,R>0 的条件不成立,因此跳过了 3 行缩进的代码,直接运行 else 后的 print 语句,如例 4.2 所示。

【例 4.2】　分支结构求圆面积及周长。

```
#例 4.2
import math
R = eval(input("请输入圆半径:"))
if R>0:
    S = math.pi * R * R
    L = 2 * math.pi * R
    print("半径为{}的圆面积为{:.2f}、周长为{:.2f}".format(R,S,L))
else:
    print('输入的半径无效! ')
```

代码执行结果如下:

```
请输入圆半径:-2
输入的半径无效!
```

3. 循环结构

循环结构,是指流程图在特定条件下重复执行已操作的流程,并需根据特定条件判断是继续执行重复内容还是退出循环。对于计算圆面积和周长的例子来说,当判断出输入的半径无效时,可以使用循环结构使流程图返回至一开始的输入框,让用户重新输入圆半径 R。加入循环结构的流程图如图 4.4 所示。

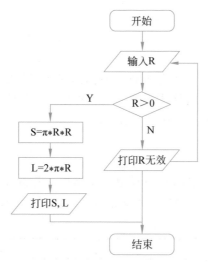

图 4.4　求圆面积及周长的循环结构流程图

使用 Python 对图 4.4 的流程图进行编程,代码如下。该段代码使用了 while 关键字引导无限循环语句,while 后的条件判断结果若为 True,则可进行无限循环,否则跳出循环。设立布尔类型变量 flag 为 True,当用户输入的半径 R>0 时,为 flag 重新赋值为 False,循环结束;当用户输入的半径不满足 R>0 的条件,则执行 print 语句,并让用户重新输入圆半径,如例 4.3 所示。

【例 4.3】　循环结构求圆面积及周长。

```
#例4.3
import math
flag = True
while flag:
    R = eval(input("请输入圆半径:"))
    if R>0:
        S = math.pi * R * R
        L = 2 * math.pi * R
        print("半径为{}的圆面积为{:.2f}、周长为{:.2f}".format(R,S,L))
        flag = False
    else:
        print('输入的半径无效,请重新输入! ')
```

代码执行结果如下:

```
请输入圆半径:-2
输入的半径无效,请重新输入!
请输入圆半径:2
半径为 2 的圆面积为 12.57、周长为 12.57
```

练一练

请使用 Python 实现"4.1.1 程序流程图"中"练一练"第 2 题的代码编写。

4.2　分支结构

分支结构是根据判断条件的结果而选择不同的向前路径的运行方式。在 Python 中主要是用 if 语句对条件进行判断,具体可细分为 3 种形式:单分支结构 if 语句,二分支结构 if…else 语句和多分支结构 if…elif…else 语句。

4.2.1　单分支结构

关键字 if 定义一个条件判断,可引导单分支结构。若条件成立则执行指定代码块,不成立则跳过该代码块,执行后续语句。语法格式及流程图表示如表 4.2 所示。

表 4.2　单分支结构 if

语 法 格 式	流程图表示
if<表达式>: 　　<代码块>	

其中,<表达式>可以是一个单一的值或者变量,也可以是由运算符组成的复杂语句;<代码块>由具有相同缩进的一条或若干语句组成;注意不要忘记 if 语句最后的冒号。

对单分支结构的使用如例 4.4 所示。

【例 4.4】　使用单分支结构判断学生成绩等级。

```
#例 4.4
score = eval(input('请输入成绩: '))
if score >= 60:
    print('恭喜你,及格了')
print('程序结束')
```

当输入的学生成绩大于或等于 60 时,程序执行 if 后缩进的代码块,输出祝贺的语句,如:

```
请输入成绩: 75
恭喜你,及格了
程序结束
```

若 if 后条件不满足,则不会执行缩进代码块,而直接运行后面的语句,如:

```
请输入成绩: 45
程序结束
```

4.2.2　二分支结构

关键字 if 和 else 的组合可引导二分支结构。若条件成立则执行 if 后紧跟的代码块 1,

不成立则执行 else 后紧跟的代码块 2。语法格式及流程图表示如表 4.3 所示。

表 4.3　二分支结构 if…else

语 法 格 式	流程图表示

if<表达式>:
　　<代码块 1>
else:
　　<代码块 2>
	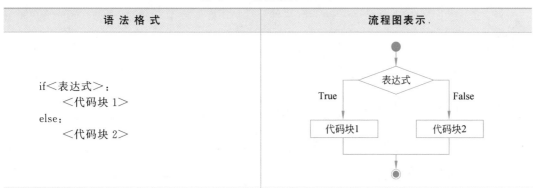

在例 4.4 中增加 else 语句,得到代码如下。同样输入成绩 45,会先运行 else 关键字后紧跟的 print 语句,然后再输出"程序结束",如例 4.5 所示。

【例 4.5】　使用二分支结构判断学生成绩等级。

```
#例 4.5
score = eval(input('请输入成绩'))
if score >= 60:
    print('恭喜你,及格了')
else:
    print('很遗憾,需要补考')
print('程序结束')
```

代码执行结果如下:

```
请输入成绩: 45
很遗憾,需要补考
程序结束
```

此外,Python 还提供了二分支结构的紧凑形式,适用于较为简单的表达式,使代码更加简洁。具体语法格式如下:

```
<代码块 1> if <表达式>else<代码块 2>
```

将例 4.5 中的代码写成紧凑形式,如例 4.6 所示。虽然两个紧凑二分支结构语句的输出结果相同,但运行逻辑有所区别。第一个语句中,if 前面是一个 print 语句,若 if 和 else 中间的表达式 score>=60 成立则运行该 print 语句,否则运行 else 后面紧跟的 print 语句;第二个语句中,print 语句是外层函数,若 if 后表达式成立,则返回字符串"恭喜你",否则返回字符串"很遗憾",然后返回的字符串通过 print 语句显示在屏幕中。

【例 4.6】　使用紧凑二分支结构判断学生成绩等级。

```
#例 4.6
score = eval(input('请输入成绩: '))
print('恭喜你') if score >= 60 else print('很遗憾')
print('恭喜你' if score >= 60 else '很遗憾')
```

代码执行结果如下:

```
请输入成绩: 75
恭喜你
恭喜你
```

练一练

1. 对于以下代码,描述错误的选项是_____。

```
PM=eval(input('请输入目前 PM2.5 值: '))
if PM>75:
    print('空气质量等级为轻度污染! ')
if PM<35:
    print('空气质量等级为优')
```

A. 分支语句的作用是在某些条件控制下有选择地执行实现一定功能的语句块

B. 输入 25,无法得到"空气质量等级为优"

C. if 分支语句是当 if 后的条件满足时,if 下的语句块被执行

D. 输入 85,获得输出"空气质量等级为轻度污染!"

2. s='123'是一个整数形式字符串,编写程序判断 s 是不是整数形式字符串,如果是则输出 True,否则输出 False(要求用紧凑形式)。

4.2.3　多分支结构

关键字 if、elif 和 else 的组合可表示多分支结构。需注意,elif 和 else 都不能单独使用,必须和 if 一起出现,并且要正确配对。在多分支结构中,Python 会从上到下逐个判断表达式是否成立,一旦遇到某个成立的表达式,就执行后面紧跟的代码块。此时,不管后面的表达式是否成立,剩下的代码块均不再执行。如果所有的表达式都不成立,就执行 else 后面的代码块,其具体语法格式及流程图表示如表 4.4 所示。

表 4.4　多分支结构 if…elif…else

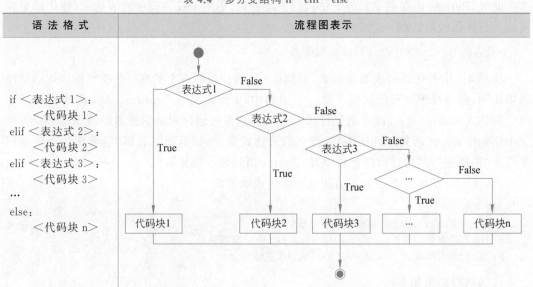

语 法 格 式	流 程 图 表 示

if <表达式 1>:
　　<代码块 1>
elif <表达式 2>:
　　<代码块 2>
elif <表达式 3>:
　　<代码块 3>
…
else:
　　<代码块 n>	

将例 4.5 完善为多分支结构语句,如例 4.7 所示。

【例 4.7】　使用多分支结构判断学生成绩等级。

```
#例 4.7
score = eval(input('请输入成绩: '))
if score >= 90:
    print('您的成绩级别为: A')
elif score >= 80:
    print('您的成绩级别为: B')
elif score >= 70:
    print('您的成绩级别为: C')
elif score >= 60:
    print('您的成绩级别为: D')
else:
    print('很遗憾,需要补考')
```

当输入不同成绩时,会根据成绩所属范围进行条件判断,输出成绩等级,如:

```
请输入成绩: 95
您的成绩级别为: A
请输入成绩: 85
您的成绩级别为: B
请输入成绩: 75
您的成绩级别为: C
请输入成绩: 65
您的成绩级别为: D
请输入成绩: 55
很遗憾,需要补考
```

使用多分支结构语句时,需要注意条件范围的覆盖。在例 4.7 中,第一个 elif 后面的表达式 score>=80,不仅是指成绩大于或等于 80,同时还隐含着该成绩不满足第一个 if 后的条件,即 80<=score<90。假如将例 4.7 中的表达式更换顺序,虽然程序仍能运行,但与实际的结果相差甚远。例如,输入成绩 100,由于 100 满足 if 后的条件 score>=60,因此此时输出为"您的成绩级别为 D",这个结果明显不符合常理,如例 4.8 所示。

【例 4.8】　多分支结构的覆盖范围错误。

```
#例 4.8
score = eval(input('请输入成绩: '))
if score >= 60:
    print('您的成绩级别为: D')
elif score >= 70:
    print('您的成绩级别为: C')
elif score >= 80:
    print('您的成绩级别为: B')
elif score >= 90:
    print('您的成绩级别为: A')
else:
    print('很遗憾,需要补考')
```

代码执行结果如下:

```
请输入成绩: 100
您的成绩级别为: D
```

利用多分支结构,可以解决很多实际问题,如例 4.9 所示。

【例 4.9】 判断血糖是否超标。

通过编写 Python 程序实现如下功能:根据用户输入的血糖值和测量时间,判断并输出血糖值是否正常。

已知血糖的正常值参考范围如下。

(1) 餐前:3.92~6.16mmol/L(氧化酶法或己糖激酶法)。

(2) 餐后:5.1~7.0mmol/L(氧化酶法或己糖激酶法)。

(3) 不在以上正常值参考范围的即为血糖偏低或偏高。

使用 IPO 模式对该例进行问题分析。首先,需要用户输入两个变量,一个是测量时间 time,一个是血糖值 bloodsugar。接下来通过分支结构,判断用户输入的时间为餐前还是餐后,若为餐前则根据餐前的正常值参考范围做进一步判断,若为餐后则以餐后正常值参考范围为判断标准。判断完毕后需使用 print 语句进行程序输出。

具体代码内容如下:

```
#例 4.9
time = input("请输入您测血糖的时间:1代表餐前,2代表餐后: ")
bloodsugar = eval(input("请输入您的血糖值:"))
if time == "1":
    print("您输入的为餐前血糖,血糖值为: {}".format(bloodsugar))
    if bloodsugar < 3.92:
        print("该血糖值偏低,请适量增加糖分摄入")
    elif bloodsugar <= 6.16:
        print("恭喜,您的血糖值正常")
    else:
        print("该血糖值偏高,请适量控制饮食、增加运动")
elif time == "2":
    print("您输入的为餐后血糖,血糖值为: {}".format(bloodsugar))
    if bloodsugar < 5.1:
        print("该血糖值偏低,请适量增加糖分摄入")
    elif bloodsugar <= 7.0:
        print("恭喜,您的血糖值正常")
    else:
        print("该血糖值偏高,请适量控制饮食、增加运动")
```

代码执行结果如下:

```
请输入您测血糖的时间:1代表餐前,2代表餐后: 1
请输入您的血糖值: 6.5
您输入的为餐前血糖,血糖值为: 6.5
该血糖值偏高,请适量控制饮食、增加运动
```

练一练

请编写 Python 程序,实现"疫情通行检测"功能。

根据某地新冠肺炎疫情防控要求,在进入某场所之前,需要进行风险诊断,方可通行。

用户首先依次输入自己的个人信息,程序根据如下具体诊断标准进行判断。

(1) 体温低于 37℃,若高于 37℃,则提示"请尽快到最近指定医院发热门诊就诊!"。

(2) 14 天内未到过高风险地区,若到过,则提示"请出示 7 天内核酸阴性证明!"。

(3) 未接触过新冠肺炎人群,若接触过,则提示"请出示 7 天内核酸阴性证明!"。

(4) 健康码为绿色,若不是绿色,则提示"请在国家出行大数据微信小程序中填写出行数据,并更新健康码后再重新验证!"。

(5) 以上情况均满足,则提示"感谢配合,请通行!"。

4.2.4　空语句

关键字 pass 在 Python 中是表示空的语句,包括空的类、方法、函数等。空语句在程序中只是起占位符作用,用来让解释器跳过此处,通常情况下并不做任何事情。

在实际开发中,有时候会先搭建起程序的整体逻辑结构,但是暂时不去实现某些细节,此时就可以使用 pass 进行占位,以后再添加代码。例如,若还未想好 $30 \leqslant$ 年龄 < 50 的人的称呼,可先使用空语句占位,如例 4.10 所示。

【例 4.10】　空语句 pass。

```
#例 4.10
age = eval(input("请输入你的年龄: "))
if age < 12 :
    print("婴幼儿")
elif age >= 12 and age < 18:
    print("少年")
elif age >= 18 and age < 30:
    print("青年")
elif age >= 30 and age < 50:
    pass
else:
    print("老年")
print("程序结束")
```

当输入年龄为 25 时,程序的运行结果为:

```
请输入你的年龄: 25
青年
程序结束
```

当输入年龄为 45 时,程序的运行结果为:

```
请输入你的年龄: 45
程序结束
```

练一练

运行如下代码,程序的输出结果是_____。

```
for i in range(1,10):
    pass
print(i)
```

A. 8   B. 9   C. 10   D. 11

4.3　循环结构

循环结构在 Python 中主要有两种形式,分别是由关键字 for 表示的遍历循环和关键字 while 表示的无限循环。

4.3.1　for 循环

关键字 for 表示的循环为遍历循环,常用于遍历字符串、列表、元组、文件、集合等可遍历结构。遍历循环的执行次数是根据遍历结构中元素个数确定的,可以理解为从遍历结构中逐一提取元素,赋值给循环变量,然后执行一次语句块,其语法格式如下:

```
for <循环变量> in <遍历结构> :
    <代码块>
```

1. 计数循环

计数循环是指通过遍历由 range() 函数生成的数字序列而产生的循环。其中,range() 函数为 Python 内置函数,可高效生成数字列表,其语法格式如表 4.5 所示。

表 4.5　计数循环的语法格式与功能

语 法 格 式	功　　能
for<循环变量> in range(N): 　　<代码块>	range(N)生成从 0 到 N−1 的数字,代码块循环运行 N 次
for<循环变量> in range(N,M): 　　<代码块>	range(N,M)生成从 N 到 M−1 的数字,代码块循环运行 M−N 次
for<循环变量> in range(N,M,K): 　　<代码块>	range(N,M,K)以 K 为步长生成从 N 到 M−1 的数字,代码块循环运行(M−N)/K 次

具体用法如例 4.11 所示。

【例 4.11】　计数循环。

```
#例 4.11
for i in range(3):
    print(i)
```

代码执行结果如下:

```
0
1
2
```

本例中,可循环输出变量为 i,i 的取值通过 range() 函数生成。range(3)生成了 0、1、2 三个数字,因此输出结果为 0,1,2。

有时,并不需要输出循环变量,仅需控制循环次数。此时代码块中可不出现循环变量,如例 4.12 所示,代码的功能是生成 3 个 BUCM 字符串。

【例 4.12】　循环体中的循环变量利用。

```
#例 4.12
for i in range(3):
    print('BUCM')
for i in range(1,5):
    print(i)
for i in range(1,10,3):
    print(i)
```

代码执行结果如下：

```
BUCM
BUCM
BUCM
1
2
3
4
1
4
7
```

2. 复杂数据类型的循环

for 循环还可对字符串、列表、元组、集合和文件等复杂数据类型进行遍历，其语法格式与功能如表 4.6 所示。

表 4.6　复杂数据类型循环的语法格式与功能

语 法 格 式	功　　能
for<循环变量>in<字符串>： <代码块>	循环变量分别取字符串中的每个字符，代码块循环运行字符串的长度次
for<循环变量>in<列表>： <代码块>	循环变量分别取列表中的每个元素，代码块循环运行列表的元素个数次
for<循环变量>in<元组>： <代码块>	循环变量分别取元组中的每个元素，代码块循环运行元组中的元素个数次
for<循环变量>in<集合>： <代码块>	循环变量分别取集合中的每个元素(注意集合中的元素是无序的)，代码块循环运行集合中的元素个数次
for<循环变量>in<字典>： <代码块>	循环变量分别取字典中的每个键(注意字典中的键值对是无序的)，代码块循环运行字典中的键值对个数次

具体用法如例 4.13 所示。

【例 4.13】　复杂数据类型循环。

```
#例 4.13
mystr = 'BUCM'
for i in mystr:
    print(i)
mylist = ['I','LOVE','BUCM']
```

```
for i in mylist:
    print(i)
mydic = {'我':'I','爱':'LOVE','北中医':'BUCM'}
for i in mydic:
    print(i)
```

代码执行结果如下：

```
B
U
C
M
I
LOVE
BUCM
我
爱
北中医
```

需要注意，字典类型在进行循环遍历时，循环变量依次取值为字典的键，而不是取值为整个键值对。文件类型的循环请参考本书第 6 章内容。

练一练

1. 以下代码的输出结果是_____。

```
list=["a","b",["c","d"]]
for i in list:
    print(i,end=' ')
```

    A. a b c d   B. a b ['c' ,'d']

    C. ['a', 'b'] ['c', 'd']   D. ['a', 'b'] c d

2. 给出以下代码，程序输出值的个数是_____。

```
age = 23
start = 2
if age % 2 != 0:
    start = 1
for x in range(start,age+2,2):
    print(x)
```

    A. 10   B. 12   C. 14   D. 16

4.3.2　while 循环

关键字 while 表示的循环为无限循环，其语法格式如下：

```
while<条件表达式>:
    <代码块>
```

在程序中，遇到 while 后，首先判断 while 后紧跟的条件表达式的值，其值为真（True）时，执行代码块中的语句，执行完毕后重新判断条件表达式的值是否为真，若仍为真，则继续重新执行代码块,如此循环往复直到条件表达式的值为假(False),才终止循环。和 for 循环相比,while 循环不需要提前确定循环次数,因此又称为无限循环。

在例 4.14 中,有两个 while 引导的循环,其中,第一个循环随着 num 变量的逐渐变小,while 后的条件最终无法成立从而结束循环;第二个循环中 num 变量逐渐增大,while 后的循环永远满足,导致循环无法结束。因此,在使用 while 循环时需要注意循环条件有变成假的时候,因为这个循环将成为一个无法结束的循环(死循环)。此时,若使用 IDLE 编译器,则可通过快捷键 Ctrl+C 停止程序;若使用 Jupyternotebook 环境,则可单击停止按钮完成强制关闭。

【例 4.14】　无限循环。

```
#例 4.14
num = 5
while num > 0:
    print(num)
    num -= 2
num = 5
while num > 0:
    print(num)
    num += 2
```

代码执行结果如下:

```
5
3
1
5
7
9
...
```

练一练

给出以下代码,描述错误的选项是_____。

```
a=3
while a > 0:
    a-=1
    print(a,end='')
```

A. a—=1 可由 a=a-1 实现

B. 这段代码的输出内容为 2 1 0

C. 如果将条件 a>0 修改为 a<0,程序执行会进入死循环

D. 使用 while 保留字可创建无限循环

4.3.3　循环嵌套

循环嵌套指一个循环结构的循环语句中包括另外的一个或多个循环结构。Python 支持 while 和 for 循环的相互嵌套,即 for 循环里可嵌套另一个 for 循环,while 循环里可嵌套

另一个 while 循环,甚至 while 循环中嵌套 for 循环或者 for 循环中嵌套 while 循环都是允许的。

当 2 个或多个循环结构相互嵌套时,位于外层的循环结构称为外循环,位于内层的循环结构则称为内循环。在循环嵌套中,迭代次数将等于外循环中的迭代次数乘以内循环中的迭代次数。在外循环的每次迭代中,内循环执行其所有迭代。对于外循环的每次迭代,内循环重新开始并在外循环可以继续下一次迭代之前完成其执行,如例 4.15 所示。

【例 4.15】 通过双层循环打印九九乘法表。

```
#例 4.15
for i in range(1,10):
    for j in range(1,i+1):
        print("{0}*{1}={2}".format(i,j,i*j),end=" ")
    print()

#通过双层 while 循环打印九九乘法表
i = 1
while i<10:
    j = 1
    while j<=i:
        print("{0}*{1}={2}".format(i,j,i*j),end=" ")
        j+=1
    i+=1
    print()

#通过 for 循环和 while 循环打印九九乘法表
for i in range(1,10):
    j = 1
    while j<=i:
        print("{0}*{1}={2}".format(i,j,i*j),end=" ")
        j += 1
    print()
```

代码执行结果如下:

```
1*1=1
2*1=2  2*2=4
3*1=3  3*2=6   3*3=9
4*1=4  4*2=8   4*3=12  4*4=16
5*1=5  5*2=10  5*3=15  5*4=20  5*5=25
6*1=6  6*2=12  6*3=18  6*4=24  6*5=30  6*6=36
7*1=7  7*2=14  7*3=21  7*4=28  7*5=35  7*6=42  7*7=49
8*1=8  8*2=16  8*3=24  8*4=32  8*5=40  8*6=48  8*7=56  8*8=64
9*1=9  9*2=18  9*3=27  9*4=36  9*5=45  9*6=54  9*7=63  9*8=72  9*9=81
```

本例中,给出了 3 种使用循环嵌套打印输出九九乘法表的代码。

第一种方法使用了双层 for 循环,程序执行的流程如下。

(1) 外层循环 i 可从 1 取值到 9,一开始 i=1。

(2) 内层循环 j 可从 1 取值到 i,因此当外层循环 i=1 时,内层循环 j=1,打印输出 1*1=1,end 使 print 语句结尾为空格,而不是回车。

（3）外层循环内部的 print 语句是利用 print 语句的特性实现换行输出的。

（4）外层循环的第一次循环结束，第二次循环开始，i 取值为 2。

（5）内层循环 j 先取值为 1，打印输出 2＊1＝2；再取值为 2，打印输出 2＊2＝4，结束内层循环。

（6）外层循环的第二次循环结束，第三次循环开始，i 取值为 3。

（7）如此反复，直至外层循环 i＝9，j 分别从 1 取值到 9，程序结束。

第二种方法使用了双层 while 循环，程序执行的流程如下。

（1）一开始 i＝1，循环条件 i＜10 成立，进入外循环，为 j 赋值为 1。

（2）由于 j＝1，j＜＝i 成立，因此进入内循环执行内层循环体，首先通过 print 语句打印输出，然后 j＋1＝2，此时 j＜＝i 条件不成立，因此跳出内层循环体，继续执行外循环中的 i＝i＋1 和 print 语句。

（3）i＝2 时，循环条件 i＜10 仍旧成立，进入外循环。

（4）如此反复，直至外层循环 i＝10，j 分别从 1 取值到 9，程序结束。

练一练

1. 给出以下代码，描述错误的选项是_____。

```
i = 1
while i<6:
    j = 0
    while j<i :
        print('*',end='')
        j+=1
    print('')
    i+=1
```

    A. 使用了嵌套循环　　　　　　　　B. 第 i 行有 i＋1 个星号 ＊

    C. 输出 5 行　　　　　　　　　　　D. 内层循环 j 用于控制每行 ＊ 的个数

2. 请利用循环嵌套打印输出如下菱形。

```
        *
       ***
      *****
     *******
    *********
     *******
      *****
       ***
        *
```

4.3.4　跳转语句

在执行 while 循环或者 for 循环时，只要循环条件满足，程序将会一直执行循环体，但在某些场景下，可能希望在循环正常结束前就强制结束循环。Python 提供了 2 种强制离开当前循环体的办法，即 break 语句和 continue 语句。

1. break 语句

break 语句可跳出并结束当前整个循环,执行循环后的语句。在例 4.16 中,i 首先取值为 B,由于 if 条件不满足,因此并不运行 break 语句,通过 print 语句输出 B,并以空格结尾;然后取值为 U,输出 U;当取值为 C 时,if 条件满足,运行 break 语句,直接跳出 for 循环,因此字符 C 和 M 并没有输出。

【例 4.16】 单层循环的 break 语句。

```
#例 4.16
for i in 'BUCM':
    if i == 'C':
        break
    print(i,end='')
```

代码执行结果如下:

```
B U
```

需要注意的是,若程序为嵌套循环,break 仅跳出当前最内层循环,如例 4.17 所示。

【例 4.17】 嵌套循环的 break 语句。

```
#例 4.17
#没有 break 语句
s = 'BUCM'
while s != '':
    for i in s:
        print(i,end=' ')
    s = s[:-1]
print()

#有 break 语句
S = 'BUCM'
while S != '':
    for i in S:
        if i == 'C':
            break
        print(i,end=' ')
    S = S[:-1]
```

代码执行结果如下:

```
B U C M B U C B U B
B U B U B U B
```

本例中,当没有 break 语句时,外层 while 循环判断 s 是否不为空字符串,若条件成立,则进入内层 for 循环;内层循环控制逐个打印输出 s 字符串中的字符,此时输出为 B U C M;内层循环结束后,通过字符串的切片,将字符串中最后一个字符删除,此时字符串 s 取值为 B U C;再重新判断外层循环后的条件是否成立,若成立,则接着进入内层循环;如此反复,直至字符串 s 为空。当存在 break 语句,每次运行内层 for 循环时,循环变量取值为 C,则跳出内层循环,因此 C 和 M 无法通过 print 语句输出,最终结果为 B U B U B U B。

2. continue 语句

continue 语句可以跳过执行本次循环体中剩余的代码,转而执行下一次的循环,即结束当次循环,继续执行后续次数循环。将例 4.16 中的 break 语句替换为 continue 语句,则仅当 i 取值为 C 时不运行 print 语句,因此结果为 B U M,如例 4.18 所示。

【例 4.18】　单层循环的 continue 语句。

```
#例4.18
for i in 'BUCM':
    if i == 'C':
        continue
    print(i,end='')
```

代码执行结果如下:

```
B U M
```

练一练

1. 下面代码的输出结果是_____。

```
for i in range(1,6):
if i%3==0:
    break
else:
    print(i,end=',')
```

　A. 1,2,　　　　　　　　　　　　B. 1,2,3,

　C. 1,2,3,4,5,　　　　　　　　　D. 1,2,3,4,5,6,

2. 下面代码的输出结果是_____。

```
lcat = ['狮子','猎豹','老虎','花豹','美洲豹','雪豹']
for s in lcat:
    if '豹' in s:
        continue
    print(s,end='')
```

　A. 猎豹　　　　　　　　　　　　B. 狮子老虎

　C. 猎豹花豹美洲豹雪豹　　　　　D. 狮子

　　　　　　　　　　　　　　　　　老虎

4.3.5　循环扩展

在 Python 中,for 循环和 while 循环都存在一个 else 的扩展用法,当且仅当循环因为 break 语句退出时不执行 else 语句后的代码块,其他情况下均需执行。

从例 4.19 可以看出,当程序中不存在 continue 和 break 等跳转语句时,程序正常运行。将大写 C 替换为小写 c,并运行 else 语句后的 print 语句,当程序中存在 continue 语句时,程序跳过了字母 C 的输出,但仍运行了 else 语句后的 print 语句;当程序中存在 break 语句时,程序运行至字母 C 时跳出 for 循环,因此字母 C 和 M 均没有输出,且由于 break 语句的运行,for 循环对应的 else 语句并没有运行,输出结果仅为 B U,如例 4.19 所示。

【例 4.19】　循环扩展 else。

```
#例4.19
for i in 'BUCM':
    if i=='C':
        i='c'
    print(i,end='')
else:
    print('正常退出')

for i in 'BUCM':
    if i=='C':
        continue
    print(i,end='')
else:
    print('正常退出')

for i in 'BUCM':
    if i=='C':
        break
    print(i,end='')
else:
    print('正常退出')
```

代码执行结果如下:

```
B U c M 正常退出
B U M 正常退出
B U
```

练一练

下面代码的输出结果是_____。

```
sites=['BIT','BUCM','PKU','THU']
for site in sites:
    if site=='BUCM':
        print('北京中医药大学')
    break
    print('循环数据'+site)
else:
    print('没有循环数据')
print('完成循环')
```

A. 循环数据 BIT
　　北京中医药大学
　　完成循环

B. 北京中医药大学
　　完成循环

C. 循环数据 BIT
　　完成循环

D. 没有循环数据
　　完成循环

4.4 错误与异常处理

4.4.1 错误与异常

在运行 Python 程序时,不可避免地会遇到代码执行错误和异常的情况。

1. 错误

错误(Error),或称语法错误、解析错误,是 Python 初学者最容易遇到的错误之一,简单来说就是代码不符合 Python 的基本语法规范而导致程序出了问题,主要包括无效语法、标识符中有无效字符和检查到不完整的字符串。

(1) SyntaxError:invalid syntax(无效语法),通常是由以下几种情况引起的:遗漏标点符号,如分支或循环语句遗漏冒号等;关键字拼写错误或遗漏,如 while 错拼为 whlie、for…in 中漏写关键字 in 等;变量名或函数名使用了关键字。

(2) SyntaxError:invalid character in identifier(标识符中有无效字符),常见于中英文标点符号的混用。

(3) SyntaxError:EOL while scanning string literal(检查到不完整的字符串),通常是因为成对出现的符号遗漏了某一边,如字符串两边的引号、函数语句前后的括号等。

例 4.20 中列出了一些常见的语法错误,可以看到 Python 解释器针对语法错误会标识出错误的那一行,并且在最先找到错误的位置标记箭头。

【例 4.20】 语法错误。

```
#例 4.20
#关键字拼写错误
whlie True:
    print('测试程序')
    break
```

代码执行结果如下:

```
whlie True:
     ^
SyntaxError: invalid syntax

#错用中文标点
print(1,2,3)
```

代码执行结果如下:

```
print(1,2,3)
        ^
SyntaxError: invalid character ',' (U+FF0C)

#漏写标点符号
for i in range(5)
    print(i)
```

代码执行结果如下:

```
for i in range(5)
              ^
SyntaxError: invalid syntax

#前后括号数量不一致
s = '123456'
print(len(eval(s))
```

代码执行结果如下：

```
print(len(eval(s))
                 ^
SyntaxError: unexpected EOF while parsing
```

2. 异常

初学者在熟悉 Python 语法后，可以一定程度上避免语法错误，但是代码还会发生异常（Exception）。所谓异常，是指程序在语法上都是正确的，但在运行时发生了错误，一般由不完整、不合法输入或者计算出现错误等原因引起。

例 4.21 给出了一个程序异常的例子，在该例中程序希望用户输入为一个数字，然而用户输入的是字符串"abc"，通过 eval() 函数去掉字符串"abc"外面的引号后，abc 在语法上成为了变量名称。此时 num＝abc 意味着将变量 abc 的值赋值给变量 num，然而程序中却未定义过变量 abc，因此出现 NameError 异常。

【**例 4.21**】 程序异常。

```
#例 4.21
num = eval(input('请输入一个整数：'))
print(num**2)
```

代码执行结果如下：

```
请输入一个整数：abc
----> 1 num = eval(input('请输入一个整数'))
      2 print(num**2)

File <string>:1, in <module>

NameError: name 'abc' is not defined
```

Python 中的其他常见异常如表 4.7 所示，表中的异常类型不需要记住，只需简单了解即可。

表 4.7 常见程序异常

异 常 类 型	说 明
NameError	尝试访问一个未声明的变量时，引发此异常
TypeError	不同类型数据之间的无效操作引发此异常
KeyError	字典中查找一个不存在的关键字时引发此异常
IndexError	索引超出序列范围会引发此异常
ZeroDivisionError	除法运算中除数为 0 引发此异常
AttributeError	当试图访问的对象属性不存在时引发此异常
AssertionError	当 assert 关键字后的条件为假时，程序停止运行并引发此异常

程序异常具体用法如例 4.22 所示。

【例 4.22】　其他程序异常。

```
#例 4.22
1+'BUCM'
```

代码执行结果如下：

```
----> 1 1+'BUCM'

TypeError: unsupported operand type(s) for +: 'int' and 'str'

dic = {'北中医':'BUCM'}
dic['BUCM']
```

代码执行结果如下：

```
1 dic = {'北中医':'BUCM'}
----> 2 dic['BUCM']

KeyError: 'BUCM'

list1 = ['BUCM']
list1[3]
```

代码执行结果如下：

```
1 list1 = ['BUCM']
----> 2 list1[3]

IndexError: list index out of range

20/0
```

代码执行结果如下：

```
----> 1 20/0

ZeroDivisionError: division by zero

list1 = ['BUCM']
list1.len
```

代码执行结果如下：

```
1 list1 = ['BUCM']
----> 2 list1.len

AttributeError: 'list' object has no attribute 'len'
```

4.4.2　异常处理 try…except

在 Python 中，用 try…except 语句可捕获并处理异常，其基本语法结构如下所示。把可能发生错误的语句放在 try 引导的代码块 1 中，except 后接异常类型，注意省略异常类的

except 语句也是合法的，它表示可捕获所有类型的异常。

```
try :
    <代码块 1>
except <异常类型> :
    <代码块 2>
```

具体用法如例 4.23 所示。

【例 4.23】 异常处理 try…except。

```
#例 4.23
try:
    num = eval(input('请输入一个整数: '))
    print(num**2)
except NameError:
    print('输入的不是整数')
```

代码执行结果如下：

```
请输入一个整数: abc
输入的不是整数
```

4.4.3 异常处理 try…finally

Python 的异常处理机制还提供了一个 finally 语句，通常用来为 try 语句块中的程序做扫尾清理工作。需要注意，finally 必须和 try 搭配使用，不过该结构中不一定绝对包含 except 语句。在整个异常处理机制中，finally 语句的功能是：无论 try 引导的语句块是否发生异常，最终都要进入 finally 语句，并执行其中的代码块。

在例 4.24 中，无论用户输入的是否为整数，finally 引导的代码块均可运行。

【例 4.24】 异常处理 try…finally。

```
#例 4.24
try:
    num = eval(input('请输入一个整数: '))
    print(num**2)
except NameError:
    print('输入的不是整数')
finally:
    print("执行 finally 块中的代码")
```

代码执行结果如下：

```
请输入一个整数: 5
25
执行 finally 块中的代码

请输入一个整数: abc
输入的不是整数
执行 finally 块中的代码
```

练一练

当从键盘输入 1，2，3 后，下面代码的输出结果是_____。

```
try:
    num = eval(input('请输入一个列表：'))
    num.reverse()
    print(num)
except:
    print('输入的不是列表')
finally:
    print("感谢使用本程序")
```

A. 运算错误　　　　　　　　　　　　B. [1,2,3]
　　感谢使用本程序

C. [3,2,1]　　　　　　　　　　　　D. 输入的不是列表
　　　　　　　　　　　　　　　　　　　感谢使用本程序

4.5　随机数生成库

4.5.1　random 库简介

随机数在计算机应用中十分常见，Python 内置的 random 库是用于产生各种分布的伪随机数的标准库，不需要安装，可直接通过 import 语句来导入。

4.5.2　random 库常用函数

random 库的常用函数有 8 个，具体如表 4.8 所示。

表 4.8　random 库常用函数

函　　　数	说　　　明
random.seed(a)	设定随机种子 a，可以是整数或浮点数，默认为当前系统时间
random.random()	返回一个 [0.0,1.0) 范围内的随机浮点数
random.randint(a，b)	返回一个 [a,b] 之间的随机整数
random.randrange(start，stop[，step])	返回一个 [start,stop) 之间以 step 为步长的随机整数
random.uniform(a，b)	返回一个 [a,b] 之间的随机浮点数
random.choice(seq)	返回非空序列 seq 的一个随机元素
random.sample(seq，k)	从 seq 类型中随机选取 k 个元素，以列表类型返回
random.shuffle(seq)	将序列 seq 随机打乱位置，并返回打乱后的序列

函数具体用法如例 4.25～例 4.27 所示。

【例 4.25】　常用 random 库函数 1。

```
#例 4.25
import random
#设定随机种子
random.seed(2022)
print(random.random())
```

代码执行结果如下：

```
0.531625749833213
```

```
#未设定随机种子
import random
print(random.random())
```

代码执行结果如下：

```
0.44260596145510844
0.3100535689731292
0.06078984974450796
```

在本例中，第一段代码由于设定了随机种子数为 2022，因此无论运行多少次，结果输出均为 0.531625749833213；第二段代码未设定随机种子，在不同时间运行 3 次，输出的结果各不相同。

【例 4.26】　常用 random 库函数 2。

```
#例 4.26
from random import *
seed(2022)
print(randrange(1,100,10))
print(randint(1,2))
print(uniform(1,2))
```

代码执行结果如下：

```
81
2
1.4426059614551083
```

本例中，randrange() 函数从区间 [1,100) 中每隔步长为 10 取数，因此生成的随机数在 11、21、31、41、51、61、71、81 和 91 之间产生；randint() 函数返回一个 [1,2] 中的随机整数，因此生成的随机数只能为 1 或者 2；uniform() 函数返回一个 [1,2] 中的随机浮点数，当设定随机种子值为 2022 时，生成的随机数为 1.4426059614551083。

【例 4.27】　常用 random 库函数 3。

```
#例 4.27
from random import *
seed(618)
ls=list('BUCM')
print(choice(ls))
shuffle(ls)
print(ls)
```

代码执行结果如下：

```
M
['C', 'B', 'M', 'U']
```

本例中,choice()函数从列表 ls 中随机取一个元素,即从 B、U、C、M 中随机抽取一个字母;shuffle()函数将四个元素打乱顺序,重新输出。

4.5.3　random 库应用

1. 猜数字

【例 4.28】　使用 random 中的 randint()函数随机生成一个 1～10 的整数,用户通过键盘输入所猜数字,如果大于预设的数,屏幕显示"太大了,请重新输入!",如果小于预设的数,则屏幕显示"太小了,请重新输入!",用户每猜一次,count 变量加 1。如此循环,直到猜中,显示"恭喜您,您猜对了! 您一共猜了 count 次",其中 count 为用户猜测总次数。

具体代码内容如下:

```
#例 4.28
import random
true_num = random.randint(1, 100)
user_num = int(input("请输入一个整数:"))
count = 1
while true_num != user_num:
    if true_num > user_num:
        print("太小了,请重新输入!")
    elif true_num < user_num:
        print("太大了,请重新输入!")
    count += 1
    user_num = int(input("请输入一个整数: "))
print("恭喜您,您猜对了! 您一共猜了%d 次" %count)
```

代码执行结果如下:

```
请输入一个整数:4
太小了,请重新输入!
请输入一个整数: 5
太小了,请重新输入!
请输入一个整数: 6
太小了,请重新输入!
请输入一个整数: 7
恭喜您,您猜对了! 您一共猜了 4 次
```

2. 小学计算出题器

【例 4.29】　小学计算出题器程序可随机出 20 以内的加减法运算题,答题者可循环答题,可选择跳过该题,也可选择结束答题。

使用 random 库中的 randint()函数随机生成 20 以内的数字,使用 choice()函数从盛放加减符号的列表中进行随机抽取,通过 while 无限循环使得答题者可循环答题,通过跳转语句 break 实现结束答题的功能,通过跳转语句 continue 实现跳过该题的功能。

具体代码内容如下:

```
#例 4.29
import random
while True:
    a = random.randint(1,20)
    b = random.choice(['+','-'])
    c = random.randint(1,a)
    print('请回答:{}{}{}='.format(a,b,c))
    result = eval(input())
    if (b == '+' and result == a + c) or (b == '-' and result == a - c):
        print('回答正确,输入 n 可结束答题,按其他键可继续答题')
    else:
        print('回答错误,输入 p 可跳过该题,输入 n 可结束答题')
    decision = input()
    if decision == 'n':
        print('练习结束')
        break
    if decision == 'p':
        continue
```

代码执行结果如下:

```
请回答:15-13=
2
回答正确,输入 n 可结束答题,按其他键可继续答题
请回答:4+2=
7
回答错误,输入 p 可跳过该题,输入 n 可结束答题
p
请回答:15-8=
7
回答正确,输入 n 可结束答题,按其他键可继续答题
n
练习结束
```

练一练

1. 以下选项中能够最简单地在如下列表中随机选取一个元素的是_____。

```
['apple','pear','peach','orange']
```

    A. shuffle()　　　　B. choice()　　　　C. sample()　　　　D. random()

2. 给出以下代码,描述错误的选项是_____。

```
import random
computer = random.choice(['石头','剪刀','布'])
while True:
    user = input('请输入石头,剪刀,布中的任意一个: ')
    if user == computer:
        print('平局')
```

```
elif(user == '石头' and computer == '布') or (user == '剪刀' and computer ==
'石头') or (user == '布' and computer == '剪刀'):
    print('您输了')
elif(user == '石头' and computer == '剪刀') or (user == '剪刀' and computer ==
'布') or (user == '布' and computer == '石头'):
    print('您赢了')
else:
    print('输入错误,请重新输入')
```

A. random.choice()函数可从列表中随机抽取一个元素

B. 这段代码实现了简单的石头剪刀布游戏

C. import random 这行可以省略

D. while True 创建了一个无限循环

4.6　医学实践案例解析

4.6.1　案例 1：经脉背诵小助手

1. 案例描述

中医学说主要分为藏象学说和经络学说,其中,经络是指人体内气血运行、沟通上下内外以及联络脏腑的通道,主要分为经脉和络脉。经络学说是我国医学理论体系的重要组成部分,是在长期同疾病斗争中逐渐形成和发展起来的,对于我国劳动人民的防病治病有着十分重要的意义。

经脉是经络系统的主干,主要包括十二经脉、奇经八脉,以及附属于十二经脉的十二经别、十二经筋、十二皮部。正经共有十二条,分为手足三阴经和手足三阳经,合称"十二经脉",是人体气血运行的主要通道。十二经脉有一定的起止点、一定的循行部位和交接顺序,在肢体内的分布和走向有一定的规律,每一条经脉又分别包含很多穴位,在中医的诊疗中有着重大的作用。因此,经脉和穴位的对应,是一名中医必须熟记的知识。本节基于 Python语言,制作一个经脉背诵小助手的程序,以帮助医学生在学习的过程中进行自我检查,具体实现以下功能。

(1) 每轮答题,在十二经脉中任意抽取一条经脉进行提问。

(2) 用户依次输入经脉的穴位数量和各穴位名称。

(3) 若用户回答正确则显示"√ 恭喜你,答对啦!",若回答错误则显示"× 背诵不过关哦",并给出正确答案。

(4) 用户可在使用途中随时决定继续或终止作答。

2. 问题分析

实现经脉背诵小助手功能的一般步骤如下。

第一步:数据准备,导入经脉和穴位数据。

第二步:随机抽取题目进行提问。

第三步:获取用户输入的答案,与正确答案对比,并输出判断结果。

第四步:在每轮答题结束后,询问用户是否继续作答。

3. 代码实现

具体代码内容如下:

```python
#案例1:经脉背诵小助手
import random
#设置通过unicode编码返回符号
T=chr(10004)
F=chr(215)
print('提示:如果复习累了,可以按"n/N"退出哦')
#数据导入
d={}
d['手太阴肺经']=['11','中府穴','云门穴','天府穴','侠白穴','尺泽穴','孔最穴','列缺穴','经渠穴','太渊穴','鱼际穴','少商穴']
d['手太阳小肠经']=['19','少泽穴','前谷穴','后溪穴','腕骨穴','阳谷穴','养老穴','支正穴','小海穴','肩贞穴','臑俞穴','天宗穴','秉风穴','曲垣穴','肩外俞穴','肩中俞穴','天窗穴','天容穴','颧髎穴','听宫穴']
d['手少阳三焦经']=['23','关冲穴','液门穴','中渚穴','阳池穴','外关穴','支沟穴','会宗穴','三阳络穴','四渎穴','天井穴','清冷渊穴','消泺穴','臑会穴','肩髎穴','天髎穴','天牖穴','翳风穴','瘈脉穴','颅息穴','角孙穴','耳门穴','耳和髎穴','丝竹空穴']
d['手阳明大肠经']=['20','商阳穴','二间穴','三间穴','合谷穴','阳溪穴','偏历穴','温溜穴','下廉穴','上廉穴','手三里穴','曲池穴','肘髎穴','手五里穴','臂臑穴','肩髃穴','巨骨穴','天鼎穴','扶突穴','口禾髎穴','迎香穴']
d['手少阴心经']=['9','极泉穴','青灵穴','少海穴','灵道穴','通里穴','阴郄穴','神门穴','少府穴','少冲穴']
d['手厥阴心包经']=['9','天池穴','天泉穴','曲泽穴','郄门穴','间使穴','内关穴','大陵穴','劳宫穴','中冲穴']
d['足阳明胃经']=['45','承泣穴','四白穴','巨髎穴','地仓穴','大迎穴','颊车穴','下关穴','头维穴','人迎穴','水突穴','气舍穴','缺盆穴','气户穴','库房穴','屋翳穴','膺窗穴','乳中穴','乳根穴','不容穴','承满穴','梁门穴','关门穴','太乙穴','滑肉门穴','天枢穴','外陵穴','大巨穴','水道穴','归来穴','气冲穴','髀关穴','伏兔穴','阴市穴','梁丘穴','犊鼻穴','足三里穴','上巨虚穴','条口穴','下巨虚穴','丰隆穴','解溪穴','冲阳穴','陷谷穴','内庭穴','厉兑穴']
d['足少阴肾经']=['27','涌泉穴','然谷穴','太溪穴','大钟穴','水泉穴','照海穴','复溜穴','交信穴','筑宾穴','阴谷穴','横骨穴','大赫穴','气穴','四满穴','中注穴','肓俞穴','商曲穴','石关穴','阴都穴','通谷穴','幽门穴','步廊穴','神封穴','灵墟穴','神藏穴','彧中穴','俞府穴']
d['足太阳膀胱经']=['67','睛明穴','攒竹穴','眉冲穴','曲差穴','五处穴','承光穴','通天穴','络却穴','玉枕穴','天柱穴','大杼穴','风门穴','肺俞穴','厥阴俞穴','心俞穴','督俞穴','膈俞穴','肝俞穴','胆俞穴','脾俞穴','胃俞穴','三焦俞穴','肾俞穴','气海俞穴','大肠俞穴','关元俞穴','小肠俞穴','膀胱俞穴','中膂俞穴','白环俞穴','上髎穴','次髎穴','中髎穴','下髎穴','会阳穴','承扶穴','殷门穴','浮郄穴','委阳穴','委中穴','附分穴','魄户穴','膏肓穴','神堂穴','譩譆穴','膈关穴','魂门穴','阳纲穴','意舍穴','胃仓穴','肓门穴','志室穴','胞肓穴','秩边穴','合阳穴','承筋穴','承山穴','飞扬穴','跗阳穴','昆仑穴','仆参穴','申脉穴','金门穴','京骨穴','束骨穴','足通谷穴','至阴穴']
d['足少阳胆经']=['44','瞳子髎穴','听会穴','上关穴','颌厌穴','悬颅穴','悬厘穴','曲鬓穴','率谷穴','天冲穴','浮白穴','头窍阴穴','完骨穴','本神穴','阳白穴','头临泣穴','目窗穴','正营穴','承灵穴','脑空穴','风池穴','肩井穴','渊腋穴','辄筋穴','日月穴','京门穴','带脉穴','五枢穴','维道穴','居髎穴','环跳穴','风市穴','中渎穴','膝阳关穴','阳陵泉穴','阳交穴','外丘穴','光明穴','阳辅穴','悬钟穴','丘墟穴','足临泣穴','地五会穴','侠溪穴','足窍阴穴']
```

```
d['足太阴脾经']=['21','隐白穴','大都穴','太白穴','公孙穴','商丘穴','三阴交穴','漏
谷穴','地机穴','阴陵泉穴','血海穴','箕门穴','冲门穴','府舍穴','腹结穴','大横穴',
'腹哀穴','食窦穴','天溪穴','胸乡穴','周荣穴','大包穴'],['足少阴肾经',27,'涌泉穴',
'然谷穴','太溪穴','大钟穴','水泉穴','照海穴','复溜穴','交信穴','筑宾穴','阴谷穴',
'横骨穴','大赫穴','气穴','四满穴','中注穴','肓俞穴','商曲穴','石关穴','阴都穴','通
谷穴','幽门穴','步廊穴','神封穴','灵墟穴','神藏穴','彧中穴','俞府穴']
d['足厥阴肝经']=['14','大敦穴','行间穴','太冲穴','中封穴','蠡沟穴','中都穴','膝关
穴','曲泉穴','阴包穴','足五里穴','阴廉穴','急脉穴','章门穴','期门穴']

#将所有经脉名字储存为列表,便于问题抽取
keys = list(d.keys())


#每次使用 random 库随机抽取一条经脉,至多十二次
for j in range(12):
    jm_name=random.choice(keys)

    sl=input('请输入{}包含的穴位数量'.format(jm_name))
    #通过索引,对应到答案,进行判断
    if sl==d[jm_name][0]:
        print('{} 恭喜你,答对啦! '.format(T))
    elif sl.upper()=='N':
            print('累了吗? 休息一下吧,再见')
            break
    else:
        print('{} 背诵不过关哦,应该是{}个'.format(F,d[jm_name][0]))
    xuewei=d[jm_name][1:]
    for i in range(len(xuewei)):
        name=input('请输入第{}个穴位的名称'.format(i+1))
        if name==xuewei[i]:
            print('{} 恭喜你,答对啦! '.format(T))
        elif name.upper()=='N':
            print('累了吗? 休息一下吧,再见')
            break
        else:
            print('{} 背诵不过关哦,应该是{}'.format(F,xuewei[i]))

    #一条经脉全部问题回答完后,用户选择结束或继续
    jixu=input('本轮作答已结束,请选择是否继续,输入 y/Y 以继续,输入其他则结束')
    if jixu.upper() == 'Y':
        continue
    else:
        break
#防止重复提问,在每轮提问结束后,自动删除该条经脉的题目
del d[jm_name]
```

代码执行结果如下:

```
提示:如果复习累了,可以按"n/N"退出哦
请输入手厥阴心包经包含的穴位数量 9
√恭喜你,答对啦!
```

```
请输入第 1 个穴位的名称天池穴
√恭喜你,答对啦!
请输入第 2 个穴位的名称天泉穴
√恭喜你,答对啦!
请输入第 3 个穴位的名称曲泽穴
√恭喜你,答对啦!
请输入第 4 个穴位的名称间使穴
×背诵不过关哦,应该是郄门穴
请输入第 5 个穴位的名称间使穴
√恭喜你,答对啦!
请输入第 6 个穴位的名称内关穴
√恭喜你,答对啦!
请输入第 7 个穴位的名称大陵穴
√恭喜你,答对啦!
请输入第 8 个穴位的名称劳宫穴
√恭喜你,答对啦!
请输入第 9 个穴位的名称中冲穴
√恭喜你,答对啦!
本轮作答已结束,请选择是否继续,输入 y/Y 以继续,输入其他则结束
n
```

4. 代码解析

本例使用 Python 语言实现经脉背诵小助手的功能。

1) 数据准备

首先需要选择合适的数据类型存放经脉和穴位数据。本案例选取字典类型,其中字典的键用来存放经脉名称,对应的值为该经脉的穴位数量和具体穴位名称。

2) 随机抽取题目进行提问

首先使用 d.keys() 函数,获取所有经脉名称,并储存为列表,再使用 random 库中的 choice() 函数,在存放经脉名称的列表中进行随机抽取。因为本例中共有十二条经脉的题目,所以使用 for 循环,让其至多循环 12 次。

3) 答案批改

获取用户输入,对存放该数据的列表进行遍历,将遍历结果与用户输入字符串进行比对,相同则返回"√恭喜你,答对啦!",否则返回"×背诵不过关哦"。注意两个符号在 unicode 编码中,"√"对应 10004 号,"×"对应 215 号。

4) 判断继续答题或终止答题

在每轮答题结束或答题途中,根据用户输入,判断继续答题或退出程序,使用循环结构的跳转语句 continue 和 break 进行跳转。

4.6.2　案例 2：方剂背诵小助手

1. 案例描述

中药方剂是中医学中治法的体现,是根据配伍原则,总结临床经验,以若干药物配合组成的药方,其中包括解表剂、清热剂、泻下剂等类型,又分为汤剂、散剂、丸剂等剂型。每一味方剂都有一定的功效与之对应,如"六味地黄丸"具有"滋阴补肾"的功效。熟练掌握各个常见方剂及其对应功效,对中医临床辨证用药具有重要意义。本节基于 Python 语言,制作一

个方剂背诵小程序,有助于中医学生在学习过程中进行自我检查,具体实现以下功能。

(1)随机给出某个方剂名称和 4 种方剂功效。

(2)用户根据所出的选择题输入选项序号。

(3)若用户回答错误,则显示"回答错误,请重新选择",用户重新输入选项序号,直至正确,显示"回答正确",并同时给出该方剂真实的全部功效。

(4)用户可在使用途中随时决定继续或终止作答。

2. 案例分析

因为不同的方剂中有一些功效是互相重合的,所以在准备题库时,首先要对所有方剂的功效进行去重,以防止在提问时出现两个正确选项。

实现方剂背诵小助手功能的一般步骤如下。

第一步:数据准备,导入方剂和方剂功效数据。

第二步:功效去重。

第三步:随机抽取题目进行提问。

第四步:随机生成正确答案和 3 个错误选项。

第五步:获取用户输入的答案,与正确答案对比,并输出判断结果。

第六步:在每轮答题结束后,询问用户是否继续作答。

3. 代码实现

具体代码内容如下:

```
#案例2:方剂背诵小助手
#数据导入
d = {}
d['麻黄汤']=['发汗解表','宣肺平喘']
d['桂枝汤']=['解肌发表','调和营卫']
d['麻黄桂枝各半汤']=['散风祛寒','调和营卫']
d['葛根汤']=['发汗解肌']
d['瓜蒌桂枝汤']=['柔润筋脉','调和营卫']
d['荆防败毒散']=['发汗解表','消疮止痛']
d['葱豉汤']=['通阳发汗','辛温开肺']
d['华盖散']=['辛温开肺','止咳平喘']
d['泻白散']=['泻肺清热','止咳平喘']
d['退赤散']=['泻肺清热','活血消瘀']
keys = list(d.keys())
values = list(d.values())
values_set = set()
#功效去重
for i in values:
    for l in i:
        if l not in values_set:
            values_set.add(l)
#随机抽取方剂
import random
while True:
    fj=random.choice(keys)
#随机生成选项
```

```
    answer=d[fj]
    T = random.choice(list(answer))
    options=[]
    options.append(T)
    while len(options)<4:
        F = random.choice(list(values_set))
        if F not in answer and F not in options:
            options.append(F)
    random.shuffle(options)
#(利用字典把选项序号与功效对应)
    op_dict={}
    op_dict[1]=options[0]
    op_dict[2]=options[1]
    op_dict[3]=options[2]
    op_dict[4]=options[3]
#多次答题,并可决定是否停止答题
    print("请问,下列选项中哪项是【{}】的功效?".format(fj))
    print("1:{}2:{}3:{}4:{}".format(op_dict[1],op_dict[2],op_dict[3],
    op_dict[4]))
    while True:
        n=eval(input())
        if op_dict[n]==T:
            print("回答正确,【{}】的功效为: {}".format(fj,(',').join(answer)))
            break
        else:
            print("回答错误,请重新选择")
    print("是否接着回答问题,是请输入 y,否请输入 n")
    choose=input()
    if choose=="y":
        continue
    if choose=="n":
        break
```

代码执行结果如下:

```
请问,下列选项中哪项是【葱豉汤】的功效?
1:通阳发汗 2:调和营卫 3:消疮止痛 4:宣肺平喘
1
回答正确,【葱豉汤】的功效为: 通阳发汗,辛温开肺
是否接着回答问题,是请输入 y,否请输入 n
y
请问,下列选项中哪项是【泻白散】的功效?
1:发汗解肌 2:调和营卫 3:泻肺清热 4:通阳发汗
1
回答错误,请重新选择
2
回答错误,请重新选择
3
回答正确,【泻白散】的功效为: 泻肺清热,止咳平喘
是否接着回答问题,是请输入 y,否请输入 n
n
```

4. 代码解析

本例使用 Python 语言实现方剂背诵小助手的功能。

1) 数据准备

首先需要选择合适的数据类型存放方剂和方剂功效数据。本案例用字典形式储存方剂和其对应的功效,其中 key 为方剂,value 为功效。

2) 功效去重

建立空集合,遍历字典的 value,添加到集合中,利用集合中元素互异的性质,实现功效去重。

3) 随机抽取题目进行提问

使用 random 库中的 choice()函数,对方剂的所有 keys 进行随机抽取。

4) 生成正确答案和 3 个错误选项

使用 random 库随机抽取方剂并产生错误选项,利用 if…not in 分支结构保证选项中正确答案的唯一性,并利用字典实现选项与序号的对应。

5) 答案批改

获取用户的作答内容,与正确答案对比,若用户回答错误,则显示"回答错误,请重新选择",用户重新输入选项序号,直至正确,显示"回答正确",并同时给出该方剂真实的全部功效。

6) 判断继续答题或终止答题

在每次完成一道题目后,询问用户是否继续答题,根据用户输入,判断继续或停止。使用 while 循环,break、continue 语句实现多次答题和是否停止答题的跳转。

4.7 课堂实践探索

4.7.1 探索 1: 如何实现自动计分功能

在 4.6.2 节的方剂背诵小帮手案例中,可以加入自动计分功能,以更好地量化了解使用者对知识的掌握情况。当用户回答选择题时,第一次机会答对可加十分,之后答对的不计分,核心功能的实现如下。其中,变量 count 作为计数器,第一次回答时取值为 1,多次回答则取值为回答次数;变量 score 为总分数,需要在进入第一层循环之前对其进行声明,设定 score=0,当用户第一次回答正确时,总分数 score 增加 10 分。

代码片段 1:多次答题计分。

具体代码内容如下:

```
#多次答题,以及计分功能的实现
count=1
print("请问,下列选项中哪项是【{}】的功效?".format(fj))
print("1:{} 2:{} 3:{} 4:{}".format(op_dict[1],op_dict[2],op_dict[3],
op_dict[4]))
while True:
    n=eval(input())
    if op_dict[n]==T:
```

```
        print("回答正确,【{}】的功效为: {}".format(fj,(',').join(answer)))
        if count == 1:
            score+=10
            break
    else:
        count +=1
        print("回答错误,请重新选择")
```

代码片段 2 ：具有计分功能的方剂背诵小帮手。

具体代码内容如下：

```
#具有计分功能的方剂背诵小帮手
d = {}
d['麻黄汤']=['发汗解表','宣肺平喘']
d['桂枝汤']=['解肌发表','调和营卫']
d['麻黄桂枝各半汤']=['散风祛寒','调和营卫']
d['葛根汤']=['发汗解肌']
d['瓜蒌桂枝汤']=['柔润筋脉','调和营卫']
d['荆防败毒散']=['发汗解表','消疮止痛']
d['葱豉汤']=['通阳发汗','辛温开肺']
d['华盖散']=['辛温开肺','止咳平喘']
d['泻白散']=['泻肺清热','止咳平喘']
d['退赤散']=['泻肺清热','活血消瘀']
keys = list(d.keys())
values = list(d.values())
values_set = set()
#功效去重
for i in values:
    for l in i:
        values_set.add(l)
#随机抽取方剂
import random
score=0
while True:
    fj=random.choice(keys)
#随机生成选项
    answer=d[fj]
    T = random.choice(list(answer))
    options=[]
    options.append(T)
    while len(options)<4:
        F = random.choice(list(values_set))
        if F not in answer and F not in options:
            options.append(F)
    random.shuffle(options)
#利用字典把选项序号与功效对应
    op_dict={}
    op_dict[1]=options[0]
```

```
    op_dict[2]=options[1]
    op_dict[3]=options[2]
    op_dict[4]=options[3]
#多次答题,可决定是否停止答题,并有了计分功能
    count=0
    print("请问,下列选项中哪项是【{}】的功效?".format(fj))
    print("1:{} 2:{} 3:{} 4:{}".format(op_dict[1],op_dict[2],op_dict[3],
    op_dict[4]))
    while True:
        n=eval(input())
        if op_dict[n]==T:
            print("回答正确,【{}】的功效为: {}".format(fj,(',').join(answer)))
            if count==0:
                score+=10
            break
        else:
            count+=1
            print("回答错误,请重新选择")
    print("是否接着回答问题,是请输入 y,否请输入 n")
    choose=input()
    if choose=="y":
        continue
    if choose=="n":
        print('你的得分是{}'.format(score))
        break
```

代码执行结果如下:

```
请问,下列选项中哪项是【桂枝汤】的功效?
1:活血消瘀 2:活血消瘀 3:止咳平喘 4:解肌发表
1
回答错误,请重新选择
2
回答错误,请重新选择
3
回答错误,请重新选择
4
回答正确,【桂枝汤】的功效为: 解肌发表,调和营卫
是否接着回答问题,是请输入 y,否请输入 n
y
请问,下列选项中哪项是【葱豉汤】的功效?
1:散风祛寒 2:通阳发汗 3:调和营卫 4:发汗解肌
2
回答正确,【葱豉汤】的功效为: 通阳发汗,辛温开肺
是否接着回答问题,是请输入 y,否请输入 n
n
你的得分是 10
```

4.7.2　探索 2: 如何实现错题本功能

在 4.6.2 节的方剂背诵小助手案例中,可以加入错题本功能,以更好地帮助用户进行针

对性的知识点复习。用户若第一次答错某题,则将做错的题目加入错题本,如果下次做对了还可以将该道题从错题本中移除,且用户能在回答问题后实时看到自己错题中包含的知识点。

该程序的核心功能主要通过建立集合 wrong 存放回答错误的方剂名称,集合 first_right 存放第一次回答即正确的方剂名称。当用户第一次回答错误时,通过集合的 add 功能将该题目所对应的知识点存入错题本,若之后回答正确,则通过集合的 discard 功能将该方剂移出错题本。

具体代码内容如下:

```python
#具有错题本功能的方剂背诵小帮手
import random
#在方剂背诵中增加错题本的应用
d = {}
d['麻黄汤']=['发汗解表','宣肺平喘']
d['桂枝汤']=['解肌发表','调和营卫']
d['麻黄桂枝各半汤']=['散风祛寒','调和营卫']
d['葛根汤']=['发汗解肌']
d['瓜蒌桂枝汤']=['柔润筋脉','调和营卫']
d['荆防败毒散']=['发汗解表','消疮止痛']
d['葱豉汤']=['通阳发汗','辛温开肺']
d['华盖散']=['辛温开肺','止咳平喘']
d['泻白散']=['泻肺清热','止咳平喘']
d['退赤散']=['泻肺清热','活血消瘀']
wrong=set()
first_right=set()
keys = list(d.keys())
values = list(d.values())
values_set = set()
for i in values:
    for l in i:
        values_set.add(l)
while True:
    fj=random.choice(keys)
    answer=d[fj]
    T = random.choice(list(answer))
    options=[]
    options.append(T)
    while len(options)<4:
        F = random.choice(list(values_set))
        if F not in answer and F not in options:
            options.append(F)
    random.shuffle(options)
    op_dict={}
    op_dict[1]=options[0]
    op_dict[2]=options[1]
    op_dict[3]=options[2]
    op_dict[4]=options[3]
```

```
print("请问,下列选项中哪项是【{}】的功效?".format(fj))
print("1:{} 2:{} 3:{} 4:{}".format(op_dict[1],op_dict[2],op_dict[3],
op_dict[4]))
while True:
    n=eval(input())
    if op_dict[n]==T:
        print("回答正确,【{}】的功效为: {}".format(fj,(',').join(answer)))
        if fj in first_right:
            wrong.discard(fj)
        first_right.add(fj)
        break
    else:
        wrong.add(fj)
        first_right.discard(fj)
        print("回答错误,请重新选择")
print("是否接着回答问题,是请输入 y,否请输入 n,如果想要看错题本请输入 w")
while True:
    choose=input()
    if choose=="w":
        if wrong==set():
            print('无')
        for i in wrong:
            print("{}的功效为{}".format(i,','.join(d[i])))
        print("是否接着回答问题,是请输入 y,否请输入 n,如果想要看错题本请输入 w,清
        空错题本请输入 c")
    if choose=='c':
        wrong.clear()
        first_right.clear()
        print("是否接着回答问题,是请输入 y,否请输入 n,如果想要看错题本请输入 w")
    if choose=="y":
        f=1
        break
    if choose=="n":
        f=0
        break
if f==0:
    break
```

4.8　本章小结

扫码查看思维导图

4.9 本章习题

一、选择题

1. 以下不属于 Python 语言控制结构的是＿＿＿＿＿＿＿。
    A. 顺序结构   B. 循环结构
    C. 分支结构   D. 数据结构

2. 以下关于分支结构的描述中,错误的是＿＿＿＿＿＿＿。
    A. if 语句中语句块执行与否依赖于条件判断
    B. 语句中条件部分可以使用任何能够产生 True 和 False 的语句和函数
    C. 二分支结构有一种紧凑形式,使用保留字 if 和 elif 实现
    D. 多分支结构用于设置多个判断条件以及对应的多条执行路径

3. 以下关于 Python 循环结构的描述中,错误的是＿＿＿＿＿＿＿。
    A. break 用来结束当前当次语句,但不跳出当前的循环体
    B. 遍历循环中的遍历结构可以是字符串、文件、组合数据类型和 range() 函数等
    C. Python 通过 for、while 等保留字构建循环结构
    D. continue 只结束本次循环

4. 以下关于 Python 语言中 try 语句的描述,错误是＿＿＿＿＿＿＿。
    A. try 用来捕捉执行代码发生的异常,处理异常后能够回到异常处继续执行
    B. 当执行 try 代码块触发异常后,会执行 except 后面的语句
    C. 一个 try 代码块可以对应多个处理异常的 except 代码块
    D. try 代码块不触发异常时,不会执行 except 后面的语句

5. 在 Python 语言中,使用 for…in…方式形成的循环不能遍历的类型是＿＿＿＿＿＿＿。
    A. 列表   B. 复数   C. 字符串   D. 字典

6. 下面代码的输出结果是＿＿＿＿＿＿＿。

```
letter=['A', 'B', 'C', 'D', 'D', 'D']
for i in letter:
    if i=='D':
        letter.remove(i)
print(letter)
```

    A. ['A', 'B', 'C]   B. [A', 'B', 'C', 'D', 'D']
    C. ['A', 'B', 'C, 'D', 'D', 'D']   D. [A', 'B', 'C', 'D']

7. 若用户输入为 553,则以下代码的输出结果是＿＿＿＿＿＿＿。

```
while True:
    guess = eval(input())
    if guess == 0x452//2:
        break
    print(guess)
```

    A. 无输出   B. break   C. 553   D. "0x452//2"

8. 下面代码的输出结果是＿＿＿＿＿＿＿。

```
for num in range(2,10):
    if num>1:
        for i in range(2,num):
            if num%i==0:
                break
        else:
            print(num,end=',')
```

　　A. 2,3,5,7　　　　　　B. 4,6,8,9　　　　　C. 4,6,8,9　　　　　D. 2,3,5,7

9. 以下代码的输出结果是_____。

```
for s in "PythonTCM":
    if s=="T":
        break
    print(s,end="")
```

　　A. PythonCM　　　　B. N　　　　　　　C. Python　　　　　D. PythonTCM

二、编程题

1. 某医院挂号的编号规则为：前四位为挂号年份，五到八位为挂号日期，九到十一位由 26 个字母大小写和 10 个数字字符组成。

若某医生一天只接诊 20 个病人，试编写程序，使用 random 库，采用 0x1010 作为随机数种子，为该医院当天生成 20 个编号。

示例如下：

```
输入：2022;0612
输出：
20220612S12
20220612Nm0
20220612Ho0
20220612Vw3
20220612Di0
20220612Xw6
20220612Ip4
20220612Ur9
20220612Ia3
20220612Ys3
20220612Mh9
20220612Gf6
20220612Ny1
20220612Ab1
20220612Gt5
20220612Gm0
20220612Aw4
```

2. 当病人在做就诊登记的时候，需要填写姓名、年龄、出生日期、性别等一系列信息。请编写程序，让用户输入身份证号，首先判断用户输入是否为规范身份证号（即 18 位数字），若不正确，请用户重新输入；若正确，则按以下格式输出出生日期、年龄、性别的信息。

注：18 位身份证号码，第 7、8、9、10 位为出生年份（四位数）；第 11、12 位为出生月份；第 13、14 位代表出生日期；第 17 位代表性别，奇数为男，偶数为女。

示例如下：

输入：
150429200303011121
输出：
患者出生于 2003 年 03 月 01 日
今年 19 周岁
性别为女

3. 疫情时期，人们的出行总离不开各种"码"的出示，但是由于网络、平台等各种原因，可能会需要码的重复刷新，为了防止恶意刷新对网站造成冲击，有时会生成验证码让用户输入。

请编写程序，完成验证码的匹配验证，假设当前显示的验证码是'Hw2Y'。如果用户输入验证码正确，输出"验证码正确"，输入错误时输出"验证码错误，请重新输入"。

注：验证码包含大小写字母和数字，随机出现。用户输入验证码时不区分大小写，只要各字符出现顺序正确即可通过验证。

示例如下：

输入：hw7y
输出：验证码正确

4. 儿童自出生至青春期前的标准体重，根据月份和年龄的不同，其计算标准如下。

1～6 个月：体重(kg)＝出生时体重(或 3kg)＋月龄×0.7(kg)

7～12 个月：体重(kg)＝6kg＋月龄×0.25(kg)

1～12 岁：体重(kg)＝年龄×2＋8(kg)

请编写程序，假定出生时体重为 3kg，通过获取用户输入的儿童月龄或年龄，计算儿童标准体重(考虑输入异常情况)。

示例如下：

请问孩子是否满一周岁(输入'1'代表已满一周岁，'0'代表未满一周岁) 3
请规范输入 1
请问孩子多少岁 3
输出：孩子的标准体重为 14kg

本章学习目标

- 熟悉模块化编程思想
- 掌握函数的定义、调用和参数传递
- 理解递归函数的思想
- 掌握递归函数的定义和应用
- 掌握程序打包的第三方库

本章源代码

本章首先引入模块的概念,以及 Python 模块的管理方式;然后介绍模块化编程中函数的定义、调用和参数传递的方法;接着介绍特殊类型函数递归函数的编程思想、定义和应用,以及特殊函数匿名函数的定义和调用;再介绍 Python 第三方库,PyInstaller 程序打包库的使用方法;最后基于"中医体质辨识小助手"的实践案例的探索,让读者进一步掌握函数和模块化在医疗健康领域应用开发中的使用。

5.1 模块和包

将一段程序代码保存为一个扩展名为.py 的文件,该文件就是一个模块。Python 中的模块分为 3 种,分别是内置模块、第三方模块和自定义模块。内置模块和第三方模块又可称为库。内置模块是由 Python 解释器自带的,不用单独安装,而第三方模块是需要下载后手动安装的,如果内置模块和第三方模块没有所需的功能,就需要用户自己编写程序,将程序保存为.py 文件,即为自定义模块。无论哪种模块,都需要使用 import 语句引用后,才能在程序中调用其中的功能函数。

如果一个项目中,包含了大量的 Python 文件(模块),就会存在两个问题。第一,Python 模块过多,会导致某个模块不方便查找;第二,大型项目中多个角色的模块会出现命名冲突的问题。为了防止以上两种问题发生,将功能相似的、关联较强的模块组织起来,形成一个目录,叫作包。

Python 中的包是模块包,即程序包的简称,主要是用来包含多个相同或相似功能的 Python 模块的文件夹。因此,包是一个目录,包含一组模块和__init__.py 文件,支持多层嵌套,.py 程序文件中可以直接定义一些变量、函数和类,使用时,通过 import 语句导入,如 import myPackage.file1。

包、模块、函数的关系如图 5.1 所示。

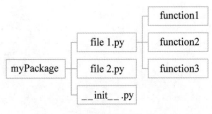

图 5.1   包、模块、函数的关系

在设计较复杂的程序时,一般采用自顶向下的方法,将总问题划分为几个子问题,每个子问题再细化为功能模块,直到分解到不能再分为止。以功能模块为单位进行程序设计,实现其求解算法的方法称为模块化。

模块化程序设计就是指在进行程序设计时将一个大程序按照功能划分为若干小程序模块,每个小程序模块完成一个确定的功能,并在这些模块之间建立必要的联系,通过模块的互相协作完成整个功能的程序设计方法。模块化的目的是降低程序复杂度,使程序设计、调试和维护等操作简单化。

函数是实现程序模块化的最小功能单元,它使得程序设计更加简单和直观,从而提高程序的易读性和可维护性,把程序中经常用到的一些计算或操作封装成通用函数,可以供其他程序随时调用。

5.2   函数

一个程序一般会分为若干程序块,每一个程序块用来实现一个特定的功能,完成某个特定功能的程序块,称为函数。函数可以直接被另一段程序或代码引用,而有效利用函数,可以减少重复编写程序的工作量。本节主要介绍自定义函数的定义和使用。

5.2.1   函数的定义和调用

Python 中定义函数的语法格式如下:

```
def 函数名([参数 1,参数 2,…,参数 n]):
    语句块
    [return [返回值 1,返回值 2,…,返回值 n]]
```

其中,def 为 Python 保留字,用来定义函数,函数名的命名规则与变量的一致;括号中是函数的参数,参数可以为空,此时,括号()不能省略,函数参数也可以是多个,多个参数之间用英文逗号隔开;语句块是函数体,可以对函数进行调用,完成函数的主要功能;return 是函数的返回保留字,当函数没有返回值时,return 保留字可以省略,函数有多个返回值时,在return 保留字后面,将多个返回值以英文逗号隔开;函数的类型和函数的返回值类型相同,当返回值是多个时,函数的返回值是元组类型。

函数调用可以作为单独一行语句,也可以作为表达式的一部分,当作为表达式的一部分时,函数需要有返回值,如例 5.1 所示。

【例 5.1】   定义一个求和函数,对于任意整数 n,返回值是 1~n 中整数的和。

```
#例5.1
def sumn(n):
    s=0
    for i in range(1,n+1):
        s=s+i
    return s
print(sumn(10))
```

代码执行结果如下：

```
55
```

本例中，自定义函数名为 sumn（注意：由于不能与 Python 内置函数 sum()重名，函数名不能命名为 sum）；变量 n 是函数的参数，在函数定义时，不代表任何具体的值；函数体由 3 行语句构成，其中，s 为临时变量，存放整数和，for 循环执行 n 次，每次循环将循环变量 i 累加到和变量 s 中；最后，使用 return 保留字返回变量 s 的值。该函数定义后，并不能马上被执行，只有被后面的代码调用时才被执行；语句 print(sumn(10))，即表示将整数 10 传递给参数 n，对函数进行调用。

例 5.1 中，函数的返回值只有一个 s。值得注意的是，函数的返回值也可以是多个，如例 5.2 所示。

【**例 5.2**】　定义一个函数，对于半径 r，返回圆的面积和周长。

```
#例5.2
def circle_sc(r):
    s=3.14 * r**2
    c=2 * 3.14 * r
    return s,c
result=circle_sc(10)
print("半径为10的圆面积是: {},周长是: {}".format(round(result[0],1),
round(result[1],1)))
```

代码执行结果如下：

```
半径为10的圆面积是: 314.0,周长是: 62.8
```

本例中，函数返回值是面积变量 s 和周长变量 c，变量 result 是元组(s,c)，因此，可以通过索引的方式获取单个值，语句 round(result[0],1)，round(result[1],1))分别获取面积和周长的值，并保留 1 位小数位。

另外，在函数中，可以根据不同的条件进行判断，决定函数不同的出口和返回值，如例 5.3 所示。

【**例 5.3**】　定义一个函数，对于给定的身份证号码，判断是否满足 18 位，如果不满足，则提示重新输入，返回空值；如果满足 18 位，则获取第 17 位上的数，根据奇偶数判断性别，奇数为男性，偶数为女性；获取第 6～13 位上的数，表示出生日期的年（6～9 位）、月（10～11 位）、日（12～13 位），将出生日期表示为"＊年＊月＊日"的形式。函数返回出生日期和性别。

```
#例5.3
def birth(birthnum):
    if len(birthnum)!=18:
```

```
        print("身份证不是 18 位,请重新输入!")
        return
    if int(birthnum[-2])%2==0:
        gender="女"
    else:
        gender="男"
    birthday=birthnum[6:10]+"年"+birthnum[10:12]+"月"+birthnum[12:14]+"日"
    return birthday,gender
print(birth("41052519890219112X"))
print(birth("41052519890219112"))
```

代码执行结果如下:

```
('1989 年 02 月 19 日', '女')
身份证不是 18 位,请重新输入!
None
```

本例中,两次调用 birth()函数,当函数参数传递错误时,函数返回值为空;正确时,返回值为一个元组(birthday,gender)。

5.2.2　函数的参数

1. 形参和实参

函数定义时,圆括号内参数列表的参数,不代表具体的数据,称为形参(形式参数);函数调用时,将具体的数据传递给形式参数,此时的参数称为实参。根据参数的不同数据类型,将实参的值或者引用传递给形参。

当参数类型为不可变数据类型(如整数、浮点数、字符串、元组等)时,在函数内部直接修改形参的值不会影响实参;但当参数类型为可变数据类型(如列表、字典、集合等)时,在函数内部使用下标或其他方式为其增加、删除元素或修改元素值,修改后的结果是可以传递到函数之外的,即实参也会得到相应的修改,如例 5.4 所示。

【例 5.4】　体质指数,即身体质量指数(简称 BMI,本例中使用小写形式 bmi),是国际最常用来量度体重与身高比例的工具,也是国际上常用的衡量人体胖瘦程度以及是否健康的一个标准。该指数利用身高和体重之间的比例去衡量一个人是否过瘦、标准或过胖。

bmi 通用计算公式是 bmi＝身高(m)/体重(kg)^2。要求根据个人信息列表的身高和体重数据,结合正常体重上限,编程定义函数计算 bmi 的值,并判断体重是否超标,最后更新到个人信息列表中。

```
#例 5.4
person1=["张三","男",20,"170cm","60kg"]
bmi_m=23.9
def bmi_caculate(person,bmi_max):
    height=int(person1[3][:-2])/100
    weight=int(person1[4][:-2])
    bmi=round(weight/height**2,1)
    person1.append(bmi)
    if bmi>bmi_max:
        person1.append("超重")
    else:
```

```
        person1.append("不超重")
    bmi_max=23.5
bmi_caculate(person1,bmi_m)
print(person1,bmi_m)
```

代码执行结果如下：

```
['张三', '男', 20, '170cm', '60kg', 20.8, '不超重'] 23.9
```

本例中，个人信息列表 person1 是可变类型，函数 bmi_caculate()定义的参数有两个，person 和 bmi_max 是形参，函数调用时的参数 person1 和 bmi_m 是实参。参数 person1 是列表类型，属于可变数据类型，参数传递时将 person1 的引用传递给形参 person；bmi_m 是浮点类型，属于不可变类型，参数传递时将 bmi_m 的引用传递给形参 bmi_max。

在函数体内部，计算 bmi 值后，将 bmi 的值与是否超重信息追加到了形参 person 的末尾，实际上也同时修改了 person 列表变量的内容，虽然在函数体内修改了 bmi_max 的值，但不会影响函数体外 bmi_m 的值。

2. 必备参数、默认参数、可变参数和关键字参数

函数调用时，必须传递的参数，称为必备参数，也称必选参数；函数定义时，设置了默认值的参数，在函数调用时，可以传递实参，也可以不传递参数，不传递时，参数取定义时的默认值，这种参数，称为默认参数，也称可选参数。需要注意的是，必备参数必须在前面定义，其他参数在后面定义，如例 5.5 所示。

【例 5.5】 定义函数时使用必备参数和默认参数。

```
#例 5.5
def power(x,n=2):
    s = x * n
    return s
print(power(4))
print(power(3,n=3))
print(power(2,4))
```

代码执行结果如下：

```
8
9
8
```

本例中，函数定义时的形参 x 是必备参数，在函数调用时，必须传递值，3 次的调用，分别传递了实参 4、3、2。函数定义时的形参 n 是默认参数，第一次函数调用，第二个参数没有传递参数，使用默认值 2，则函数返回值是 4 * 2＝8；第二次函数调用，第二个参数传递值是 3，则函数返回值是 3 * 3＝9；第三次函数调用，第二个参数传递值是 4，则函数的返回值是 2 * 4＝8。

如果函数调用时传入的参数个数是可变的，可以是 0 个、1 个、2 个或更多，这种参数称为可变参数，可变参数通常以元组的形式传递，如例 5.6 所示。

【例 5.6】 定义个人信息，包含姓名、性别和其他信息。

```
#例 5.6
def person_info(name,gender, * hobby):
```

```
    print('姓名:',name,' 性别:',gender,'爱好:',hobby)
person_info('张林','女',"唱歌","跳舞")
person_info('王妍','女',"摄影","跳舞","弹琴")
```

代码执行结果如下:

```
姓名: 张林性别: 女爱好: ('唱歌', '跳舞')
姓名: 王妍性别: 女爱好: ('摄影', '跳舞', '弹琴')
```

本例中,函数定义时的形参 * hobby 是可变参数,在函数调用参数传递时,可以将若干参数以元组的形式保存,因此第一次调用,hobby＝('唱歌', '跳舞');第二次调用,hobby＝('摄影', '跳舞', '弹琴')。

函数调用时传入的参数个数是可变的,且传入的每个参数是键值对的形式,这种参数称为关键字参数,关键字参数通常以字典的形式传递,如例 5.7 所示。

【例 5.7】　定义个人信息,包含姓名、性别和其他信息。

```
#例 5.7
def person_info(name,gender,**other):
    print('姓名:',name,' 性别:',gender,' 其他:',other)
person_info('张林','女',年龄=17,城市='北京')
person_info('王亮','男',城市='上海')
```

代码执行结果如下:

```
姓名: 张林性别: 女其他: {'年龄': 17, '城市': '北京'}
姓名: 王亮性别: 男其他: {'城市': '上海'}
```

本例中,函数定义时的形参**other 是关键字参数,在函数调用参数传递时,可以将若干参数作为键值对以字典的形式保存,因此第一次调用,other＝{'年龄': 17, '城市': '北京'};第二次调用,other＝{'城市': '上海'}。

3. 参数传递

在函数调用参数传递时,形参和实参按位置一一对应地传递,称为位置传递;在函数调用参数传递时,参数按照名称显式地传递,称为名称传递。按位置传递,不需要给出参数的名称,但形参和实参的位置相同、类型相同,否则容易出错;按名称传递参数,则不关心参数的前后顺序,在参数较多时,不容易混淆,如例 5.8 所示。

【例 5.8】　定义个人信息函数,函数调用时分别按位置和按名称传递参数。

```
#例 5.8
def person_info(name,gender,age,city):
    print('姓名:',name,' 性别:',gender,'年龄: ',age,'城市:',city)
person_info('张林','女',17,'北京')
person_info(name='王亮',city='上海',gender="男",age="20")
```

代码执行结果如下:

```
姓名: 张林性别: 女年龄: 17 城市: 北京
姓名: 王亮性别: 男年龄: 20 城市: 上海
```

本例中,第一次调用时,按照参数位置将值对应传递到形参中;第二次调用时,打乱实参顺序后,显式地对形参进行赋值传递。

练一练

以下函数打印结果正确的是_____。

```
def changeInt(number2):
    number2 = number2+1
    print("changeInt: number2= ",number2)
#调用
number1 = 2
changeInt(number1)
print("number:",number1)
```

A. changeInt：number2＝3　　　　number：3

B. changeInt：number2＝3　　　　number：2

C. number：2　　　changeInt：number2＝2

D. number：2　　　changeInt：number2＝3

5.2.3　全局变量与局部变量

在函数外部定义的变量,称为全局变量;在函数内部定义的变量,称为局部变量。

全局变量的生命周期是程序的整个运行周期,只有程序被关闭后,全局变量才会被销毁并释放内存空间,因此,全局变量在整个程序中,都可以使用;而局部变量的生命周期是函数调用时间,函数调用结束返回后,局部变量就销毁并释放内存空间,因此,局部变量的作用范围是这个函数内部,即只能在这个函数中使用,在函数的外部是不能使用的。

在函数体内,当局部变量与全局变量同名时,函数体对局部变量的修改、删除等不会影响全局变量,即相当于创建了一个新的变量,全局变量不会被使用;而当需要在函数体内使用全局变量时,则需要在局部变量前加 global 关键字声明,此时该局部变量即是全局变量,如例 5.9 所示。

【例 5.9】　全局变量与局部变量。

```
#例 5.9
def abs_xy(x,y):
    if x>y:
        s=x-y
    else:
        s=y-x
    print("函数内部 s 的值是: ",s)
    return
s=0
abs_xy(4,13)
print("函数外部 s 的值是: ",s)
```

代码执行结果如下:

```
函数内部 s 的值是: 9
函数外部 s 的值是: 0
```

本例中,语句 s＝0 定义了全局变量 s,但是当函数调用时,s 是局部变量,是函数内部变量,s 被赋了 x 和 y 的差值,当函数返回后,局部变量 s 释放,最后打印语句仍然是全局变量

s 的值 0。

当全局变量是列表等可变数据类型时,如果函数体中没有声明同名的新的局部变量,可以认为局部变量被当作全局变量使用,也不需要 global 声明。如例 5.4 中,列表变量 person 在函数外部被定义,在函数体内,并没有重新对 person 声明,而是对 person 列表进行了修改追加了新内容。需要注意的是,当列表变量在函数体内被声明后,就不再是全局变量了,如例 5.10 所示。

【例 5.10】 定义函数时使用全局变量。

```
#例5.10
def func(n):
    ls=[]
    global s
    for i in range(n):
        s=s+i
        ls.append(s)
    print("函数内部 s 的值是: ",s)
    print("函数内部 ls 的值是: ",ls)
    return
ls=[1,2]
s=0
func(5)
print("函数外部 s 的值是: ",s)
print("函数外部 ls 的值是: ",ls)
```

码执行结果如下:

```
函数内部 s 的值是: 10
函数内部 ls 的值是:[0, 1, 3, 6, 10]
函数外部 s 的值是: 10
函数外部 ls 的值是:[1, 2]
```

本例中,函数体外部定义全局变量 s=0,函数体内部通过 global 关键字将 s 声明为全局变量,因此 s 值在函数内部被修改;函数体外部定义全局变量 ls=[1,2],函数体内部,重新定义了同名的列表变量 ls,此时,ls 就是局部变量,对 ls 的修改不会改变外部同名全局变量 ls 的值。

练一练

1. 以下关于 Python 全局变量和局部变量的描述中,错误的是_____。

A. 局部变量在函数内部创建和使用,函数退出后变量被释放

B. 全局变量一般指定义在函数之外的变量

C. 使用 global 关键字声明后,变量可以作为全局变量使用

D. 当函数退出时,局部变量依然存在,下次函数调用可以继续使用

2. 有以下函数,下面对 list 的值输出正确的是_____。

```
def chanageList(list):
    list.append(" end")
    print("list",list)
```

```
#调用
strs=['1','2']
changeList(strs)
print("strs",strs)
```

    A. strs['1','2']   B. list['1','2']

    C. list['1','2','end']   D. strs['1','2','end']

5.2.4 匿名函数

当一次性使用函数时,函数体语句较少,如只有一个表达式,为了节省内存中的变量定义空间,就不需要定义函数名,此时,可以定义匿名函数。匿名函数的语法格式如下:

```
函数名=lambda ［参数］:返回值
```

匿名函数可以有 0 个或多个参数,但必须有返回值。匿名函数的调用和一般函数的调用相似,可以单独使用,也可以作为表达式的一部分,如例 5.11 所示。

【例 5.11】 匿名函数的定义和调用。

```
#例 5.11
c=lambda x,y,z:x * y * z
m=lambda :print("欢迎学习匿名函数!")
m()
print(c(1,2,3))
```

代码执行结果如下:

```
欢迎学习匿名函数!
6
```

本例中,定义了两个匿名函数,第一个匿名函数有 3 个参数 x、y、z,返回值是表达式 x * y * z;第二个匿名函数没有参数,函数功能是打印一行文字。注意,匿名函数不论多复杂,只能是一行语句或表达式,不能是多行语句。

练一练

运行如下代码,程序的输出结果是_____。

```
c = lambda x, y: y if x < y else x * y
print(c(6,2))
```

A. 2   B. 6   C. 8   D. 12

5.3 递归函数

在计算机算法中,递归是一种解决复杂问题的有效算法。递归算法就是将原问题分解为规模缩小的子问题,然后利用递归调用的方法来表示问题的解,即用同一种方法解决规模不同的问题。递归算法有两个阶段:递和归。递是对复杂问题分解,直到找到确定解为止(递归出口);归是将确定的解带入上一层问题的求解式中,直到最上层问题得到解决。

递归思维是一种从下而上的思维方式,使用递归算法往往可以让代码更简洁。设计递归算法时,逻辑性非常重要,需要注意以下几个关键点。

(1) 明确递归的终止条件。

(2) 确定递归终止时问题的确定解。

(3) 程序逻辑有重复性。

在程序设计中,递归函数是实现递归算法的有效方法。

5.3.1　递归函数的定义

函数在定义时调用了函数本身,就称为递归函数。每次函数调用都会开辟新的内存空间,递归调用可以看成函数的嵌套调用。按照递归算法的原理,递归函数必须自己调用自己,递归函数在函数体定义时,必须有明确的结束条件,即递归出口,如例 5.12 所示。

【例 5.12】　计算 $1+2+\cdots+n$ 的和。

```
#例5.12
def sum_n(n):
    if n == 1:
        return 1
    return n + sum_n(n - 1)
print(sum_n(3))
```

代码执行结果如下:

```
6
```

本例中,递归的结束条件是 $n==1$,明确的出口解是 1;在函数返回值的表达式中,调用了函数本身,递归过程如图 5.2 所示。

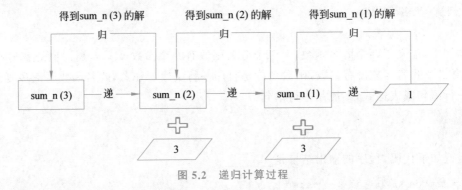

图 5.2　递归计算过程

注意:递归函数的结束条件,至少有 1 个,也可以有多个;函数对自身的调用,可以在函数体中,也可以在 return 返回值表达式中。

练一练

1. 以下程序中没有用到递归函数的是_____。

　　A.

```
def fact(n):
    if n == 0:
        return 1
    else:
        return n * fact(n-1) num = eval(input("请输入一个整数: "))
```

B.

```
def h(n):
    a = n//100
    b = n%10
    if a == b:
        return True
    else:
        return False
```

C.

```
def fn(n):
    if n == 20:
        return 1
    elif n == 21:
        return 4
    else:
        return fn(n + 2) - 2 * fn(n + 1)
```

D.

```
def abc(a):
    if len(a) == 0:
        return
    else:
        print(a[len(a) -1],end = '')
        abc(a[:len(a) -1])
        return ""
```

2. 编写程序，定义递归函数，求一个整数各个位上数字的和。

示例如下：

```
输入：789
输出：24
```

5.3.2　递归函数的应用

现实世界中存在的很多问题都有规律可循，递归函数就是表示某种规律的一种方式，也是人们探索未知世界的一把钥匙。人们可以用它求解经典的数学问题，如斐波那契数列、汉诺塔问题、阶乘求解、字符串翻转等，也可以绘制自然界的一些图形，如蜂窝、雪花等。下面，定义一个递归函数，使用 Turtle 库绘制一条螺旋线，如例 5.13 所示。

【例 5.13】　定义递归函数，利用 Turtle 库绘制螺旋线。

```
#例 5.13
import turtle as t
def draw_circle(r_len):
    if r_len>0:
        t.circle(r_len)
        t.right(91)
        draw_circle(r_len-1)
```

```
def main():
    t.tracer(False)
    t.pencolor("blue")
    draw_circle(100)
    t.exitonclick()
if __name__ == '__main__':
    main()
```

执行结果如图 5.3 所示。

图 5.3　递归螺旋线

本例中，draw_circle(r_len)函数中，递归绘制半径为 r_len 的圆，每次绘制右转 91°，半径减 1，直到半径为 0，则不再绘制，函数返回。

5.4　程序打包库

5.4.1　PyInstaller 库简介

PyInstaller 是一个将源程序编译打包成一个可执行程序的第三方库，它能够在 Windows、Linux、macOS 等操作系统下将 Python 源文件（即.py 文件）打包，变成可直接运行的 exe 可执行文件。通过对源文件打包，Python 程序可以在没有安装 Python 的环境中运行，也可以作为一个独立文件方便传递和管理。

PyInstaller 库的打包原理非常简单。首先，PyInstaller 库根据输入指定的脚本程序文件，分析脚本所依赖的其他脚本程序文件，通过查找、复制，把所有相关的脚本程序文件收集起来（包括 Python 解析器）；然后，把这些文件放在一个目录下，打包进一个 exe 可执行文件里面。需要注意的是，PyInstaller 库打包的执行文件，只能在和打包机器的操作系统同样的环境下执行，即 PyInstaller 库打包的文件不具备可移植性，在 Windows 系统下用 PyInstaller 库生成的 exe 文件只能运行在 Windows 系统下，在 Linux 系统下生成的 exe 文件只能运行在 Linux 系统下；若需要在不同系统上运行，就必须针对该平台进行打包。

PyInstaller 在命令提示符窗口用 pip 命令安装的方法，如图 5.4 所示。

```
C:\Windows\system32>pip install pyinstaller
Collecting pyinstaller
  Using cached pyinstaller-5.3-py3-none-win_amd64.whl (1.2 MB)
Collecting pywin32-ctypes>=0.2.0
  Using cached pywin32_ctypes-0.2.0-py2.py3-none-any.whl (28 kB)
Requirement already satisfied: setuptools in c:\program files\python310\lib\site-packages (from pyinstaller) (58.1.0)
Collecting altgraph
  Using cached altgraph-0.17.2-py2.py3-none-any.whl (21 kB)
Collecting pyinstaller-hooks-contrib>=2021.4
  Using cached pyinstaller_hooks_contrib-2022.8-py2.py3-none-any.whl (239 kB)
Collecting pefile>=2022.5.30
  Using cached pefile-2022.5.30.tar.gz (72 kB)
  Preparing metadata (setup.py) ... done
Collecting future
  Downloading future-0.18.2.tar.gz (829 kB)
     ---------------------            337.9/829.2 kB 12.3 kB/s eta 0:00:41
```

图 5.4　PyInstaller 库安装命令

5.4.2　PyInstaller 库常用函数

使用 PyInstaller 库打包 Python 源程序的代码格式为 pyinstaller ＜Python 源程序文件名＞。执行完毕后,源文件所在目录将生成 dist 和 build 两个文件夹。其中,build 是 PyInstaller 存储临时文件的目录,可以安全删除。最终的打包程序在 dist 内部与源文件同名的目录中,目录中其他文件是可执行文件的动态链接库。可以通过-F 参数使 Python 源文件生成一个独立的可执行文件,代码为 pyinstaller -F ＜Python 源程序文件名＞。

PyInstaller 库常用参数及描述如表 5.1 所示。

表 5.1　PyInstaller 库常用参数

参　　　数	描　　　述
-h	查看帮助
-clean	清理打包过程中的临时文件
-D,--onefir	默认值,生成 dist 文件夹
-F,--onefile	在 dist 文件夹中只生成独立的打包文件
-i＜图标文件名.ico＞	指定打包程序使用的图标(icon)文件

5.4.3　PyInstaller 库应用

以 Windows 系统为例,将第 1 章的 Turtle 库绘制五行太极图案例打包成 exe 文件,这样就可以直接通过运行该程序来绘制五行太极图。

将编写好的五行太极图代码保存为.py 文件,文件名为"太极图绘制.py",地址为"D:\文件\python\太极图绘制.py"。

打开 Windows 系统的命令提示符窗口,输入 PyInstaller 命令 -F,参数-F 可以在 dist 文件夹中生成独立的 exe 可执行程序,代码如图 5.5 所示。

```
:pyinstaller  -F  "D:\文件\python\太极图绘制.py"
```

图 5.5　使用 PyInstaller 库打包五行太极图

打包结束后,在源代码文件的目录中找到 dist 文件夹,即可看到生成的太极图.exe 文件，双击太极图.exe 文件，绘制五行太极图，如图 5.6 所示。

图 5.6   运行太极图.exe 程序

练一练

用 PyInstaller 工具把 Python 源文件打包成一个独立的可执行文件，使用的参数
是_____。

A. -D   B. -L   C. -F   D. -i

5.5   医学实践案例解析

2019 年 7 月，国家卫生健康委发布《健康中国行动（2019—2030 年）》提出："每个人是
自己健康的第一责任人，对家庭和社会都负有健康责任。普及健康知识，提高全民健康素养
水平，是提高健康水平最根本最经济最有效的措施之一。"2021 年 9 月，中共中央、国务院印
发《"健康中国 2030"规划纲要》提出，发展中医养生保健治未病服务，大力传播中医药知识
和易于掌握的养生保健技术方法，加强中医药非物质文化遗产的保护和传承运用，实现中医
药健康养生文化创造性转化、创新性发展。

本节案例（中医体质辨别小助手）主要运用本章所学基本知识和基本方法，将医学实际
问题分解为功能模块，编写具有独立功能的函数解决问题。

1. 案例描述

2009 年，中华中医药学会《中医体质分类与判定》标准正式发布，这是我国第一部指导
和规范中医体质分类和体质辨识研究的规范性文件，可作为临床实践、判定规范及质量评定
的参考依据。该标准将体质分为平和质、气虚质、阳虚质、阴虚质、痰湿质、湿热质、血瘀质、
气郁质、特禀质 9 个种类，应用了流行病学、免疫学、分子生物学、遗传学、数理统计学等多学
科交叉的方法。

中医体质分类的判定需要回答《中医体质分类与判定量表》（见附录 1）中的全部问题，

每一问题按 5 级评分，计算原始分及转化分，根据转化分的值按照标准判定体质类型。其中，

$$原始分 = 各个条目分值累加$$

$$转化分 = \frac{原始分 - 条目数}{条目数 \times 4} \times 100$$

平和质为正常体质，其他 8 种体质为偏颇体质，判定标准如表 5.2 所示。

表 5.2　平和质与偏颇体质判定标准表

体 质 类 型	条 件	判 定 结 果
平和质	转化分≥60	是
	其他 8 种体质转化分＜30	
	转化分≥60	基本是
	其他 8 种体质转化分＜40	
	不满足上述条件者	否
偏颇体质	转化分≥40	是
	转化分 30～39	倾向是
	转化分＜30	否

　　例如，某人各体质类型转化分如下：平和质 75 分、气虚质 56 分、阳虚质 27 分、阴虚质 25 分、痰湿质 12 分、湿热质 15 分、血瘀质 20 分、气郁质 18 分、特禀质 10 分。根据判定标准，虽然平和质转化分＞＝60 分，但其他 8 种体质并未全部＜40，其中气虚质转化分＞40 分，故此人不能判定为平和质，应判定为气虚质。

　　编写程序，依次显示量表问题，让用户输入答案，根据《中医体质分类与判定量表》中各答案所对应的得分，计算用户在各个体质上的原始分和转化分，判断用户的最终体质。

　　2. 问题分析

　　由于各个体质量表的计算规则大致相同，因此，可编写函数来进行代码复用。在体质判定中，最关键的是要计算出原始分和转化分，根据转化分去判定属于哪种体质。而在 9 种体质中有 8 种体质都是偏颇体质，且判定偏颇体质的原则都相同，则可以定义一个函数计算原始分，根据原始分和问题条目数，再计算转化分。因此，本案例可分解为 4 个子问题：计算平和体质的原始分；计算平和体质的原始分；计算各体质的转化分；判定体质类型，具体步骤如下。

　　第一步：定义计算偏颇体质得分函数，返回原始分和问题数目。

　　第二步：定义计算平和体质得分函数，返回原始分和问题数目。

　　第三步：定义计算转化分函数，返回体质转化分。

　　第四步：定义偏颇体质转化分函数，返回偏颇体质得分字典。

　　第五步：定义体质判别函数，根据判别规则判别体质。

　　第六步：定义主函数，初始化中医体质类型，调用体质判别函数。

　　3. 编码实现

　　代码片段 1：定义计算偏颇体质得分函数，返回原始分和问题数目。

具体代码内容如下：

```python
def pianpo_score(name):
    question = {
        '气虚质':['您容易疲乏吗','您容易气短吗','您容易心慌吗','您容易头晕或站起时眩晕吗','您比别人容易患感冒吗','您喜欢安静、懒得说话吗','您说话声音无力吗','您活动量稍大就容易出汗吗'],'阳虚质':['您手脚发凉吗?','您胃脘部、背部或腰膝部怕冷吗?','您感觉怕冷衣服比别人穿得多吗?','您比一般人耐受不了寒冷吗?','您比别人容易患感冒吗?','您吃喝凉东西会感到不舒服或者怕吃喝凉东西吗?','您受凉或吃喝凉东西后,容易腹泻吗?'],'阴虚质':['您感到手脚心发热吗','您感到身体脸上发热吗','皮肤或口唇干吗','您口唇的颜色比一般人红吗','您容易便秘或大便干燥吗','您面部两颧潮红或偏红吗','您感到眼睛干涩吗','您感到口干咽燥,总想喝水吗'],'痰湿质':['您感到胸闷或腹部胀满吗','您感到身体沉重不轻松不爽快吗','您腹部肥满松软吗','您有额部油脂分泌多的现象吗','您上眼睑比别人肿吗','您嘴里有黏黏的感觉吗','您平时痰多,特别是咽喉部总感觉有痰堵着吗','您舌苔厚腻或有舌苔厚厚的感觉吗'],'湿热质':['您面部或鼻部有油腻感或油亮发光吗','您容易生痤疮或疮疖吗','您感觉口苦或嘴里有异味吗','您大便黏滞不爽有解不尽的感觉吗','您小便时尿道有发热感,尿色深吗','您带下色黄(白带颜色)吗(限女性)','您阴囊部位潮湿吗(限男性)'],'血瘀质':['您的皮肤在不知不觉中出现青紫瘀斑吗','您两颧部有细微红丝吗','您身体上有哪里刺痛感吗','您面色晦暗或容易出现色斑吗','您容易有黑眼圈吗','您容易忘事吗','您口唇颜色偏暗吗'],'气郁质':['您感到闷闷不乐吗','您容易精神紧张焦虑不安吗','您多愁善感感情脆弱吗','您容易感到害怕或受到惊吓吗','您胁肋部或乳房胀痛吗','您无缘无故叹气吗','您咽喉部有异物感,且吐之不出,咽之不下吗'],'特禀质':['您没有感冒时也会打喷嚏吗','您没有感冒时也会鼻塞流涕吗','您因季节变化、温度变化或异味等原因而咳喘吗','您容易过敏吗(药物、食物、花粉等)','您的皮肤容易起荨麻疹吗','您的皮肤因过敏出现过紫癜吗','您的皮肤一抓就红并出现过抓痕吗']
    }
    total = 0
    print(name + '问题: ')
    print('对于以下问题,请输入数字进行回答: 1 - 没有,2 - 很少,3 - 有时,4 - 经常,5 - 总是')
    for q in question[name]:
        print('请问 ',q)
        total = total + int(input())
    return total,len(question[name])    #返回总得分和问题数目
```

代码片段 2：定义计算平和体质得分函数，返回原始分和问题数目。

具体代码内容如下：

```python
def pinghe_score():
    title= ['您精力充沛吗','您容易疲乏吗','您说话声音低弱无力吗','您感到闷闷不乐情绪低沉吗','您比一般人耐受不了寒冷吗','您能适应自然界和社会环境的变化吗','您容易失眠吗','您容易忘事吗']
    print('平和问题: ')
    print('对于以下问题,请输入数字进行回答: 1 - 没有,2 - 很少,3 - 有时,4 - 经常,5 - 总是')
    total = 0
    for q in title:
        print('请问 ',q)
        input_score = input()
```

```
            if q in ('您容易疲乏吗','您说话声音低弱无力吗','您感到闷闷不乐情绪低沉吗',
        '您比一般人耐受不了寒冷吗','您容易失眠吗','您容易忘事吗'):
                if input_score == "1": input_score = 5
                                        #根据输入的值,转换成相应的得分,是相反的
                elif input_score == "2": input_score = 4
                elif input_score == '4': input_score = 2
                elif input_score == '5': input_score = 1
                total = total + int(input_score)
            else:
                total = total + int(input_score)
        return total,len(title)                        #返回总得分和问题数目
```

代码片段 3 ：定义计算转化分函数,返回转化分;定义偏颇体质转化分函数,返回偏颇体质得分字典。

具体代码内容如下:

```
def score_final(total,length):            #根据得分和问题数目,按规则计算转化得分
    return (total-length)/(length * 4) * 100
def pianpo_scoredict(pianpo_typelst):
    pianpo_scoredict = {}
    for i_type in pianpo_typelst:
        total,length = pianpo_score(i_type)                #调用偏颇体质分计算函数
        i_score = round(score_final(total,length),1)        #计算转化得分
        pianpo_scoredict[i_type]=i_score                #追加到偏颇体质得分字典
    return pianpo_scoredict
```

代码片段 4 ：定义体质判别函数,根据判别规则判别体质。

具体代码内容如下:

```
def tcm_constitution(pianpo_typelst,pinghe_type):
    total_pinghe,length_pinghe = pinghe_score()
    pinghe_score_final = score_final(total_pinghe,length_pinghe)
    pianpo_scoredict_final=pianpo_scoredict(pianpo_typelst)
    if pinghe_score_final>=60:
        if max(pianpo_scoredict_final.values())<30:
            print("你是平和质")
        elif max(pianpo_scoredict_final.values())<40:
            print("你基本是平和质")
        else:
            print("你不是平和质")
    for key,value in pianpo_scoredict_final.items():
        if value>=40:
            print("你是"+key)
        elif value>=30:
            print("你有{}倾向".format(key))
        else:
            continue
```

代码片段 5 ：定义主函数,初始化中医体质类型,调用体质判别函数。

具体代码内容如下:

```
def main():
    pianpo_typelst = ['气虚质','阳虚质','阴虚质','痰湿质','湿热质','血瘀质','气郁
质','特禀质']
    pinghe_type = '平和'
    tcm_constitution(pianpo_typelst,pinghe_type)

if __name__ == '__main__':
    main()
```

代码执行结果如下：

```
……
特禀质问题：
对于以下问题,请输入数字进行回答：1 - 没有,2 - 很少,3 - 有时,4 - 经常,5 - 总是
请问您没有感冒时也会打喷嚏吗
1
请问您没有感冒时也会鼻塞流涕吗
1
请问您因季节变化、温度变化或异味等原因而咳喘吗
1
请问您容易过敏吗(药物、食物、花粉等)
3
请问您的皮肤容易起荨麻疹吗

请问您的皮肤因过敏出现过紫癜吗
2
请问您的皮肤一抓就红并出现过抓痕吗
1
你不是平和质
你是血瘀质
```

4. 代码解析

代码片段 1：定义偏颇体质原始分计算函数。根据传入的体质类型参数 name,从问题 question 字典中找到该体质对应的问题列表,循环遍历问题列表,根据用户输入的数字,计算累加得分,最后返回原始得分和问题数目。

代码片段 2：定义平和体质原始分计算函数。循环遍历平和质问题列表获取问题,根据用户输入的数字,对应计算累加得分,最后返回原始得分和问题数目。

代码片段 3：定义转化分计算函数和偏颇体质得分函数。根据原始分和问题数目,返回转化分;根据传入的偏颇体质列表参数 pianpo_typelst,循环遍历该列表,调用偏颇体质原始分计算函数,获取原始分和问题数目,调用转化分计算函数计算转化分;最后,返回偏颇体质得分字典。

代码片段 4：定义体质判别函数。根据偏颇列表和平和体质名称,调用转化分函数计算平和转化分,调用偏颇体质得分函数,获取偏颇体质得分字典;接着,根据体质判定规则,判定是不是平和质,根据偏颇体质判定规则,判定是不是偏颇体质。

代码片段 5：定义主函数,初始化中医体质类型,调用体质判别函数。

5.6 课堂实践探索

5.6.1 探索 1: 如何将中医体质辨识小助手打包为可执行程序

在 5.5 节的案例中,中医体质辨识小助手程序虽然可以进行中医体质辨识,但原始程序的运行依赖于 Python 开发环境,为方便用户使用,需要封装成一个 exe 可执行文件,指定一个 LOGO 作为图标。

在命令提示符窗口中,切换到程序所在目录,输入: pyinstaller -F 程序文件名 -i 图标图像名,如图 5.7 所示。

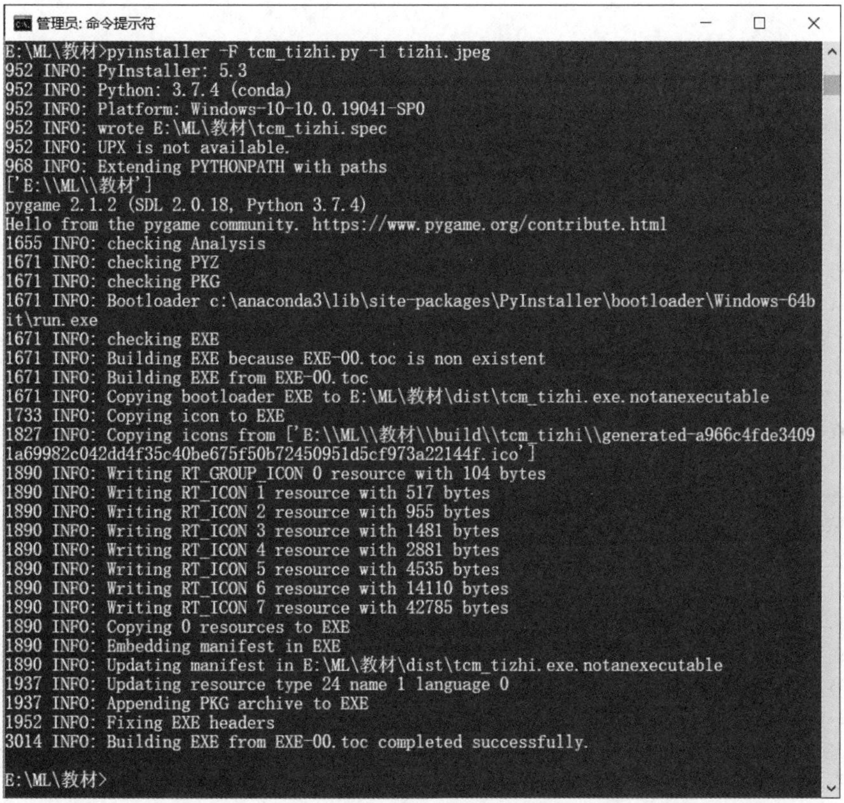

```
管理员:命令提示符                                            —    □    ×

E:\ML\教材>pyinstaller -F tcm_tizhi.py -i tizhi.jpeg
952 INFO: PyInstaller: 5.3
952 INFO: Python: 3.7.4 (conda)
952 INFO: Platform: Windows-10-10.0.19041-SP0
952 INFO: wrote E:\ML\教材\tcm_tizhi.spec
952 INFO: UPX is not available.
968 INFO: Extending PYTHONPATH with paths
['E:\\ML\\教材']
pygame 2.1.2 (SDL 2.0.18, Python 3.7.4)
Hello from the pygame community. https://www.pygame.org/contribute.html
1655 INFO: checking Analysis
1671 INFO: checking PYZ
1671 INFO: checking PKG
1671 INFO: Bootloader c:\anaconda3\lib\site-packages\PyInstaller\bootloader\Windows-64b
it\run.exe
1671 INFO: checking EXE
1671 INFO: Building EXE because EXE-00.toc is non existent
1671 INFO: Building EXE from EXE-00.toc
1671 INFO: Copying bootloader EXE to E:\ML\教材\dist\tcm_tizhi.exe.notanexecutable
1733 INFO: Copying icon to EXE
1827 INFO: Copying icons from ['E:\\ML\\教材\\build\\tcm_tizhi\\generated-a966c4fde3409
1a69982c042dd4f35c40be675f50b72450951d5cf973a22144f.ico']
1890 INFO: Writing RT_GROUP_ICON 0 resource with 104 bytes
1890 INFO: Writing RT_ICON 1 resource with 517 bytes
1890 INFO: Writing RT_ICON 2 resource with 955 bytes
1890 INFO: Writing RT_ICON 3 resource with 1481 bytes
1890 INFO: Writing RT_ICON 4 resource with 2881 bytes
1890 INFO: Writing RT_ICON 5 resource with 4535 bytes
1890 INFO: Writing RT_ICON 6 resource with 14110 bytes
1890 INFO: Writing RT_ICON 7 resource with 42785 bytes
1890 INFO: Copying 0 resources to EXE
1890 INFO: Embedding manifest in EXE
1890 INFO: Updating manifest in E:\ML\教材\dist\tcm_tizhi.exe.notanexecutable
1937 INFO: Updating resource type 24 name 1 language 0
1937 INFO: Appending PKG archive to EXE
1952 INFO: Fixing EXE headers
3014 INFO: Building EXE from EXE-00.toc completed successfully.

E:\ML\教材>
```

图 5.7 命令提示符窗口界面

在执行结果的当前目录,生成 dist 文件夹,可执行文件 tcm_tizhi.exe 文件在此文件夹中,双击此可执行文件,代码执行结果如图 5.8 所示。

分析以上代码,并尝试改进。

5.6.2 探索 2: 如何使中医体质辨识小助手程序容错性更强

当用户输入的答案编号错误,或输入非法字符时,5.6 节案例的程序会出现终止报错等问题。为了让程序容错性更强,尝试修改原程序,实现如下功能。

(1)用户回答问题时,如选项输入错误,则给出错误提示,允许重新输入。

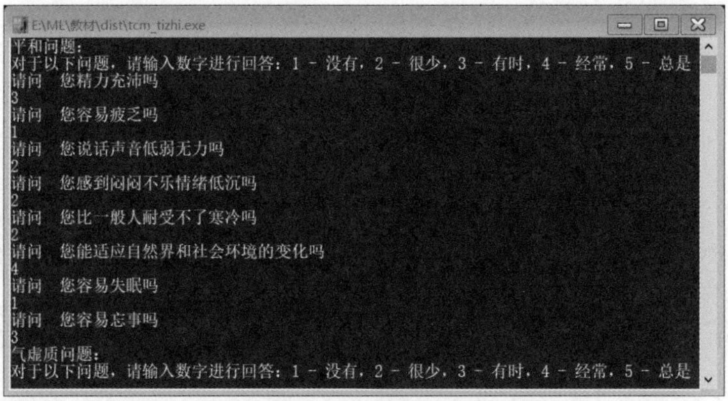

图 5.8   中医体质辨识小助手可执行程序界面

（2）用户回答问题时，如不想继续，允许用户提前退出。

修改偏颇体质计分函数，具体代码内容如下：

```python
def pianpo_score(name):
    question = {
        '气虚质':['您容易疲乏吗','您容易气短吗','您容易心慌吗','您容易头晕或站起时眩晕吗','您比别人容易患感冒吗','您喜欢安静、懒得说话吗','您说话声音无力吗','您活动量稍大就容易出汗吗'],'阳虚质':['您手脚发凉吗?','您胃脘部、背部或腰膝部怕冷吗?','您感觉怕冷衣服比别人穿得多吗?','您比一般人耐受不了寒冷吗?','您比别人容易患感冒吗?','您吃喝凉东西会感到不舒服或者怕吃喝凉东西吗?','您受凉或吃喝凉东西后,容易腹泻吗?'],'阴虚质':['您感到手脚心发热吗','您感到身体脸上发热吗','皮肤或口唇干吗','您口唇的颜色比一般人红吗','您容易便秘或大便干燥吗','您面部两颧潮红或偏红吗','您感到眼睛干涩吗','您感到口干咽燥,总想喝水吗'],'痰湿质':['您感到胸闷或腹部胀满吗','您感到身体沉重不轻松不爽快吗','您腹部肥满松软吗','您有额部油脂分泌多的现象吗','您上眼睑比别人肿吗','您嘴里有黏黏的感觉吗','您平时痰多,特别是咽喉部总感觉有痰堵着吗','您舌苔厚腻或有舌苔厚厚的感觉吗'],'湿热质':['您面部或鼻部有油腻感或油亮发光吗','您容易生痤疮或疮疖吗','您感觉口苦或嘴里有异味吗','您大便黏滞不爽有解不尽的感觉吗','您小便时尿道有发热感,尿色深吗','您带下色黄(白带颜色)吗(限女性)','您阴囊部位潮湿吗(限男性)'],'血瘀质':['您的皮肤在不知不觉中出现青紫瘀斑吗','您两颧部有细微红丝吗','您身体上有哪里刺痛感吗','您面色晦暗或容易出现色斑吗','您容易有黑眼圈吗','您容易忘事吗','您口唇颜色偏暗吗'],'气郁质':['您感到闷闷不乐吗','您容易精神紧张焦虑不安吗','您多愁善感感情脆弱吗','您感到害怕或受到惊吓吗','您胁肋部或乳房胀痛吗','您无缘无故叹气吗','您咽喉部有异物感,且吐之不出,咽之不下吗'],'特禀质':['您没有感冒时也会打喷嚏吗','您没有感冒时也会鼻塞流涕吗','您因季节变化、温度变化或异味等原因而咳喘吗','您容易过敏吗(药物、食物、花粉等)','您的皮肤容易起荨麻疹吗','您的皮肤因过敏出现过紫癜吗','您的皮肤一抓就红并出现过抓痕吗']
    }
    total = 0
    print(name + '问题：')
    print('对于以下问题,请输入数字进行回答：1 - 没有,2 - 很少,3 - 有时,4 - 经常,5 - 总是')
    for q in question[name]:
        print('请问 ',q)
        if q.upper()=="N":
            break
        while True:
```

```
            input_score=input()
            if input_score not in ['1','2','3','4','5']:
                print("请输入的数字不对,请输入数字 1-5 中的一个: ")
                continue
            else:
                break
        total = total + int(input_score)
    return total,len(question[name])    #返回总得分和问题数目
```

修改平和体质计分函数,具体代码内容如下:

```
def pinghe_score():
    title= ['您精力充沛吗','您容易疲乏吗','您说话声音低弱无力吗','您感到闷闷不乐情
绪低沉吗','您比一般人耐受不了寒冷吗','您能适应自然界和社会环境的变化吗','您容易失眠
吗','您容易忘事吗']
    print('平和质问题: ')
    print('对于以下问题,请输入数字进行回答: 1 - 没有,2 - 很少,3 - 有时,4 - 经常,5 - 总是')
    total = 0
    for q in title:
        print('请问 ',q)
        if q.upper()=="N":
            break
        while True:
            input_score=input()
            if input_score not in ['1','2','3','4','5']:
                print("请输入的数字不对,请输入数字 1-5 中的一个: ")
                continue
            else:
                break
        if q in ('您容易疲乏吗','您说话声音低弱无力吗','您感到闷闷不乐情绪低沉吗',
'您比一般人耐受不了寒冷吗','您容易失眠吗','您容易忘事吗'):
            if input_score == "1": input_score = 5
                                            #根据输入的值,转换成相应的得分,是相反的
            elif input_score == "2": input_score = 4
            elif input_score == '4': input_score = 2
            elif input_score == '5': input_score = 1
            total = total + int(input_score)
        else:
            total = total + int(input_score)
    return total,len(title)                      #返回总得分和问题数目
```

分析以上代码,并尝试改进。

5.7　本章小结

扫码查看思维导图

5.8 本章习题

一、选择题

1. 如果函数定义为"def greet([username]):",则以下对该函数的调用错误的选项是_____。

    A. Greet('Jucy')　　　　　　　　　　B. greet("Jucy")

    C. greet()　　　　　　　　　　　　　D. greet(username='Jucy')

2. 以下关于递归结构的描述中,正确的是_____。

    A. 递归函数一定要有循环结构支持

    B. 不一定要有一个明确的递归结束条件

    C. 递归结束的条件,可以是没有不确定值的关系表达式

    D. 递归就是指函数自己调用自己的过程

3. 以下关于 return 语句的描述,正确的是_____。

    A. 函数可以没有 return 语句

    B. return 只能返回一个值

    C. 函数中最多只有一个 return 语句

    D. 函数必须有一个 return 语句

4. 以下代码的执行结果是_____。

```
def multiple(x,y=2):
    return x * y * y
multiple(3)
```

    A. 18　　　　　　B. 系统报错　　　　C. 8　　　　　　D. 12

5. 关于以下代码中函数的描述,正确的选项是_____。

```
def func(a,b):
    c=a**3+b+2
    b=a+1
    return c
a=3
b=7
c=func(a,b)+a
```

    A. 执行该函数后,变量 c 的值为 39

    B. 执行该函数后,变量 a 的值为 7

    C. 执行该函数后,变量 b 的值为 4

    D. 该函数名称为 func()

6. 以下代码的执行结果是_____。

```
def f(a,b):
    a=1
    return a+b
def main():
    a=2
```

```
    b=3
    print(f(a,b),a+b)
main()
```

   A. 4 4   B. 5 5   C. 4 5   D. 5 4

7. 以下代码的执行结果是_____。

```
num = 99
def add():
    num += 1
    print(num)
add()
```

   A. 100   B. 99   C. 98   D. 程序出错

8. 关于以下代码中匿名函数的描述,正确的选项是_____。

```
func_list = []
for i in range(10):
    func_list.append(lambda x:x+i)
a=func_list[5](4)
b=func_list[7](3)
```

   A. 变量 a 值为 9

   B. 变量 b 值为 12

   C. func_list 列表中的值为 10 个不同的数字

   D. 若增加代码 c＝func_list[1](),则变量 c 会被赋值 1

9. 关于以下代码的描述,正确的选项是_____。

```
def f(x):
    if x == 0:
        return 0
    elif x == 1:
        return 1
    else:
        return (x * f(x-2))
print(f(7))
```

   A. 程序结束打印的值为 35

   B. 计算 f(6)的值为 48

   C. 调用该函数时,使用的参数 x 可以为－1

   D. 该函数输入任意偶数时最终的返回值是一样的

二、编程题

1. 现有一个简单的传染病模型:已知某传染病的最初传染源为 10 人,若该病未经控制,则第二天的新增感染者的数目为前一天的 2 倍且多 3 人。请定义递归函数计算出未经控制的情况下第 x 天的感染人数。

示例如下:

```
输入:10
输出:第 10 天的感染人数为 6653
```

2. 为更好地了解全校学生的健康状况,现需要对学生的部分生理数据进行分析。现有以下数据,每组数据分别依次表示学生的姓名、年龄、BMI 和血收缩压。请利用匿名函数的方法将数据按 BMI 的数值由大至小进行排序,BMI 相同者按血收缩压的数值由大到小进行排序后输出,并找出 BMI 高于正常值 25 且血收缩压高于正常值 120 的学生姓名。

示例如下:

```
输出:
小毛的 BMI 为 26,血收缩压为 125
小王的 BMI 为 26,血收缩压为 110
……
BMI 和血收缩压超出正常范围的是小毛
```

学生的生理数据如下:

```
#原始数据
shuju=[["小明",18,23,105],
["小王",19,26,110],
["小李",18,19,103],
["小毛",19,26,125],
["小叶",18,23,110]]
```

3. 在某药物试验中,会对受试动物的血收缩压进行数据收集并分析其数据波动情况。现有几组数据,记录了某段时间几只动物血收缩压的情况,请自定义函数对该组数据的方差进行计算,并输出。

示例如下:

```
第 1 组数据的方差为 25.375
第 2 组数据的方差为 10.75
……
```

血收缩压的数据如下:

```
#原始数据
shuju=[[100,102,107,109,112,117,110,108],
[101,103,105,107,108,112,109,105],
[102,103,106,109,113,116,125,118],
[100,103,106,109,113,116,112,108]]
```

第 **6** 章

文件与数据处理

本章学习目标
- 熟悉文件的 3 种数据组织类型及其概念
- 掌握文件的打开、读取、写入和关闭 4 种基本操作
- 熟练使用 json 库对高维数据文件进行处理
- 熟悉 os 库、pandas 库和 xlwings 库的常用函数与应用
- 具备灵活运用 Python 进行文件和数据处理的能力

本章源代码

  本章首先按照数据组织的形式介绍了文件的 3 种常见类型,即一维数据文件、二维数据文件和高维数据文件;然后,重点介绍如何对一维和二维数据文件进行操作,包括文件打开、文件读取、文件写入、文件关闭过程中涉及的核心函数与参数;对于高维数据,引入了 json 标准库,介绍了其常用函数及应用;此外,还通过引入 os 库、pandas 库和 xlwings 库扩展了文件和数据处理的范围,实现 csv 格式文件、Excel 文件的批量操作;最后,基于"各国健康指标数据查询""心理学图书数据处理"的实践案例及"价格数据统计"和"多类图书批量处理"的实践探索,让读者进一步掌握文件和数据处理在医疗健康领域中的应用。

6.1　文件的类型

  文件是数据的集合和抽象,按照数据组织的维度可将其分为一维数据文件、二维数据文件和高维数据文件。本节首先介绍 3 种文件类型的定义、存储格式和表示方法,并通过实例对 3 种文件类型进行具体说明。

6.1.1　一维数据文件

  一维数据文件由对等关系的有序或无序数据构成,一般采用线性方式组织。例如,大学生体检中,学生的身高数据就是一组一维数据;一个方剂中包含的所有中药名称也可组成一个一维数据。

  一维数据在计算机中通常采用 txt 格式的文件进行存储,并用空格、逗号等特殊符号进行数据分隔。例如,以下 txt 文件"学生体检身高数据"中存储了 10 名大学生体检的身高数据,不同人的身高用逗号分隔,如图 6.1 所示。

  一维数据在 Python 中可用一维列表或一维集合的数据类型表示,如例 6.1 所示。

图 6.1   学生体检身高数据的 txt 形式存储文件

【例 6.1】 学生体检身高数据。

```
#例 6.1
f = open("学生体检身高数据.txt")
data = f.read()
ls = data.split(',')
st = set(ls)
print('以列表形式存储: ',ls)
print('以集合形式存储: ',st)
```

代码执行结果如下：

以列表形式存储: ['170', '165', '164', '168', '182', '174', '179', '183', '157', '180']
以集合形式存储: {'168', '183', '180', '170', '179', '157', '182', '165', '174', '164'}

本例中,对上述学生体检身高数据文件进行了读取,并分别用一维列表和一维集合两种形式将文件内容存到了 ls 和 st 变量中。可以看到,列表形式会保留文件中各数据的顺序,而集合形式由于其本身具有的无序特点,并不会对文件中各数据的顺序予以保留。

6.1.2 二维数据文件

二维数据文件由多个一维数据组成,是一维数据的组合形式,也可称为表格数据。例如,6.1.1 节案例中提到的学生身高仅是大学生体检结果中的一个维度,若将学生的学号、体重、视力等数据包括进来,就组成了一个二维数据表格。

二维数据在计算机中可以采用 txt 格式、csv 格式或者 Excel 文件形式进行存储。其

图 6.2   学生体检数据的 txt 形式存储文件

中,每行数据之间需要用特殊符号进行分隔,不同行的数据用换行符"\n"分隔。例如,以下 txt 文件"学生体检数据.txt"中存储了 3 名大学生的学号、身高、体重、左眼视力和右眼视力的数据,其中,同一名学生的数据用 Tab 符号进行分隔,不同行代表不同学生的体检结果,如图 6.2 所示。

csv 格式,全称为 comma-separated values,即逗号分隔值,指通过英文半角逗号分隔的以纯文本形式存储的表格数据,一般可通过记事本或 Excel 软件打开。图 6.3 中,分别展示了使用不同形式打开的"学生体检数据.csv"文件。其中,采用记事本形式打开可以看到每

图 6.3   使用记事本及 Excel 软件打开 csv 形式存储的学生体检数据

行数据之间的分隔符为英文半角逗号；采用 Excel 软件打开则自动以英文半角逗号进行分隔，并将每个数据展示在单元格中。

二维数据在 Python 中主要采用二维列表的数据类型表示，如例 6.2 所示。

【例 6.2】　学生体检数据。

```
#例 6.2
f = open("学生体检数据.csv")
data = f.readlines()
ls2 = []
for line in data:
    stud = line.strip('\n')
    ls1 = stud.split(',')
    ls2.append(ls1)
print('以二维列表形式存储: \n',ls2)
```

代码执行结果如下：

```
以二维列表形式存储:
[
['1001', '165', '120', '4.5', '4.3'],
['1002', '172', '135', '5', '4.7'],
['1003', '183', '144', '4.9', '5.2']
]
```

本例中，对 csv 格式的学生体检数据文件进行了读取，并用二维列表的形式将文件内容存储到变量 ls2 中。其中，二维列表的每一个元素为一个一维列表，每个一维列表存储了一名同学的各项体检数据。

6.1.3　高维数据文件

高维数据文件以简单的二元关系展示数据间的复杂结构，一般由键值对类型的数据构成，可以进行多层嵌套。相比一维和二维数据，高维数据能表达更加灵活和复杂的数据关系，由此衍生出 HTML、XML、JSON 等语法结构，是当今互联网组织内容的主要形式。在 Python 中，主要采用嵌套字典的数据类型表示高维数据。例如，对于大学生的选课成绩，由于不同学生所选课程不完全相同，因此若以表格形式存储会存在较多空缺值，此时即可采用字典的键值对形式进行存储，如例 6.3 所示。

【例 6.3】　学生成绩数据。

```
#例 6.3
dict = {
    '学号 1001':{'Python 程序设计':93,'大学计算机':88},
    '学号 1002':{'C 语言':76,'数据结构':64},
    '学号 1003':{'Web 网页设计':82,'机器学习':97}
}
print(dict['学号 1001'])
print(dict['学号 1002'])
print(dict['学号 1003'])
```

代码执行结果如下：

```
{'Python 程序设计': 93, '大学计算机': 88}
{'C 语言': 76, '数据结构': 64}
{'Web 网页设计': 82, '机器学习': 97}
```

本例中，字典 dict 有 3 个元素，每个元素的键是学生的学号，值对应该学生的成绩单。每个学生的成绩单均以一维字典形式表示，该一维字典中的键为课程名称，值对应该学生在这门课程取得的成绩。

> **练一练**

1. 表格类型数据的组织维度是_____。
　　A. 一维数据　　　　　　　B. 二维数据　　　　　　　C. 高维数据

2. 键值对类型数据的组织维度是_____。
　　A. 一维数据　　　　　　　B. 二维数据　　　　　　　C. 高维数据

3. 中医是我国文化的瑰宝，古代方剂的存储记录工作十分重要。欲将《伤寒论》中的代表性方剂和方剂中的主要药材进行存储，应选择的数据组织维度是_____。
　　A. 一维数据　　　　　　　B. 二维数据　　　　　　　C. 高维数据

6.2　文件的基本操作

Python 提供了一系列内置函数以实现对文件的基本操作。本节以常见的一维和二维数据文件为例，分别介绍文件的打开、读取、写入和关闭。

6.2.1　文件打开

在 Python 中，对于简单文件（即一维、二维文件），常规方法是使用 open()函数来打开并返回文件对象。该函数的主要参数包括文件路径 file、打开模式 mode 和文件编码 encoding，语法格式如下：

```
<变量名> = open(file, mode, encoding)
```

1. 文件路径

文件路径指需要打开的文件名及路径，一般可分为绝对路径和相对路径两种形式。

绝对路径，是指从盘符（根目录）开始的路径名，可描述从开始到目标文件位置的完整路径，如"C:\Documents\第 6 章文件与数据处理\健康中国.txt"是指从 C 盘中打开"Documents"文件夹，再打开"第 6 章文件与数据处理"文件夹，从而定位到其中的"健康中国.txt"文件。需要注意的是，绝对路径中通常存在反斜线"\"，但是该字符在 Python 中代表的是转义字符，例如"\n"代表回车、"\t"代表 Tab 符号。对此，可以采取以下 3 种办法解决：第一，在原有反斜线前面加上转义字符，即用"\\"正常表示一个反斜线；第二，在地址字符串前面加上字母 r，可将含有转义字符、特殊含义字符等的字符串转换为一般的字符；第三，将反斜线写为正斜线"/"，在 Python 中常用正斜线"/"表示地址。对于前述绝对路径，3 种解决方法具体如表 6.1 所示。

表 6.1　Python 中绝对路径的 3 种表示方法

方　　法	表 示 方 法
双反斜线\\	C:\\Documents\\第 6 章文件与数据处理\\健康中国.txt
地址字符串前加 r	r'C:\Documents\第 6 章文件与数据处理\健康中国.txt'
正斜线/	C:/Documents/第 6 章文件与数据处理/健康中国.txt

　　相对路径,是指从当前目录开始直到数据文件为止所构成的路径名。一般可将需要执行的程序和需要被调用的文件放在同一个目录下,此时在 file 参数部分直接写文件名即可,Python 会自动在当前文件夹中找到该文件并打开。此种方式相对来说更加简单、便利。例如,若待执行程序"open.py"存放在"第 6 章文件与数据处理"文件夹中,此时想打开"学生体检数据.csv"文件,仅需直接写文件名即可;若待执行程序存放在上层文件夹中,如"open.py"存放在"Documents"文件夹,则需按顺序依次列出待调用文件的上层路径,即".\\第 6 章文件与数据处理\\学生体检数据.csv",其中".\\"指从当前路径开始。

2. 文件打开模式

　　Python 中常见的文件打开模式如表 6.2 所示。其中,r 为读模式,w、x 和 a 为写模式,它们均可和 b 或 t 进行组合,指代二进制或文本文件的读和写。例如"rt"为 open()函数中文件打开模式的默认值,指以文本格式对文件进行读取;"wb"指以二进制格式对文件进行覆盖写。此外,"+"字符也可与 r/w/x/a 一同使用,表示在原功能基础上增加同时读写功能。例如,"r+"表示以文本格式对文件进行读取或写入,"a+"表示以文本格式对文件进行读取或追加写,其中追加的内容只能写在文件末尾。

表 6.2　Python 中常见的文件打开模式

文件的打开模式	含　　义
r	只读模式,如果文件不存在,返回异常(默认值)
w	覆盖写模式,如果文件不存在则创建,如果存在则完全覆盖
x	创建写模式,如果文件不存在则创建,如果存在则返回异常
a	追加写模式,如果文件不存在则创建,如果存在则在最后追加内容
b 或 t	b 为二进制文件模式 t 为文本文件模式(默认值)
＋	与 r/w/x/a 一同使用,在原功能基础上增加同时读写功能

　　用不同打开模式打开图 6.4 的文件,如例 6.4 所示。

图 6.4　健康中国文件内容

【例 6.4】　不同文件打开模式。

```
#例 6.4
file1 = open('健康中国.txt')
print(file1.read())
binfile = open('健康中国.txt','rb')
print(binfile.read())

file2 = open('健康中国.txt','x')
file2.write('推进健康中国建设,提高人民健康水平')
file2.close()

file3 = open('健康中国.txt','w')
file3.write('推进健康中国建设,提高人民健康水平')
file3.close()

file4 = open('健康中国.txt','a')
file4.write('推进健康中国建设,提高人民健康水平')
file4.close()
```

代码执行结果如下:

```
《"健康中国 2030"规划纲要》
b'\xa1\xb6\xa1\xb0\xbd\xa1\xbf\xb5\xd6\xd0\xb9\xfa2030\xa1\xb1\xb9\xe6\xbb\xae
\xb8\xd9\xd2\xaa\xa1\xb7'
FileExistsError: [Errno 17] File exists: '健康中国.txt'
```

执行过程中生成的文件内容如图 6.5 所示。

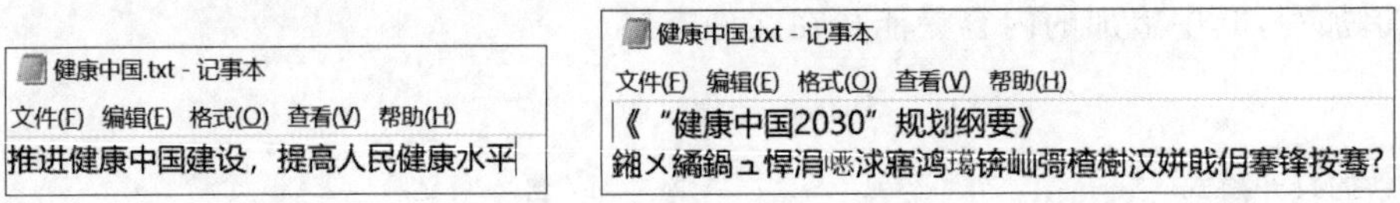

图 6.5   执行过程文件内容

　　本例中,通过"健康中国.txt"文件的读写,说明了不同文件打开模式的使用区别。该文件原始内容仅包含一行文本"《"健康中国 2030"规划纲要》"。例 6.4 中,首先对比了文本文件模式 t 和二进制文件模式 b 的区别,可以看到,t 模式下读取并输出的内容和 txt 文件中相同,而 b 模式下显示的是文字的二进制编码。接下来,对比了 x/w/a 3 种写模式的区别,可以看到由于文件目录中已存在"健康中国.txt"文件,因此使用创建写模式 x 打开会报错误 FileExistsError;覆盖写模式 w 则不会因为文件已存在而返回异常,但会完全覆盖原文件中的内容,可以看到,通过覆盖写模式 w 生成的新文件中已不包含原文件的"《"健康中国 2030"规划纲要》",仅有"推进健康中国建设,提高人民健康水平";追加写模式 a 可以实现在原文件最后追加内容的功能,可以看到,它的运行结果中保留了原文件的"《"健康中国 2030"规划纲要》",然而"推进健康中国建设,提高人民健康水平"这句话却表现为乱码形式,这与文件编码参数相关,将在下一部分做具体介绍。

　　3. 文件编码

　　参数 encoding 表示文件的编码方式,一般采用 utf-8 或者 gbk 编码。前文之所以会出现文字乱码就是因为编码方式的不同造成的。通过记事本软件的"另存为"功能,可查看目

前文件的编码方式,若显示编码为"ANSI"则为 gbk 编码方式,若显示为"UTF-8"则为 utf-8
编码方式,如图 6.6 所示。

图 6.6　通过记事本查看文件的编码方式

可以通过记事本软件更改编码并单击"保存"按钮,从而实现文件 gbk 编码和 utf-8 编
码格式的转换。例如,对于原文件"健康中国.txt",更改其编码格式为 utf-8 后,再运行如下
代码,即可得到非乱码的显示结果。

具体代码片段如下:

```
file4 = open('健康中国.txt','a', encoding='utf-8')
file4.write('推进健康中国建设,提高人民健康水平')
file4.close()
```

代码执行结果如图 6.7 所示。

> 健康中国.txt - 记事本
> 文件(F) 编辑(E) 格式(O) 查看(V) 帮助(H)
> 《"健康中国2030"规划纲要》
> 推进健康中国建设,提高人民健康水平

图 6.7　更改编码格式后的文件内容

6.2.2　文件读取

Python 提供了 3 种文件读取的方法,分别为 read()、readline()和 readlines(),具体含
义如表 6.3 所示。

表 6.3　文件读取的 3 种方法

文件的读取	含　　义
file.read(size)	从文件中读入所有文件内容作为一个字符串,如果给出参数,则读入前 size 长度的字符串
file.readline(size)	从文件中读入一行内容作为一个字符串,如果给出参数,则读入该行前 size 长度的字符串
file.readlines()	从文件中读入所有行,以每行为元素形成一个列表

本节仍以"健康中国.txt"为数据文件,介绍 3 种文件读取方法的区别,如例 6.5 所示。

【例 6.5】　文件的 3 种读取方法。

```
#例 6.5
file1 = open('健康中国.txt',encoding='utf-8')
print(file1.read())
file2 = open('健康中国.txt',encoding='utf-8')
print(file2.read(18))
```

```
file3 = open('健康中国.txt',encoding='utf-8')
print(file3.readline())
file4 = open('健康中国.txt',encoding='utf-8')
print(file4.readline(3))
file5 = open('健康中国.txt',encoding='utf-8')
print(file5.readlines())
```

代码执行结果如下：

```
《"健康中国 2030"规划纲要》
推进健康中国建设,提高人民健康水平
《"健康中国 2030"规划纲要》
推
《"健康中国 2030"规划纲要》
《"健
['《"健康中国 2030"规划纲要》\n', '推进健康中国建设,提高人民健康水平']
```

本例中，使用 read()方法读取文件内容，可以看到原文件中包含两行文本，分别为"《"健康中国 2030"规划纲要》"和"推进健康中国建设,提高人民健康水平"。可以通过使用 size 参数,指定 read()每次可读取的最大字符数,在例 6.5 中,设定 size 参数为 18,可以看到返回结果为原文件的前 18 个字符。需要注意的是,这 18 个字符中有一个隐藏的回车字符"\n",由于 print()函数输出内容时默认会将"\n"字符显示为换行,因此输出结果中未显示该字符。

使用 readline()方法读取文件内容,可读取文件中的第一行,例 6.5 中 file3 在调用此方法输出时,结果仅包含原文件中的第一行文本"《"健康中国 2030"规划纲要》"。和 read()方法一样,readline()也可以设置 size 参数,用于指定读取第一行时,一次最多读取的字符数。例如设定 size 为 3,则仅输出了前 3 个字符:《"健。

使用 readlines()方法可读取文件中的所有行,它和调用不指定 size 参数的 read()方法类似,只不过该函数返回的是一个字符串列表,其中每个元素为文件中的一行内容。需要注意的是,readlines()方法的返回结果会显示换行符"\n"。例 6.5 中,对 file5 使用 readlines()方法读取,返回结果为一个包含两个字符串元素的列表,其中第一个元素为原文件中的第一行文本,该字符串以"\n"结尾。

6.2.3　文件写入

Python 提供了 write()和 writelines()函数,用来向文件中写入指定内容。此外,在 Python 中,通过文件指针来标明文件读写的起始位置,并提供了 tell()函数和 seek()函数以实现文件指针位置的判断和移动功能。4 种函数的具体含义如表 6.4 所示。

表 6.4　文件写入与指针

文件的写入	含　义
file.write(s)	向文件中写入一个字符串
file.writelines(list)	向文件中写入一个元素全为字符串的列表
file.tell()	判断文件指针当前所处的位置,0 表示文件开头,数字表示已读取多少字符
file.seek(offset,whence)	改变当前文件操作指针的位置,offset 指需要移动偏移的字符数,whence 指定偏移的起始位置,0 为文件开头(默认值),1 为当前位置,2 为文件结尾

使用 write()或 writelines()函数向文件中写入数据时,首先需保证文件的打开模式支持文件写入功能,例如 r+、w、a 或 x 等模式均可以实现文件写入的功能,否则执行写入操作会产生异常。

本节仍以"健康中国.txt"文件为例,介绍文件写入的两种方法,以及移动文件指针的应用场景,如例 6.6 所示。

【例 6.6】　文件的写入和指针移动。

代码片段 1：打开文件,尝试写入字符串。

```
#例 6.6
file = open('健康中国 1.txt')
file.write('推进健康中国建设,提高人民健康水平')
```

代码执行结果如下：

```
FileNotFoundError: [Errno 2] No such file or directory: '健康中国 1.txt'
```

代码片段 2：以 w 模式打开文件,尝试写入字符串。

```
file1 = open('健康中国 1.txt','w')
str1 = '《"健康中国 2030"规划纲要》'
str2 = '推进健康中国建设,提高人民健康水平'
file1.write(str1+'\n'+str2)
file1.close()
```

代码执行结果文件内容如图 6.8 所示。

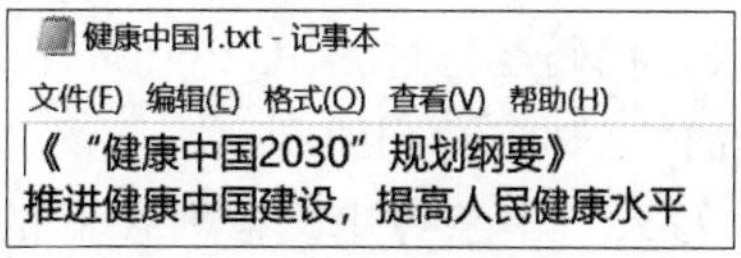

图 6.8　写入字符串操作后的文件内容

代码片段 3：以 w 模式打开文件,尝试写入列表内容。

```
file3 = open('健康中国 1.txt','w')
ls = ['《"健康中国 2030"规划纲要》','推进健康中国建设,提高人民健康水平']
file3.writelines(ls)
```

代码执行结果文件内容如图 6.9 所示。

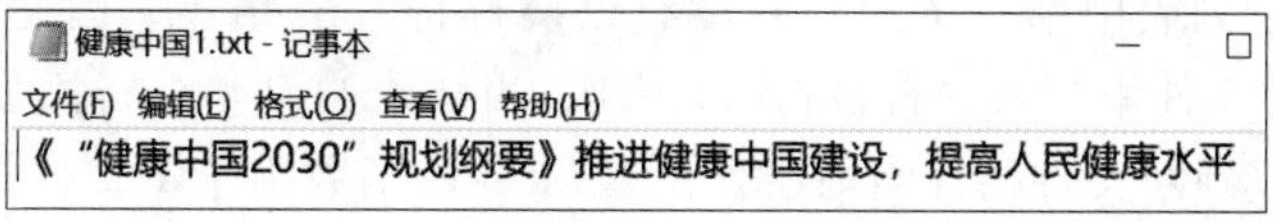

图 6.9　写入列表操作后的文件内容

代码片段 4：以 w+模式打开文件,尝试写入字符串,并打印文件内容。

```
file4 = open('健康中国 1.txt','w+')
str1 = '《"健康中国 2030"规划纲要》'
str2 = '推进健康中国建设,提高人民健康水平'
```

```
file4.write(str1+'\n'+str2)
print(file4.tell())
for line in file4:
    print(line)
```

代码执行结果如下：

```
93
```

代码片段 5：以 w＋模式打开文件，尝试写入字符串，并打印文件内容。

```
file5 = open('健康中国 1.txt','w+')
str1 = '《"健康中国 2030"规划纲要》'
str2 = '推进健康中国建设,提高人民健康水平'
file5.write(str1+'\n'+str2)
file5.seek(0)
print(file5.tell())
for line in file5:
    print(line)
```

代码执行结果如下：

```
0
《"健康中国 2030"规划纲要》

推进健康中国建设,提高人民健康水平
```

本例中，由于并没有设置文件打开模式参数，因此 Python 采用默认值"rt"作为该文件的打开模式，即以文本方式读取。代码运行过程中，Python 在默认路径下并未找到名为"健康中国 1.txt"的文件，因此报错 FileNotFoundError。

write()函数可以向文件中写入一个字符串。需要注意的是，在写入文件完成后，一定要调用 close()函数将打开的文件关闭，否则写入的内容不会保存到文件中。例如，将 file1.close()语句删掉，再次运行此程序并打开"健康中国 1.txt"，会发现该文件内容为空。这是因为在写入文件内容时，操作系统不会立刻把数据写入磁盘，而是先缓存起来，只有调用 close()函数时，操作系统才会把没有写入的数据全部写入磁盘文件中。

writelines()函数可以向文件中写入一个字符串列表。注意，和读取函数不同的是，写入函数只有 write()和 writelines()两种方法，并没有名为 writeline()的函数。file3 通过 writelines()函数写入了一个具有两个元素的列表，然而写入后的新文件并不像预想中的有两行文本，原因在于列表中第一个元素并没有以换行符"\n"结尾。因此需格外注意，使用 writelines()函数向文件中写入多行数据时，该函数并不会自动给各行添加换行符。

tell()函数可以判断文件指针当前所处位置，seek()函数用于将文件指针移动至指定位置。其中，位置参数有 3 种取值，0 代表文件开始、1 代表当前位置、2 代表文件末尾。若位置参数为空，则 Python 自动选择 0 作为位置参数的默认值。例 6.6 中，file4 在使用 write()函数写入字符串后，此时 tell()函数的输出结果为 93，说明文件指针已移动至文件末尾，再通过遍历文件的方式输出文件内容则无任何输出结果；若中间插入 seek(0)函数，此时 tell()函数的输出结果为 0，说明文件指针已移至文件开头，由此才能正常输出文件内容。

此外，从本例中还可看出，文件类型和字符串、列表等数据类型一样也可通过 for 循环结构遍历输出每行内容。

6.2.4　文件关闭

文件使用结束后,需要使用 close()方法来关闭文件,语法格式如下:

```
<文件对象>.close()
```

通常,Python 程序在退出时会自动关闭文件对象,因此是否将读取的文件关闭并不那么重要,但这并不是说使用 Python 可以不用关闭文件。关闭文件一方面可以避免一些文件的自动锁定,另一方面对于执行过写入操作的文件,Python 可能对写入的数据进行了缓存,此时如果程序因某种原因崩溃,那么这些缓存的数据便不会写入到文件中。因此为了安全起见,在使用完文件后应养成关闭文件的习惯。

有关文件关闭的异常问题,还可采用 with 语句解决。with 语句可以在文件使用结束或出现异常时自动关闭文件,从而避免因发生异常导致文件不能关闭的情况,如例 6.7 所示。

【例 6.7】　使用 with 语句打开文件。

```
#例 6.7
with open('健康中国.txt') as file:
    print(file.read())
```

代码执行结果如下:

```
《"健康中国 2030"规划纲要》
推进健康中国建设,提高人民健康水平
```

练一练

1. 以下选项中,不是 Python 文件打开的合法模式组合是＿＿＿＿＿。
　A. r+　　　　　　B. w+　　　　　　C. t+　　　　　　D. a+
2. 在读写文件之前,用于创建文件对象的函数是＿＿＿＿＿。
　A. open()　　　　B. create()　　　　C. file()　　　　D. folder()
3. 关于语句 f＝open('demo.txt','r'),下列说法不正确的是＿＿＿＿＿。
　A. demo.txt 文件必须已经存在
　B. 文件路径为相对路径
　C. 只能向 demo.txt 文件写数据,而不能从该文件读数据
　D. "r"是默认的文件打开方式

6.3　高维文件处理

本节通过引入 json 库介绍 Python 对高维文件的处理方法。

6.3.1　json 库简介

高维数据一般以 JSON 格式存储。JSON(JavaScript object notation)是一种轻量级的

数据交换格式,用来存储和交换文本信息。它比 XML 更小、更快、更易解析,易于人的阅读和编写,适用于数据量大,且不要求保留原有类型的情况。

JSON 的标准格式与 Python 的字典数据类型相似,以键值对形式存储,元素之间以逗号分隔;不同之处在于,JSON 格式中字符串必须以双引号形式存在,而 Python 的字典数据类型中单、双引号皆可。

以下展示了一个简单的 JSON 格式的电子病历文件:

```
{
    "General information":{
        "Name":"Tom",
        "Sex":"Male"
        },
    "Medical record":{
        "Chief complaint":"Pancytopenia for 2 year",
        "Present illness":"The patient found Pancytopenia at 2020, and he used to
be in hospital to take a physical examination which was considered into
Myelodysplastic syndrome with a large probability."
        }
}
```

在 Python 中,通常采用 json 库来处理 JSON 格式文件,json 库为 Python 的标准库,可直接通过 import json 语句导入,不需要进行额外安装。

6.3.2 json 库常用函数

json 库的常用函数如表 6.5 所示。其中 dumps()和 loads()是内存操作,不涉及持久化,而 dump()和 load()指序列化到文件或者从文件反序列化。

表 6.5 json 库的常用函数

常 用 函 数	含　　义
json.dumps()	将 Python 数据类型编码成 JSON 格式
json.loads()	将已编码的 JSON 字符串解码为 Python 对象
json.dump()	将 Python 内置类型序列化为 JSON 对象后写入文件
json.load()	读取文件中 JSON 形式的字符串元素并转换为 Python 类型

函数用法如例 6.8 所示。

【例 6.8】 json 库的常用函数。

代码片段 1:使用 dumps()和 loads()函数操作字典数据。

```
#例 6.8
import json
data = {'name':'BUCM','age':66}
data_j = json.dumps(data)
print(data_j)
print(type(data_j))
data_d = json.loads(data_j)
print(data_d)
print(type(data_d))
```

代码执行结果如下：

```
{"name": "BUCM", "age": 66}
<class 'str'>
{'name': 'BUCM', 'age': 66}
<class 'dict'>
```

代码片段 2 ：使用 dumps()和 loads()函数操作元组和列表数据。

```
import json
tup = ('a','b','c','d')
ls = ['a','b','c','d']
data_tup = json.dumps(tup)
data_ls = json.dumps(ls)
print(type(data_tup),data_tup)
print(type(data_ls),data_ls)
print(json.loads(data_tup))
print(json.loads(data_ls))
```

代码执行结果如下：

```
<class 'str'> ["a", "b", "c", "d"]
<class 'str'> ["a", "b", "c", "d"]
['a', 'b', 'c', 'd']
['a', 'b', 'c', 'd']
```

代码片段 3 ：将数据写入 JSON 文件。

```
import json
data = {
    'name':'BUCM',
    'address':'Beijing',
    'zipcode':[100029,102401]
}
with open('json_test.txt','w+') as f:
    json.dump(data,f)
with open('json_test.txt','r+') as f:
    print(json.load(f))
```

代码执行结果如下：

```
{'name': 'BUCM', 'address': 'Beijing', 'zipcode': [100029, 102401]}
```

文本内容如图 6.10 所示。

图 6.10　写入操作后 JSON 文件的文本格式内容

　　本例中，对于字典变量 data，采用 dumps()函数将其转换为 JSON 格式。可以看到，字典中原本的单引号经过格式转换后变成了双引号，由于 Python 中并不存在 json 数据类型，因此通过 type()函数查看 data_j 的数据类型，显示其为字符串格式。针对 data_j 变量，采用 loads()函数将其解码为 Python 对象,此时通过 type()函数发现 data_d 为字典类型。

此外,dumps()函数还可以将 Python 中的元组或列表数据类型转换为 JSON 格式。对于元组 tup 和列表 ls,经过 dumps()函数转换后均成功编码为 JSON 字符串,而通过 loads()解码后,无论原来是元组还是列表类型,JSON 字符串最终均被解码为 Python 的列表类型。

dump()函数可将 Python 内置类型序列化为 json 对象后写入文件,load()函数则可读取文件中 JSON 形式的字符串元素并转换为 Python 类型。代码片段 3 中,首先通过 json.dump(data,f)语句将字典变量 data 中的数据写入已打开的 f 文件中,然后通过 json.load(f)语句,实现 f 文件内容的读取。

> 练一练

1. 一个仅由对象组成的 JSON 文件经过 json.load()操作以后,就变成了 Python 中的_____。
   A. 列表　　　　　　B. 元组　　　　　　C. 字典　　　　　　D. 字符串
2. 对 Python 中的字典数据类型使用 json.dumps()操作以后,此时数据类型为 Python 中的_____。
   A. 列表　　　　　　B. 元组　　　　　　C. 字典　　　　　　D. 字符串

6.4　文件与数据处理库

本节主要介绍几个有关文件与数据处理的 Python 库。

6.4.1　os 库

1. 简介

os(operating system)库可提供各种 Python 程序与操作系统进行交互的接口。os 库是 Python 标准库,包含数百个函数,能够进行与操作系统相关的路径操作、进程管理、环境参数设置等多种功能,本书重点对其中的文件路径操作及管理功能进行介绍。

2. 常用函数

表 6.6 列出了 os 库中关于文件路径操作及管理的部分常用函数。

表 6.6　os 库的常用函数

常 用 函 数	含　　义
os.getcwd()	返回程序所在的当前路径
os.listdir()	列出某路径下所有子文件和子文件夹的名称
os.path.join(path,doc)	组合路径 path 与文件名 doc,返回一个路径字符串
os.path.abspath(path)	返回 path 在当前系统中的绝对路径
os.path.normpath(path)	归一化 path 的表示形式,统一用\分隔路径
os.path.relpath(path)	返回当前程序与文件之间的相对路径
os.path.dirname(path)	返回 path 中的目录名称

续表

常 用 函 数	含 　 义
os.path.basename(path)	返回 path 中最后的文件名称
os.path.exists(path)	判断 path 对应的文件或目录是否存在,返回 True 或 False
os.path.isfile(path)	判断 path 所对应的是否为已存在的文件,返回 True 或 False
os.path.isdir(path)	判断 path 所对应的是否为已存在的目录,返回 True 或 False
os.path.getatime(path)	返回 path 对应文件或目录上一次的访问时间
os.path.getmtime(path)	返回 path 对应文件或目录最近一次的修改时间
os.path.getctime(path)	返回 path 对应文件或目录的创建时间
os.path.getsize(path)	返回 path 对应文件的大小,以字节为单位

3. 应用

具体函数应用如例 6.9 所示。

【例 6.9】 批量生成当前路径下所有子文件的绝对路径。

```
#例 6.9
import os
add = os.getcwd()
print(add)
doc_ls = os.listdir(add)
print(doc_ls)
for doc in doc_ls:
    print(os.path.join(add,doc))
```

代码执行结果如下:

```
c:\Documents\第 6 章文件与数据处理
['json_test.txt', '健康中国.txt', '健康中国 1.txt', '学生体检数据.csv', '学生体检数
据.txt', '学生体检身高数据.txt', '第 6 章文件与数据处理.ipynb']
c:\Documents\第 6 章文件与数据处理\json_test.txt
c:\Documents\第 6 章文件与数据处理\健康中国.txt
c:\Documents\第 6 章文件与数据处理\健康中国 1.txt
c:\Documents\第 6 章文件与数据处理\学生体检数据.csv
c:\Documents\第 6 章文件与数据处理\学生体检数据.txt
c:\Documents\第 6 章文件与数据处理\学生体检身高数据.txt
c:\Documents\第 6 章文件与数据处理\第 6 章文件与数据处理.ipynb
```

本例中,通过 os 库批量生成了当前路径下所有子文件的绝对路径。首先,通过 os
.getcwd()函数获取程序所在的当前路径;然后,通过 os.listdir()函数得到当前路径下所有
子文件名称组成的列表;最后,通过遍历该列表,使用 os.path.join()函数将路径名与列表中
的文件名称一一组合,从而输出当前路径下所有子文件的绝对路径。

6.4.2　pandas 库

1. 简介

pandas 库是 Python 中一个强大的数据分析第三方库,它的名字衍生自术语"panel data

(面板数据)"和"Python data analysis(Python 数据分析)"。该第三方库可读取并写入多种格式数据,并对各种数据进行清洗和运算操作,在数据预处理、数据抽取、时间序列、可视化等方面均有应用,目前已被广泛应用于金融、统计、医疗健康等多种学术和商业领域。

pandas 库需要通过在命令提示符窗口输入"pip install pandas"安装,一般以"import pandas as pd"语句导入。

2. 常用函数

pandas 库中纳入了大量函数和一些标准的数据模型,提供了高效操作大型数据集所需的各种工具。由于篇幅有限,本书仅介绍其中与文件读取和写入相关的部分函数,如表 6.7 所示。

表 6.7   pandas 库的文件读取/写入函数

常 用 函 数	含 义
pd.DataFrame(data= , columns=)	创建 DataFrame 格式数据
pd.read_table(sep= , header= , skiprows=)	读取 txt 文件
pd.read_csv(header= , index_col= , nrows=)	读取 csv 文件
pd.read_excel(sheet_name=)	读取 Excel 文件
df.to_csv(index= , sep=)	写入 csv 或 txt 文件
df.to_excel(sheet_name= , columns=)	写入 Excel 文件

注:pd 是在导入 pandas 库时起的别名,df 则为某个 DataFrame 格式的变量名称。

DataFrame()函数可将 Python 中的列表或字典类型数据转换成 pandas 的 DataFrame 格式,其中 columns 参数可为每列数据设置表头。

read_table()函数用于读取 txt 文件。其中,sep 参数指文件中的数据分隔符;header 参数表示原数据中是否含有表头,若设置为 None 则表示第一行不作为表头;skiprows 参数可以排除多余的行,为该参数赋值为要删除的行或行号即可。

read_csv()函数用于读取 csv 格式文件,其中,index_col 参数表示把某一列或几列作为索引,nrows 参数表示读取的数据行数。

read_excel()函数用于读取 Excel 文件,其中,sheet_name 参数用于指定要读取的工作表名称或工作表的序号。

to_csv()函数可将 Python 中 DataFrame 格式的数据写入 csv 或 txt 文件中。其中,index 参数可设置是否输出索引列,若输出格式为 txt 可通过 sep 参数自定义数据分隔符。

to_excel()函数可将 Python 中 DataFrame 格式的数据写入 Excel 文件中。其中,sheet_name 参数可设置输出工作表的名称,columns 参数指定要写入的列。

3. 应用

以 6.1 节中"学生体检数据.csv"为数据文件,介绍 pandas 库对数据的读取和写入功能,如例 6.10 所示。

【例 6.10】 使用 pandas 库对数据进行读取和写入。

代码片段 1:使用 pandas 读取数据文件并打印输出。

```
#例 6.10
import pandas as pd
df = pd.read_csv("学生体检数据.csv")
print(df)
```

代码执行结果如下：

```
   1001   165   120   4.5   4.3
0  1002   172   135   5.0   4.7
1  1003   183   144   4.9   5.2
```

代码片段 2：用 pandas 读取数据文件时不加标题行，并打印输出。

```
import pandas as pd
df = pd.read_csv("学生体检数据.csv",header=None)
print(df)
```

代码执行结果如下：

```
      0     1     2     3     4
0  1001   165   120   4.5   4.3
1  1002   172   135   5.0   4.7
2  1003   183   144   4.9   5.2
```

代码片段 3：将列表数据写入 DataFrame 数据框中，并输出到文件中。

```
data = [
[1001,165,120,4.5,4.3],
[1002,172,135,5.0,4.7],
[1003,183,144,4.9,5.2]
]
data_df = pd.DataFrame(data,columns=['学号','身高','体重','左眼视力','右眼视力'])
data_df.to_excel('test.xlsx',sheet_name='demo',index=False)
```

代码执行结果如图 6.11 所示。

本例中，在第一次读取 csv 文件时并未设置 header 参数，导致 pandas 将原本数据的第一行当作了表头；当设置 header 参数为 None 后，pandas 自动为表格添加了从 0 开始计数的列索引，同时 pandas 也为每行数据自动添加了从 0 开始的行索引。

	A	B	C	D	E
1	学号	身高	体重	左眼视力	右眼视力
2	1001	165	120	4.5	4.3
3	1002	172	135	5	4.7
4	1003	183	144	4.9	5.2

图 6.11　写入操作后的文件内容

文件写入方面，例 6.10 中首先将二维列表 data 转成 DataFrame 格式，并通过 columns 参数为表格设置了表头，然后利用 to_excel() 函数生成 xlsx 格式文件，设定 sheet_name 为 demo，并且不输出行索引。

6.4.3　xlwings 库

1. 简介

xlwings 库是 Python 中一个可以操作 Excel 的第三方库。表 6.8 列出了 xlwings 库和支持 Excel 操作的其他第三方库的异同，可以看到，xlwings 库不仅能够方便地读、写和修改两种格式的 Excel 文件（xls 和 xlsx），而且能对多个 Excel 文件进行批量处理，还可以进行单元格格式的修改,功能非常齐全。

表 6.8 对比 xlwings 库与其他支持 Excel 操作的第三方库

功　　能	XlsxWriter	xlrd	xlwt	xlutils	openpyxl	xlwings
读	×	√	×	√	√	√
写	√	×	√	√	√	√
修改	×	×	×	√	√	√
支持 xls 格式	×	√	√	√	×	√
支持 xlsx 格式	√	√	√	×	√	√
支持批量操作	×	×	×	×	×	√

xlwings 库需要通过在命令提示符窗口输入"pip install xlwings"安装,一般以"import xlwings as xw"语句导入。

2. 常用函数

表 6.9 列出了 xlwings 库中的部分常用函数。

表 6.9 xlwings 库的常用函数

函　　数	说　　明
xw.App(visible=，add_book=)	启动 Excel 窗口
app.books.add()	新建一个 Excel 文档
app.books.open()	打开一个 Excel 文档
workbook.save()	保存 Excel 文档
workbook.sheets.add("sheet1")	新建一个工作表
workbook.sheets["sheet1"]	打开工作表
workbook.sheets	获取 Excel 文档中的所有工作表
worksheet.range('A1').value	获取 A1 单元格的内容或为其赋值
worksheet.range('A1').expand()	从 A1 单元格选定区域并扩展到整个表
worksheet.range('A1').column	获取单元格列标
worksheet.range('A1').row	获取单元格行标
worksheet.range('A1').expand().row_height	调整工作簿的行高
worksheet.range('A1').expand().column_width	调整工作簿的列宽
worksheet.range('A1').rows.autofit()	单元格行高自适应
worksheet.range('A1').columns.autofit()	单元格列宽自适应
worksheet.range('A1').color	给单元格上背景色

3. 应用

以 6.1 节中的"学生体检数据.csv"为数据文件,展示 xlwings 库对数据的读取和写入功能,如例 6.11 和例 6.12 所示。

【例 6.11】 使用 xlwings 库对数据进行读取和写入。

```
#例 6.11
import xlwings as xw
#文件读取
app = xw.App(visible=False,add_book=False)
workbook = app.books.open('test.xlsx')
worksheet = workbook.sheets[0]
value = worksheet.range('A1').expand().value
print(value)
```

代码执行结果如下：

```
[
['学号', '身高', '体重', '左眼视力', '右眼视力'],
[1001.0, 165.0, 120.0, 4.5, 4.3],
[1002.0, 172.0, 135.0, 5.0, 4.7],
[1003.0, 183.0, 144.0, 4.9, 5.2]
]
```

本例中，首先导入 xlwings 库，并将其命名为别名 xw，以方便之后调用。在文件读取操作中，首先通过 xw.App()函数启动 Excel 程序，并将返回的 Excel 对象赋给 app 变量。参数设置中，设置 visibile 为 False，表明 Excel 程序仅在后台打开，为非可见形式；add_book 设置为 False，表明打开 Excel 时并不新建工作簿。对 app 变量调用 books.open()函数，可打开一个 Excel 文档，并存放于 workbook 变量中。进一步对 workbook 变量调用 sheets[] 方法，通过数字表明要选择的工作表序号，存放于 worksheet 变量中。针对 worksheet 变量，通过 range('A1').expand()函数获取该工作表从 A1 单元格开始能扩展到的整个区域，通过 value 函数功能获取区域内数据。最后将结果输出，可以看到，输出结果为一个二维列表，其中二维列表的每一个元素为原文件中的每行数据。

【例 6.12】 使用 xlwings 库对数据进行写入。

```
#例 6.12
import xlwings as xw
#文件写入
data = [
[1001,165,120,4.5,4.3],
[1002,172,135,5.0,4.7],
[1003,183,144,4.9,5.2]
]
app = xw.App(visible=False,add_book=False)
workbook = app.books.add()
worksheet = workbook.sheets.add("xlwings_demo")
worksheet.range('A1').value = ['学号','身高','体重','左眼视力','右眼视力']
worksheet.range('A2').value = data
worksheet.range('A1').expand().rows.autofit()          #单元格行高自适应
worksheet.range('A1').expand().columns.autofit()       #单元格列宽自适应
worksheet['A1:E1'].color = (135,206,250)
workbook.save('xlwings_test.xlsx')
app.quit()
```

	A	B	C	D	E
1	学号	身高	体重	左眼视力	右眼视力
2	1001	165	120	4.5	4.3
3	1002	172	135	5	4.7
4	1003	183	144	4.9	5.2

图 6.12　写入操作后的文件内容

代码执行结果如图 6.12 所示。

本例中,同样的,需要先通过 xw. App()函数启动 Excel 程序,并将返回的 Excel 对象赋给 app 变量。对于 app 变量,首先,调用 books.add()函数新建一个 Excel 文档,并存放于 workbook 变量中;然后,对 workbook 变量调用 sheets.add()方法,可以在该工作簿中新建一个工作表,并存放于 worksheet 变量中。对于 worksheet 变量,首先,通过 range('A1').expand()函数为表格添加表头数据;然后,从该工作表的 A2 单元格开始为其赋值二维列表 data 中的数据。对于表格样式,首先,通过 rows.autofit()和 columns.autofit()函数将单元格调节为自适应行高与列宽,然后,通过 color 函数功能为 A1 至 E1 单元格区域添加浅蓝色背景;最后,通过 save()函数保存,并调用 quit()函数关闭 Excel 程序。

6.5　医学实践案例解析

本节分别利用两个案例介绍文件和数据处理在医学中的应用。

6.5.1　案例 1: 各国健康指标数据查询

1. 案例描述

健康是人类永恒的主题。通过对健康指标数据的分析,可以更好地了解世界各国人民的健康状况与公共卫生发展趋势,有助于及时调整国家卫生政策、加强健康宣传普及,从而减少疾病的发生,提高国民健康水平。世界银行集团(也称"世界银行")是一个独特的全球性合作伙伴,成立于 1945 年,该集团致力于寻求在发展中国家减少贫困和建立共享繁荣的可持续之道。世界银行的官方网站提供了很多公开的世界各国的发展数据,可按照不同国家和指标分别查看,指标下的专题指标又包含健康、公共部门、农业与农村发展、城市发展、基础设施、外债、性别、援助效率、教育、气候变化、环境、社会保护与劳动力、社会发展、私营部门、科学技术、经济与增长、能源与矿产、贫困、贸易、金融部门等专题,如图 6.13 和图 6.14 所示。

本案例基于世界银行官方网站中的数据,以健康专题中的人口增长(年度百分比)、医院床位(每千人)、结核患病率(每十万人)等指标为例,编写检索程序,以帮助用户查找某国家某年份的某个指标的具体数值,主要实现以下功能。

(1) 读取世界银行网站中下载的数据文件。

(2) 说明该程序的功能与使用方法。

(3) 提示用户在该程序可查询的国家名称。

(4) 获取用户想要查询的国家名称、年份和指标。

(5) 输出该国该年份在该指标上的具体数值。

2. 问题分析

解决以上问题的一般步骤如下。

第一步:读取文件。

第二步:导入国家、年份、具体数据的对应信息。

图 6.13　世界银行公开数据

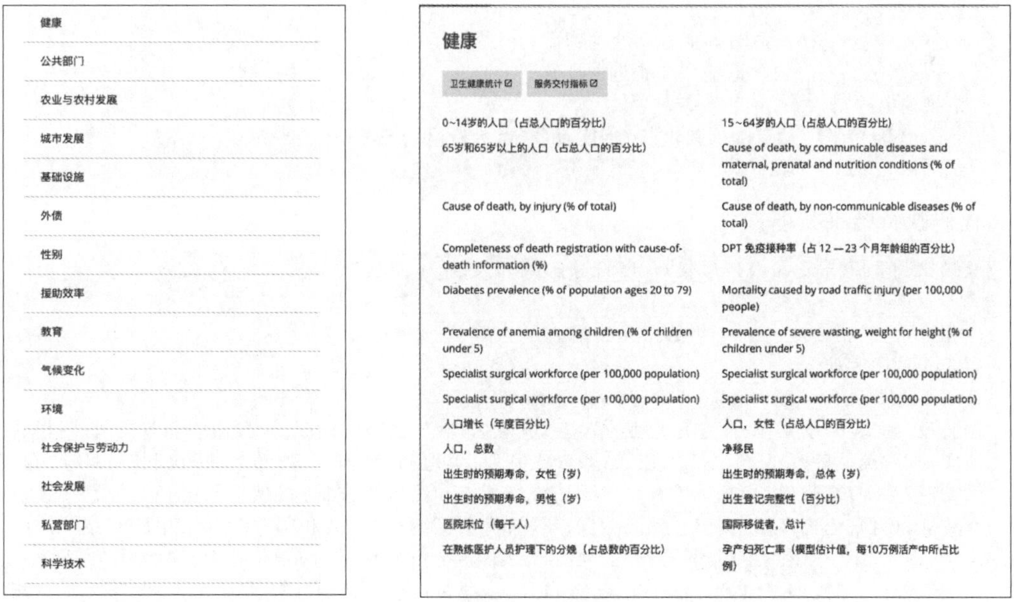

图 6.14　世界银行的专题指标

第三步：列出可供查询的国家名称。

第四步：获取用户输入的国家、年份的信息。

第五步：输出结果。

3. 编程实现

代码片段 1：以人口增长指标为例，实现单指标查询功能。

```python
#各国健康指标数据查询(人口增长)
#数据读取
file = open('人口增长(年度百分比).csv',encoding='utf-8')
#创建外层字典
data = {}
#跳过前5行,开始遍历文件
for line in file.readlines()[5:]:
    i = line.split(',')
#创建内层嵌套字典
    data_i = {}
    num = 4    #跳过前4列,从第5列开始遍历
    for j in range(1960,2022):
        data_i[j] = eval(i[num])
        num += 1
    data[eval(i[0])] = data_i
#数据查询
print('欢迎来到健康指标--人口增长(年度百分比)查询系统\n')
print('本程序可查询1960—2021年的相关数据')
print('可选择的国家如下:\n#################################')
print(';'.join(list(data.keys())))    #获取并输出可查询国家名称
print('#################################')
#获取用户输入
country = input('请输入要查询的国家名称:')
year = eval(input('请输入要查询的年份:'))
#结果输出
print('【{}】于【{}】年的人口增长(年度百分比)为:{}'.format(country,year,
data[country][year]))
```

代码执行结果如下：

```
欢迎来到健康指标--人口增长(年度百分比)查询系统

本程序可查询1960—2021年的相关数据
可选择的国家如下:
#################################
阿鲁巴;阿富汗;安哥拉;阿尔巴尼亚;安道尔共和国;阿拉伯联盟国家;阿拉伯联合酋长国;阿根廷;
亚美尼亚;美属萨摩亚;安提瓜和巴布达;澳大利亚;奥地利;阿塞拜疆;布隆迪;比利时;贝宁;布基
纳法索;孟加拉国;保加利亚;巴林;巴哈马;波斯尼亚和黑塞哥维那;白俄罗斯;伯利兹;百慕大;玻
利维亚;巴西;巴巴多斯;文莱达鲁萨兰国;不丹;博茨瓦纳;中非共和国;加拿大;中欧和波罗的海;
瑞士;海峡群岛;智利;中国;科特迪瓦;喀麦隆;刚果(金);刚果(布);哥伦比亚;科摩罗;佛得角;哥
斯达黎加;加勒比小国;古巴;库拉索;开曼群岛;塞浦路斯;捷克共和国;德国;吉布提;多米尼克;丹
麦;多米尼加共和国;阿尔及利亚;东亚与太平洋地区(不包括高收入);早人口红利;东亚与太平洋
地区;欧洲与中亚地区(不包括高收入);欧洲与中亚地区;厄瓜多尔;阿拉伯埃及共和国;欧洲货币
联盟;厄立特里亚;西班牙;爱沙尼亚;埃塞俄比亚;欧洲联盟;脆弱和受冲突影响的情况下;芬兰;斐
济;法国;法罗群岛;密克罗尼西亚联邦;加蓬;英国;格鲁吉亚;加纳;直布罗陀;几内亚;冈比亚;几
内亚比绍共和国;赤道几内亚;希腊;格林纳达;格陵兰;危地马拉;关岛;圭亚那;高收入国家;洪都
拉斯;重债穷国(HIPC);克罗地亚;海地;匈牙利;只有IBRD;IBRD与IDA;IDA总;IDA混合;印度
尼西亚;只有IDA;马恩岛;印度;未分类国家;爱尔兰;伊朗伊斯兰共和国;伊拉克;冰岛;以色列;意
```

大利;牙买加;约旦;日本;哈萨克斯坦;肯尼亚;吉尔吉斯斯坦;柬埔寨;基里巴斯;圣基茨和尼维斯;大韩民国;科威特;拉丁美洲与加勒比海地区(不包括高收入);老挝;黎巴嫩;利比里亚;利比亚;圣卢西亚;拉丁美洲与加勒比海地区;最不发达国家:联合国分类;低收入国家;列支敦士登;斯里兰卡;中低等收入国家;中低收入国家;莱索托;后期人口红利;立陶宛;卢森堡;拉脱维亚;圣马丁(法属);摩洛哥;摩纳哥;摩尔多瓦;马达加斯加;马尔代夫;中东与北非地区;墨西哥;马绍尔群岛;中等收入国家;北马其顿;马里;马耳他;缅甸;中东与北非地区(不包括高收入);黑山;蒙古;北马里亚纳群岛;莫桑比克;毛里塔尼亚;毛里求斯;马拉维;马来西亚;北美;纳米比亚;新喀里多尼亚;尼日尔;尼日利亚;尼加拉瓜;荷兰;挪威;尼泊尔;瑙鲁;新西兰;经合组织成员;阿曼;其他小国;巴基斯坦;巴拿马;秘鲁;菲律宾;帕劳;巴布亚新几内亚;波兰;预人口红利;波多黎各;朝鲜民主主义人民共和国;葡萄牙;巴拉圭;约旦河西岸和加沙;太平洋岛国;人口红利之后;法属波利尼西亚;卡塔尔;罗马尼亚;俄罗斯联邦;卢旺达;南亚;沙特阿拉伯;苏丹;塞内加尔;新加坡;所罗门群岛;塞拉利昂;萨尔瓦多;圣马力诺;索马里;塞尔维亚;撒哈拉以南非洲地区(不包括高收入);南苏丹;撒哈拉以南非洲地区;小国;圣多美和普林西比;苏里南;斯洛伐克共和国;斯洛文尼亚;瑞典;斯威士兰;圣马丁(荷属);塞舌尔;阿拉伯叙利亚共和国;特克斯科斯群岛;乍得;东亚与太平洋地区 (IBRD 与 IDA);欧洲与中亚地区 (IBRD 与 IDA);多哥;泰国;塔吉克斯坦;土库曼斯坦;拉丁美洲与加勒比海地区 (IBRD 与 IDA);东帝汶;中东与北非地区 (IBRD 与 IDA);汤加;南亚 (IBRD 与 IDA);撒哈拉以南非洲地区 (IBRD 与 IDA);特立尼达和多巴哥;突尼斯;土耳其;图瓦卢;坦桑尼亚;乌干达;乌克兰;中高等收入国家;乌拉圭;美国;乌兹别克斯坦;圣文森特和格林纳丁斯;委内瑞拉玻利瓦尔共和国;英属维尔京群岛;美属维京群岛;越南;瓦努阿图;世界;萨摩亚;科索沃;也门共和国;南非;赞比亚;津巴布韦
###################################
请输入要查询的国家名称:中国
请输入要查询的年份:2021
【中国】于【2021】年的人口增长(年度百分比)为:0.0892522000412526

4. 代码解析

本例使用 Python 语言实现该查询功能,代码解析如下。

1) 读取文件

从世界银行官网中下载的文件为 csv 格式,为实现文件读取功能,采用 Python 内置的 open()函数读取已经储存在 csv 文件中的具体数据。数据读取时需注意,原数据格式如图 6.15 所示,其中前 5 行内容并不涉及具体健康指标数据内容,因此需跳过该 5 行。

	A	B	C	D	E	F	G
1	Data Sourc	世界发展指标					
2							
3	Last Updat	2022/6/30					
4							
5	Country No	Country Co	Indicator N	Indicator C	1960	1961	1962
6	阿鲁巴	ABW	人口增长	SP.POP.GROW		2.23646249	1.43284323
7		AFE	人口增长	SP.POP.GROW		2.53982204	2.57518151
8	阿富汗	AFG	人口增长	SP.POP.GROW		1.89849872	1.96580483
9		AFW	人口增长	SP.POP.GROW		2.08597168	2.13372452
10	安哥拉	AGO	人口增长	SP.POP.GROW		1.39289146	1.38329577
11	阿尔巴尼亚	ALB	人口增长	SP.POP.GROW		3.12085537	3.0567305

图 6.15　世界银行下载数据示例

2) 导入国家、年份、具体数据的对应信息

为实现国家、年份和数据的对应,可以采用嵌套字典形式,外层以每个国家的名称作为键(key),键对应的值(value)同样为字典形式,该字典以每个年份作为 key,以该年份的具体

数据作为对应的 value。为将文件中的数据写入字典,需要通过 for 循环对整个文件进行遍历。需要注意的是,内部嵌套字典部分 key 取值从 1960 到 2021,对应的 value 从第 5 列开始。

3)列出可查询国家名称

为显示可查询国家名称,需要用到 keys()函数,以获取所有外层字典的 key 值。

4)获取用户输入,进行信息查询

获取用户输入的国家、年份等信息,使用函数 data[country][year]在嵌套字典中进行索引,并将结果输出。

以上代码实现了人口增长(年度百分比)这一指标的数据查询。为进一步丰富查询系统的功能,扩展查询范围,接下来将演示如何在此基础上增加选择查询指标的功能。

代码片段 2:各国健康指标数据查询(多个指标)。

```python
#各国健康指标数据查询(多个指标)
import os
#获取文件夹中所有的文件名
file_list = os.listdir('世界银行健康数据')
print('欢迎来到健康指标查询系统 \n')
print('本程序可查询 1960—2021 年的相关数据')
#列出所有可查询的指标
print('请选择您要查询的指标: ')
print('################################')
for i in file_list:
    print(i[:-4])
print('################################')
#获取用户想要查询的指标
indicator = input()
file_paths = os.path.join('世界银行健康数据',indicator)
#数据读取
file = open(file_paths+'.csv',encoding='utf-8')
data = {}
for line in file.readlines()[5:]:
    i = line.split(',')
    data_i = {}
    num = 4
    for j in range(1960,2022):
        data_i[j] = eval(i[num])
        num += 1
    data[eval(i[0])] = data_i
#数据查询
print('可选择的国家如下: \n################################')
print(';'.join(list(data.keys())))
print('################################')
#获取用户输入
country = input('请输入要查询的国家名称: ')
year = eval(input('请输入要查询的年份: '))
#结果输出
print('【{}】于【{}】年的【{}】为: {}'.format(country, year, indicator, data[country]
[year]))
```

代码执行结果如下：

欢迎来到健康指标查询系统

本程序可查询 1960—2021 年的相关数据
请选择您要查询的指标：
#############################
医院床位(每千人)
人口,女性(占总人口的百分比)
结核患病率(每十万人)
总生育率(女性人均生育数)
粗死亡率(每千人)
艾滋病病毒感染率,总数(占 15~49 岁人口的百分比)
营养不良的发生率(占人口的百分比)
出生时的预期寿命,总体(岁)
#############################
人口,女性(占总人口的百分比)
可选择的国家如下：
#############################
阿鲁巴;阿富汗;安哥拉;阿尔巴尼亚;安道尔共和国;阿拉伯联盟国家;阿拉伯联合酋长国;阿根廷;亚美尼亚;美属萨摩亚;安提瓜和巴布达;澳大利亚;奥地利;阿塞拜疆;布隆迪;比利时;贝宁;布基纳法索;孟加拉国;保加利亚;巴林;巴哈马;波斯尼亚和黑塞哥维那;白俄罗斯;伯利兹;百慕大;玻利维亚;巴西;巴巴多斯;文莱达鲁萨兰国;不丹;博茨瓦纳;中非共和国;加拿大;中欧和波罗的海;瑞士;海峡群岛;智利;中国;科特迪瓦;喀麦隆;刚果(金);刚果(布);哥伦比亚;科摩罗;佛得角;哥斯达黎加;加勒比小国;古巴;库拉索;开曼群岛;塞浦路斯;捷克共和国;德国;吉布提;多米尼克;丹麦;多米尼加共和国;阿尔及利亚;东亚与太平洋地区(不包括高收入);早人口红利;东亚与太平洋地区;欧洲与中亚地区(不包括高收入);欧洲与中亚地区;厄瓜多尔;阿拉伯埃及共和国;欧洲货币联盟;厄立特里亚;西班牙;爱沙尼亚;埃塞俄比亚;欧洲联盟;脆弱和受冲突影响的情况下;芬兰;斐济;法国;法罗群岛;密克罗尼西亚联邦;加蓬;英国;格鲁吉亚;加纳;直布罗陀;几内亚;冈比亚;几内亚比绍共和国;赤道几内亚;希腊;格林纳达;格陵兰;危地马拉;关岛;圭亚那;高收入国家;洪都拉斯;重债穷国 (HIPC);克罗地亚;海地;匈牙利;只有 IBRD;IBRD 与 IDA;IDA 总;IDA 混合;印度尼西亚;只有 IDA;马恩岛;印度;未分类国家;爱尔兰;伊朗伊斯兰共和国;伊拉克;冰岛;以色列;意大利;牙买加;约旦;日本;哈萨克斯坦;肯尼亚;吉尔吉斯斯坦;柬埔寨;基里巴斯;圣基茨和尼维斯;大韩民国;科威特;拉丁美洲与加勒比海地区(不包括高收入);老挝;黎巴嫩;利比里亚;利比亚;圣卢西亚;拉丁美洲与加勒比海地区;最不发达国家:联合国分类;低收入国家;列支敦士登;斯里兰卡;中低等收入国家;中低收入国家;莱索托;后期人口红利;立陶宛;卢森堡;拉脱维亚;圣马丁(法属);摩洛哥;摩纳哥;摩尔多瓦;马达加斯加;马尔代夫;中东与北非地区;墨西哥;马绍尔群岛;中等收入国家;北马其顿;马里;马耳他;缅甸;中东与北非地区(不包括高收入);黑山;蒙古;北马里亚纳群岛;莫桑比克;毛里塔尼亚;毛里求斯;马拉维;马来西亚;北美;纳米比亚;新喀里多尼亚;尼日尔;尼日利亚;尼加拉瓜;荷兰;挪威;尼泊尔;瑙鲁;新西兰;经合组织成员;阿曼;其他小国;巴基斯坦;巴拿马;秘鲁;菲律宾;帕劳;巴布亚新几内亚;波兰;预人口红利;波多黎各;朝鲜民主主义人民共和国;葡萄牙;巴拉圭;约旦河西岸和加沙;太平洋岛国;人口红利之后;法属波利尼西亚;卡塔尔;罗马尼亚;俄罗斯联邦;卢旺达;南亚;沙特阿拉伯;苏丹;塞内加尔;新加坡;所罗门群岛;塞拉利昂;萨尔瓦多;圣马力诺;索马里;塞尔维亚;撒哈拉以南非洲地区(不包括高收入);南苏丹;撒哈拉以南非洲地区;小国;圣多美和普林西比;苏里南;斯洛伐克共和国;斯洛文尼亚;瑞典;斯威士兰;圣马丁(荷属);塞舌尔;阿拉伯叙利亚共和国;特克斯科斯群岛;乍得;东亚与太平洋地区(IBRD 与 IDA);欧洲与中亚地区 (IBRD 与 IDA);多哥;泰国;塔吉克斯坦;土库曼斯坦;拉丁美洲与加勒比海地区(IBRD 与 IDA);东帝汶;中东与北非地区 (IBRD 与 IDA);汤加;南亚 (IBRD 与 IDA);撒哈拉以南非洲地区 (IBRD 与 IDA);特立尼达和多巴哥;突尼斯;土耳其;图瓦卢;坦桑尼亚;乌干达;乌克兰;中高等收入国家;乌拉圭;美国;乌兹别克斯坦;圣文森特和格林纳丁斯;委内瑞拉玻利瓦尔共和国;

英属维尔京群岛;美属维京群岛;越南;瓦努阿图;世界;萨摩亚;科索沃;也门共和国;南非;赞比亚;
津巴布韦
################################
请输入要查询的国家名称：中国
请输入要查询的年份：2021
【中国】于【2021】年的【人口,女性(占总人口的百分比)】为：48.725003205926

本例中,通过导入多个指标的数据文件,就可以进一步实现多种指标的数据查询。由于
手动列出所有指标名称比较费时耗力,因此需要使用 os 库中的 listdir() 函数辅助列出可查
询的指标名称。用户从可查询的指标名称列表中选择所要查询的指标,通过获取用户输入
的指标名称,并加上.csv 扩展名,即可得到对应的文件名称,从而打开对应数据文件。

6.5.2　案例 2：心理学图书数据处理

1. 案例描述

人民健康不仅仅指代人民的身体健康,心理健康也同等重要。联合国卫生组织指出：
健康不仅是指没有疾病的状态,而是指身体、心理包括社会适应在内的健全状态,可见身体
健康和心理健康密不可分。人在一定的生活环境中会逐渐形成一套相对稳定的心理活动方
式,当生活情景发生异常时,人的心理活动方式需要做出相应的调节以适应失调现象。如果
不能在心理活动方式上作出相应的改变,势必会出现失调现象,从而引起心理机能紊乱,诱
发心理疾病。

阅读心理书籍有助于人们更好地了解自己,调整并平稳心态。某出版社官方网站收录
了很多不同门类的热销图书,其中心理学类别的热销图书如图 6.16 所示。从该网站中可获
取心理学图书列表的 JSON 文件,部分数据如图 6.17 所示(注：由于网络数据不断更新,网
页内容可能与本书案例不太一致,一切以实际为准)。

图 6.16　热销心理学图书

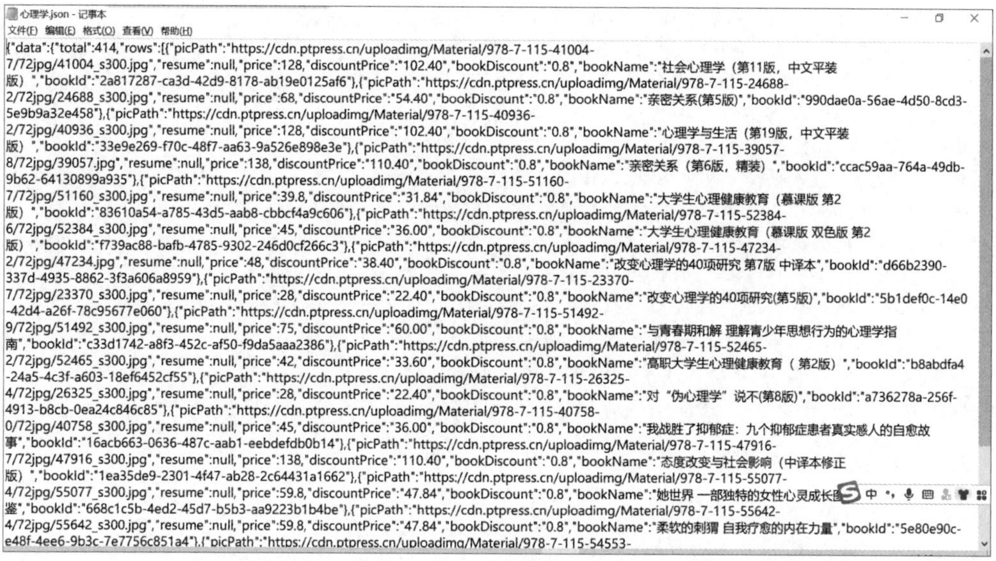

{"data":{"total":414,"rows":[{"picPath":"https://cdn.ptpress.cn/uploadimg/Material/978-7-115-41004-
7/72jpg/41004_s300.jpg","resume":null,"price":128,"discountPrice":"102.40","bookDiscount":"0.8","bookName":"社会心理学（第11版，中文平装
版）","bookId":"2a817287-ca3d-42d9-8178-ab19e0125af6"},{"picPath":"https://cdn.ptpress.cn/uploadimg/Material/978-7-115-24688-
2/72jpg/24688_s300.jpg","resume":null,"price":68,"discountPrice":"54.40","bookDiscount":"0.8","bookName":"亲密关系(第5版)","bookId":"990dae0a-56ae-4d50-8cd3-
5e9b9a32e458"},{"picPath":"https://cdn.ptpress.cn/uploadimg/Material/978-7-115-40936-
2/72jpg/40936_s300.jpg","resume":null,"price":128,"discountPrice":"102.40","bookDiscount":"0.8","bookName":"心理学与生活（第19版，中文平装
版）","bookId":"33e9e269-f70c-48f7-aa63-9a526e898e3e"},{"picPath":"https://cdn.ptpress.cn/uploadimg/Material/978-7-115-39057-
8/72jpg/39057.jpg","resume":null,"price":138,"discountPrice":"110.40","bookDiscount":"0.8","bookName":"亲密关系（第6版，精装）","bookId":"ccac59aa-764a-49db-
9b62-64130899a935"},{"picPath":"https://cdn.ptpress.cn/uploadimg/Material/978-7-115-51160-
7/72jpg/51160_s300.jpg","resume":null,"price":39.8,"discountPrice":"31.84","bookDiscount":"0.8","bookName":"大学生心理健康教育（慕课版 第2
版）","bookId":"83610a54-a785-43d5-aab8-cbbcf4a9c606"},{"picPath":"https://cdn.ptpress.cn/uploadimg/Material/978-7-115-52384-
6/72jpg/52384_s300.jpg","resume":null,"price":45,"discountPrice":"36.00","bookDiscount":"0.8","bookName":"大学生心理健康教育（慕课版 双色版 第2
版）","bookId":"f739ac88-bafb-4785-9302-246d0cf266c3"},{"picPath":"https://cdn.ptpress.cn/uploadimg/Material/978-7-115-47234-
2/72jpg/47234.jpg","resume":null,"price":48,"discountPrice":"38.40","bookDiscount":"0.8","bookName":"改变心理学的40项研究 第7版 中译本","bookId":"d66b2390-
337d-4935-8862-3f3a606a8959"},{"picPath":"https://cdn.ptpress.cn/uploadimg/Material/978-7-115-23370-
7/72jpg/23370_s300.jpg","resume":null,"price":28,"discountPrice":"22.40","bookDiscount":"0.8","bookName":"改变心理学的40项研究(第5版)","bookId":"5b1def0c-14e0
-42d4-a26f-78c95677e060"},{"picPath":"https://cdn.ptpress.cn/uploadimg/Material/978-7-115-51492-
9/72jpg/51492_s300.jpg","resume":null,"price":75,"discountPrice":"60.00","bookDiscount":"0.8","bookName":"与青春期和解 理解青少年思想行为的心理学指
南","bookId":"c33d1742-a8f3-452c-af50-f9da5aaa2386"},{"picPath":"https://cdn.ptpress.cn/uploadimg/Material/978-7-115-52465-
2/72jpg/52465_s300.jpg","resume":null,"price":42,"discountPrice":"33.60","bookDiscount":"0.8","bookName":"高职大学生心理健康教育（ 第2版）","bookId":"b8abdfa4
-24a5-4c3f-a603-18ef6452cf55"},{"picPath":"https://cdn.ptpress.cn/uploadimg/Material/978-7-115-26325-
4/72jpg/26325_s300.jpg","resume":null,"price":28,"discountPrice":"22.40","bookDiscount":"0.8","bookName":"对“伪心理学”说不(第8版)","bookId":"a736278a-256f-
4913-b8cb-0ea24c846c85"},{"picPath":"https://cdn.ptpress.cn/uploadimg/Material/978-7-115-40758-
0/72jpg/40758_s300.jpg","resume":null,"price":45,"discountPrice":"36.00","bookDiscount":"0.8","bookName":"我战胜了抑郁症：九个抑郁症患者真实感人的自愈故
事","bookId":"16acb663-0636-487c-aab1-eebdefdb0b14"},{"picPath":"https://cdn.ptpress.cn/uploadimg/Material/978-7-115-47916-
7/72jpg/47916_s300.jpg","resume":null,"price":138,"discountPrice":"110.40","bookDiscount":"0.8","bookName":"态度改变与社会影响（中译本修正
版）","bookId":"1ea35de9-2301-4f47-ab28-2c64431a1662"},{"picPath":"https://cdn.ptpress.cn/uploadimg/Material/978-7-115-55077-
4/72jpg/55077_s300.jpg","resume":null,"price":59.8,"discountPrice":"47.84","bookDiscount":"0.8","bookName":"她世界 一部独特的女性心灵成长图
鉴","bookId":"668c1c5b-4ed2-45d7-b5b3-aa9223b1b4be"},{"picPath":"https://cdn.ptpress.cn/uploadimg/Material/978-7-115-55642-
4/72jpg/55642_s300.jpg","resume":null,"price":59.8,"discountPrice":"47.84","bookDiscount":"0.8","bookName":"柔软的刺猬 自我疗愈的内在力量","bookId":"5e80e90c-
e48f-4ee6-9b3c-7e7756c851a4"},{"picPath":"https://cdn.ptpress.cn/uploadimg/Material/978-7-115-54553-

图 6.17　心理学图书数据的 JSON 文件

本案例基于以上 JSON 文件，实现下列功能。

（1）读取 JSON 文件中的内容。

（2）从该文件中抽取 bookName、price、discountPrice 的相关信息。

（3）将抽取出的关键信息重新整理，并保存为 csv 格式或 Excel 文件形式。

2. 问题分析

实现图书数据处理的一般步骤如下。

第一步：读取 JSON 文件。

第二步：输出有效信息。

第三步：处理数据，并保存为 csv/xlsx 文件。

3. 编程实现

代码片段 1：心理学图书数据读取和预览。

```
#心理学图书数据处理
import json
#数据读取
text = json.load(open('心理学.json',encoding='utf-8'))
#遍历并输出所需要的信息
for i in text['data']['rows']:
    print(i['bookName'],i['price'],i['discountPrice'])
```

代码执行结果如下：

```
社会心理学(第 11 版,中文平装版) 128 102.40
亲密关系(第 5 版) 68 54.40
心理学与生活(第 19 版,中文平装版) 128 102.40
亲密关系(第 6 版,精装) 138 110.40
大学生心理健康教育(慕课版第 2 版) 39.8 31.84
```

大学生心理健康教育(慕课版双色版第 2 版) 45 36.00
改变心理学的 40 项研究第 7 版中译本 48 38.40
改变心理学的 40 项研究(第 5 版) 28 22.40
与青春期和解理解青少年思想行为的心理学指南 75 60.00
高职大学生心理健康教育(第 2 版) 42 33.60
对"伪心理学"说不(第 8 版) 28 22.40
我战胜了抑郁症：九个抑郁症患者真实感人的自愈故事 45 36.00
态度改变与社会影响(中译本修正版) 138 110.40
她世界一部独特的女性心灵成长图鉴 59.8 47.84
柔软的刺猬自我疗愈的内在力量 59.8 47.84
了不起的身体语言如何用好非语言技能 59 47.20
发展心理学--从生命早期到青春期(第 10 版·上册) 88 70.40
这才是心理学(第 9 版) 48 38.40

代码片段 2：将心理学图书数据写入 csv 文件。

```
#数据写入并保存为 csv 文件
#打开一个新文件,设置为可读取+覆盖写模式
file = open('心理学.csv','w+',encoding='utf-8')
#写入表头
file.write('图书名称,价格,折扣价 \n')
#遍历文件并写入所要提取的信息
for i in text['data']['rows']:
    file.write(i['bookName']+','+str(i['price'])+','+str(i['discountPrice'])
    +'\n')
file.close()
```

以上程序运行后会在当前目录下生成一个名为"心理学.csv"的文件,内容如图 6.18 所示。

	A	B	C	D
1	图书名称	价格	折扣价	
2	社会心理学	128	102.4	
3	亲密关系(	68	54.4	
4	心理学与生	128	102.4	
5	亲密关系	138	110.4	
6	大学生心理	39.8	31.84	
7	大学生心理	45	36	
8	改变心理学	48	38.4	
9	改变心理学	28	22.4	
10	与青春期和	75	60	
11	高职大学生	42	33.6	
12	对"伪心理	28	22.4	
13	我战胜了抑	45	36	
14	态度改变与	138	110.4	
15	她世界 一	59.8	47.84	
16	柔软的刺猬	59.8	47.84	
17	了不起的身	59	47.2	
18	发展心理学	88	70.4	
19	这才是心理	48	38.4	

图 6.18　心理学.csv 文件内容

代码片段 3：处理心理学图书数据并保存为 Excel 文件。

```
#处理心理学图书数据并保存为 Excel 文件
import pandas as pd
import json
#数据写入并保存为 Excel 文件
#创建空列表,以二维列表形式盛放信息
data=[]
#打开一个新文件,覆盖写模式,可读取
file = open('心理学 pandas.xlsx','w+',encoding='utf-8')
text = json.load(open('心理学.json',encoding='utf-8'))
for i in text['data']['rows']:
    data.append([i['bookName'],i['price'],i['discountPrice']])
#用 pandas 库的 DataFrame(),将文件转换为 DataFrame 格式
df = pd.DataFrame(data)
df.to_excel('心理学 pandas.xlsx',header=['图书名称','价格','折扣价'],index=
None)
```

以上代码使用 pandas 第三方库,将 JSON 文件中的图书名称、价格和折扣价数据保存为 Excel 文件。

4. 代码解析

本例使用 Python 语言实现对图书数据的处理,代码解析如下。

1) 读取文件

存储信息的文件为 JSON 格式,为实现 JSON 文件的读取,需要使用 Python 中的 json 标准库,通过 load() 函数将文件中的信息解析为字典格式读入。

2) 输出有效信息

为实现对 bookName、price、discountPrice 等信息的提取,需要用到字典的遍历循环。

3) 数据处理与储存

为实现将关键信息的文件写入并储存为 csv/xlsx 文件,可通过 Python 语言内置函数 write() 或 pandas 库中的写入函数实现。其中,若想将文件保存为 xlsx 格式,Python 内置函数就无法实现,需要借助 pandas 库的 to_excel() 函数功能。

6.6　课堂实践探索

6.6.1　探索 1: 如何进行价格数据统计

在 6.5.2 节的心理学图书数据处理案例中,可以加入价格统计的功能,通过计算所有图书价格的总和及平均值,更好地了解心理学图书的市场售价情况。

首先,使用 json 库的 load() 函数将 JSON 文件读取为字典类型;然后,通过遍历嵌套字典,将每本图书的书名、价格和折扣价添加到 data 列表中,建立 price_sum 和 discount_sum 变量分别存储原价总和及折扣价总和,通过遍历二维列表 data 进行加和计算;最后,将价格总和除以图书数量(即列表长度),即得到原价平均值与折扣价平均值。

具体代码内容如下:

```
#探索 1: 如何进行价格数据统计
import pandas as pd
```

```
import json
text = json.load(open('心理学.json',encoding='utf-8'))
data=[]
for i in text['data']['rows']:
    data.append([i['bookName'],i['price'],i['discountPrice']])
price_sum = discount_sum = 0
for i in data:
    price_sum += float(i[1])
    discount_sum += float(i[2])
price_avg = price_sum/len(data)
discount_avg = discount_sum/len(data)
print('价格总和为：{:.2f},折扣价总和为{:.2f}'.format(price_sum,discount_sum))
print('价格均值为：{:.2f},折扣价均值为{:.2f}'.format(price_avg,discount_avg))
```

代码执行结果如下：

价格总和为：1265.40,折扣价总和为 1012.32
价格均值为：70.30,折扣价均值为 56.24

6.6.2   探索 2：   如何对多类图书进行批量数据处理

在 6.5.2 节的案例与 6.6.1 节的探索中，仅对心理学类别的图书进行了数据处理与统计，该出版社官网中还有经管、计算机、外语等其他类别图书。如图 6.19 所示，这是多类别图书的多个文件。思考如何对这些文件进行批量处理，并将结果存储至一个 Excel 文档的多个工作表中。

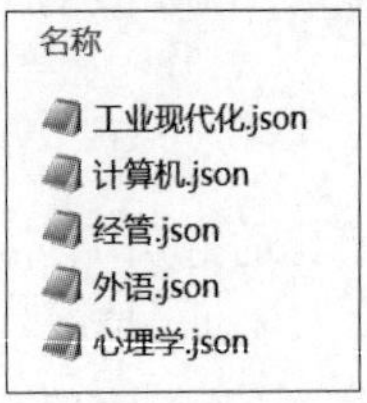

名称

工业现代化.json
计算机.json
经管.json
外语.json
心理学.json

图 6.19   多类别图书
数据文件

首先，通过 os 库列出文件夹中所有 JSON 文件的文件路径与名称；然后，通过 xlwings 库新建工作簿，通过遍历读取 JSON 文件内容，计算不同类别图书的均价；最后，将不同类别图书的数据和计算结果保存至工作簿的不同工作表中。程序运行后，得到"图书数据.xlsx"文件。

具体代码内容如下：

```
#探索 2：如何对多类图书进行批量数据处理
import os
import json
import xlwings as xw
file_list = os.listdir('图书数据')               #文件列表
print(file_list)
app = xw.App(visible=False)                      #打开 Excel
workbook = app.books.add()                       #新建工作簿
for i in file_list:
    file_paths = os.path.join('图书数据',i)      #得到文件路径
    print(i)
    text = json.load(open(file_paths,encoding='utf-8'))
    data = []
    price_sum = discount_sum = 0
```

```
    for j in text['data']['rows']:
        data.append([j['bookName'],j['price'],j['discountPrice']])
        price_sum += float(j['price'])
        discount_sum += float(j['discountPrice'])
    price_avg = price_sum/len(data)
    discount_avg = discount_sum/len(data)
    data.append(['均值',price_avg,discount_avg])
    df = pd.DataFrame(data,columns = ['图书名称','价格','折扣价'])
                                                    #以 dataframe 形式表示
    worksheet = workbook.sheets.add(i[:-5])         #新建工作表
    worksheet['A1'].options(index=False,).value = df  #工作表填充内容
workbook.save('图书数据.xlsx')                       #保存工作簿
workbook.close()
app.quit()
```

代码执行结果如图 6.20 所示。

	A	B	C
1	图书名称	价格	折扣价
2	Python编程 从入门到实践	89	71.2
3	数学之美(第二版)	49	39.2
4	数据结构（C语言版）（第2版）	35	28
5	C Primer Plus 第6版 中文版	89	71.2
6	C++ Primer Plus(第6版)中文版	99	79.2
7	深度学习	168	134.4
8	大学计算机基础（微课版）	39.8	31.84
9	HTML5+CSS3网站设计基础教程	45	36
10	中文版Photoshop CS6完全自学教程	99	79.2
11	鸟哥的Linux私房菜 基础学习篇(第三版)	88	70.4
12	鸟哥的Linux私房菜 基础学习篇 第四版	118	94.4
13	JavaScript高级程序设计(第3版)	99	79.2
14	Python编程 从入门到实践 第2版	89	71.2
15	Java Web程序设计任务教程	56	44.8
16	算法(第4版)	99	79.2
17	Java基础案例教程	54	43.2
18	中文版Photoshop入门与提高(CS6版)	39	31.2
19	Python编程 从入门到实践 第2版	109.8	87.84
20	均值	81.36666667	65.09333333
21			
22			
23			

计算机　经管　心理学　工业现代化　外语　Sheet1

图 6.20　生成的图书数据文件内容

6.7　本章小结

扫码查看思维导图

6.8　本章习题

一、选择题

1. 给定列表 ls＝[1,2,3,"1","2","3"]，其元素包含两种数据类型，列表 ls 的数据组织维度是_____。

　　A. 一维数据　　　　　B. 二维数据　　　　　C. 三维数据　　　　　D. 高维数据

2. 以下关于文件的描述中，正确的是_____。

　　A. 使用 open()函数打开文件时，必须要用字母 r 或 w 指定打开方式，不能省略

　　B. 采用 readlines()函数可以读入文件中的全部文本，返回一个列表

　　C. 文件打开后，可以用 write()函数控制对文件内容的读写位置

　　D. 如果没有采用 close()函数关闭文件，Python 程序退出时文件将不会自动关闭

3. 在 Python 中，使用 open()函数打开一个 Windows 操作系统 D 盘下的文件，路径名错误的是_____。

　　A. D:\PythonTest\a.txt　　　　　　　　B. D:\\PythonTest\\a.txt

　　C. D:/PythonTest/a.txt　　　　　　　　D. D://PythonTest//a.txt

4. 运行下列代码后，生成文件"book.txt"中的文本内容是_____。

```
fo =open("book.txt","w")
ls = ['C 语言','Java','C#','Python']
fo.writelines(ls)
fo.close()
```

　　A. 'C 语言','Java','C♯','Python'　　　　B. C 语言 JavaC♯Python

　　C. [C 语言，Java，C♯，Python]　　　　D. ['C 语言','Java','C♯','Python']

5. 处理高维数据常使用的 Python 库为_____。

　　A. os 库　　　　　B. pandas 库　　　　　C. json 库　　　　　D. xlwings 库

6. JSON 文件主要由_____数据类型组成。

　　A. 键　　　　　B. 键值对　　　　　C. 字符串　　　　　D. 列表

7. pandas 库提供了对各种格式数据文件的读取和写入功能，_____类型文件不能用 pandas 读写。

　　A. csv　　　　　B. txt　　　　　C. Excel　　　　　D. exe

8. os 库可提供文件管理功能，_____函数可列出文件夹下所有文件和子文件夹的名称。

　　A. listdir()　　　　　　　　　　　　B. path.splitext()

　　C. path.dirname()　　　　　　　　　　D. getcwd()

9. 以下代码的功能是_____。

```
import xlwings as xw
app = xw.App(visible = True, add_book = False)
workbook = app.books.add()
```

　　A. 打开一个工作簿　　　　　　　　B. 新建一个工作簿

C. 关闭一个工作簿　　　　　　　　　D. 保存一个工作簿

10. 运行以下代码,不会执行的操作是_____。

```
import xlwings as xw
app = xw.App(visible = False)
workbook = app.books.add()
worksheet = workbook.sheets.add('产品统计表')
worksheet.range('A1').value = '编号'
workbook.save('D:\\北京.xlsx')
workbook.close()
app.quit()
```

A. 导入 xlwings 模块并简写为 xw

B. 在工作簿中新增一个名为"产品统计表"的工作表

C. 打开名为"北京.xlsx"的工作簿

D. 在单元格 A1 中输入文字"编号"

二、编程题

1. 某三甲医院包含内科、外科、妇科、产科、儿科、急诊科、中医科、肿瘤科、麻醉科等科室,这些科室及对应楼层,储存在一个 csv 文件中。

请编写程序,读入 csv 文件中的数据,循环获得用户输入,直至用户输入 N 退出。根据用户输入的科室名称,输出此科室的楼层位置。如果输入的科室名称有误,请输出"输入科室名称有误!",示例如下。

```
输入:
    内科
输出:
    内科在二楼东侧
```

2. 某药房负责人为了区分已取药和未取药的患者,采取在已取药患者编号前加一个"♯"符号的方式标注,以更好地做出区分。

请编写一个程序,读取一个储存患者信息的 txt 文件,显示未取药患者序号的所有行,示例如下。

```
输出:
3
6
7
10
```

3. 病案室的工作人员在整理病历信息时,经常会遇到批量修改文件名称的问题。

请使用 Python 中合适的库编写一个可以批量修改文件名的小程序,将所有文件按照月份统一命名为"2022-病历信息-1""2022-病历信息-2""2022-病历信息-3"的格式,示例如下。

2022-病历信息-1　2022-病历信息-2　2022-病历信息-3

4. 中医的问诊中，有一首基础的歌诀，叫作《十问歌》，是陈修园先生在张仲景先生的《十问歌》的基础上补充而成，其内容如下。

一问寒热二问汗，三问头身四问便，

五问饮食六胸腹，七聋八渴俱当辨，

九问旧病十问因，再兼服药参机变，

妇女尤必问经期，迟速闭崩皆可见，

再添片语告儿科，天花麻疹全占验。

请编写程序，将《十问歌》按以上格式写入一个 txt 文件，命名为《十问歌》，并按格式输出，示例如下。

输出：

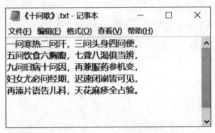

第 **7** 章

中文分词与词云可视化

本章学习目标

- 熟悉中文分词的基本理论
- 了解常用中文分词技术的原理和应用
- 掌握中文分词和可视化第三方库的基本函数和用法
- 会运用中文分词和可视化第三方库解决医学领域问题

本章源代码

本章首先介绍中文分词的概念和中文分词常用技术;然后介绍常用的中文分词和词云可视化的第三方库 jieba 和 wordcloud,重点介绍 jieba 库和 wordcloud 库的常用函数和基本应用;最后基于"方剂学的分词和可视化""糖尿病科普 100 问文本关键词提取"等医学案例进行实践探索,让读者进一步掌握中文分词与词云可视化在医疗健康领域中的应用。

7.1 中文分词技术

在英文句子中,单词和单词之间会被空格隔开。对英文句子分词,则可以以空格为分隔符将句子中的字符串切分形成单词序列。而在中文句子中,词和词之间没有明确的分隔符号,因此中文分词实现起来要比英文困难得多。

近些年,随着人工智能技术、计算机技术的发展,自然语言处理技术在搜索引擎、文本挖掘、机器翻译、推荐系统、智能问答等应用方面都取得了很大进步,中文分词(Chinese word segmentation,CWS)作为自然语言处理领域的基础任务和重点研究课题,受到越来越多的关注,其分词效果的好坏直接影响着词性标注、命名体识别和语义分析等任务是否能够进行。因此,中文分词技术的研究具有重要的理论和现实意义。

中文分词是指将汉字序列按照一定的规则切分成单独的词,形成词序列的过程。在分词技术的发展过程中,具有代表性的分词方法有:基于词典的分词方法、基于统计的分词方法、词典和统计相结合的分词方法以及基于人工神经网络的分词方法。下面简要介绍基于词典和基于统计的分词方法原理。

7.1.1 基于词典的分词

词典中一般存储着词、词频、词性等信息,可以通过统计标注好的熟语料和常用词典得到。基于词典的分词方法首先需要对句子进行原子切分,即找出句子中可能蕴含的组成句子的所有词,然后构成词图。如句子"北京中医药大学有很多国医大师",可能包含的词语有"北京""中医""中医药""医药""大学""有""很多""国医""大师""国医大师"等。

基于词典匹配是一种比较机械的分词方法,它是按照一定的规则将待分析的字符串与分词系统中的词条进行匹配,若在词条中找到某个字符串,则匹配成功(识别出一个词)。分词系统的词条主要由词典(词表)来确定,词典是分词系统自带的通用词典,里面的词汇与领域无关,如果文本中的词语在词典中出现,则按照词典进行切分,如果未在词典中出现,则属于未登录词,需要进行未登录词识别。

早期的分词系统中,在对分词准确率要求不高的情况下,广泛使用的分词方法是最大匹配法,其基本思想是,选取一定长度的汉字串作为最大字符串,与词典中的词语进行匹配,如果匹配成功,则当前字符串即为一个词,否则,删掉一个字继续匹配,直到匹配成功或字符串长度为 0。按照匹配的方向分为正向最大匹配法(forward maximum matching,FMM)、逆向最大匹配法(reverser maximum matching,RMM)和双向最大匹配法(bi-directional maximum matching,BMM)。

假设字典中最长字符串的长度为 n,正向最大匹配法从左向右切分待分词文本的前 n 个字符,在词典中查找是否有一样的字符串,若没有,则删去最后一个字符,继续匹配,以此类推,如果一个字符串全部匹配失败,则逐次从左删除 1 个字符进行匹配,并重复以上操作。假设有一个待分词文本是"北京中医药大学有很多国医大师",则词典为:{"北京"、"北京中医药"、"中医药"、"中医药大学"、"大学"、"国医"、"大师"、"国医大师"、"有"、"很多"},分词词典中最长字符串长度是 5,具体分词步骤如下。

(1)切分待分词文本"北京中医药大学有很多国医大师"前 5 个字符,得到"北京中医药",在词典中可以找到该词条,则匹配成功。待分词文本划分为"北京中医药""大学有很多国医大师"两段。

(2)将"大学有很多国医大师"作为待分词文本,前 5 个字符是"大学有很多",此时,词典找不到与之匹配的字符串,则匹配不成功。重复删除待分词文本中最后 1 个字符,直到"有",匹配成功,则待分词文本划分为"大学"和"有很多国医大师"。

(3)重复上述步骤,直到分词完毕。

综上所述,待分词文本最后得到的结果是:"北京中医药""大学""有""很多""国医大师"。

逆向最大匹配法与正向最大匹配法的分词原理相反,具体分词步骤如下。

(1)切分待分词文本"北京中医药大学有很多国医大师"后 5 个字符,得到"多国医大师",匹配不成功。删除待分词文本中第 1 个字符,得到"国医大师",匹配成功。则待分词文本划分为"北京中医药大学有很多"和"国医大师"。

(2)将"北京中医药大学有很多"作为待分词文本,后 5 个字符是"大学有很多",此时,匹配不成功,重复删除待分词文本中最后 1 个字符,直到"有",匹配成功。则待分词文本划分为"北京中医药大学有"和"很多"。

(3)重复上述步骤,直到分词完毕。

综上所述,待分词文本最后得到的结果是:"北京""中医药大学""有""很多""国医大师"。

上述两种匹配方法只是对句子扫描的方向不同,如果句子中不存在歧义,则分词的结果是一致的。但如果存在歧义，则切分结果不完全相同。有实验发现，在减少歧义方面，逆向最大匹配法比正向最大匹配法更有效一些。但无论正向匹配还是逆向匹配，均无法发现句子中的歧义，如："本科生活的快乐"可切分为{"本科生"、"活"、"的"、"快乐"}和{"本科"、"生活"、"的"、"快乐"}。

从如上例子中不难发现，基于词典的分词常常会遇到歧义划分，如"本科生活"字符串的划分，就会有究竟是"本科生""活"还是"本科""生活"的问题。另外，有一些词典中没有的词往往也切分不出来，例如"北京中医药大学有很多国医大师"在切分时，词典中没有"北京中医药大学"，只能分成"北京中医药"或"中医药大学"。因此，有很多未登录词如网络热词、专有名词(人名、地名、机构名)、专业领域的名词等，都无法有效划分。

而在实际的分词算法中，常使用双向最大匹配法来检测歧义，双向最大匹配法的基本思想是将正向最大匹配法和逆向最大匹配法二者结果进行对比，选取切分次数少的结果作为切分结果。

7.1.2　基于统计的分词

随着统计机器学习的研究发展，为了解决基于词典分词的短处，基于统计的分词方法逐渐得到广泛应用。基于统计的分词方法是在给定大量已经分词的文本(称为语料库)的前提下，利用统计机器学习模型学习词语切分的规律(称为训练)，从而实现对未知文本的切分，其基本原理是在待分词文本的上下文中，相邻的字同时出现的次数越多，就越可能构成一个词。因此，字与字相邻出现的概率或频率能较好地反映词的可信度。

目前实用的中文分词系统，多数都是通过统计学习的方法构建的，其过程是先利用一个已标注好的语料库作为训练数据，对这些数据进行统计学习，将统计的概率信息作为分词器的参数。作为知识的来源，标注的语料对分词的性能起着至关重要的作用。一般来说，只要语料库规模越大，包含的信息越多，则不需要专门的词典，训练的效果也很好。随着大规模语料库的建立以及统计机器学习方法的研究和发展，基于统计的中文分词渐渐成为了主流方法。

基于统计的分词方法通常需要两步，第一步，建立统计语言模型，主要的统计模型有 n 元文法(n-gram)模型、隐马尔可夫模型(hidden Markov model，HMM)、最大熵(ME)模型、条件随机场(conditional random fields，CRF)模型等；第二步，运用模型划分语句，计算被划分词语的概率，选取概率最大的划分方法进行分词。

在实际的应用中，基于统计的分词系统都需要使用分词词典来进行字符串匹配分词，同时使用统计方法识别一些新词，即将字符串频率统计和字符串匹配结合起来，既发挥匹配分词切分速度快、效率高的特点，又展现了无词典分词结合上下文识别生词、自动消除歧义的优点。

练一练

以下不是中文分词技术的是_____。

A. 基于词典的分词　　　　　　　　　　　B. 基于统计的分词

C. 基于人工神经网络的分词　　　　　　　D. 基于语料库的分词

7.2 中文分词工具

近年来,随着自然语言处理技术的发展,中文分词的工具越来越多,如 HanLP、盘古分词和庖丁分词等,在实际开发中,还可以使用开源工具,如 jieba、SnowNLP、THULAC、NLPIR 等,这些分词工具都已经在 GitHub 上开源共享,越来越受到科研人员的欢迎。

相比于其他工具而言,jieba 使用简单,支持 Python、R、C++ 等多种编程语言,对于初学者来说比较友好,本节主要介绍 jieba 分词工具。

7.2.1 jieba 库简介

jieba 库是优秀的中文分词第三方库,jieba 库的分词原理是利用一个中文词典确定汉字之间的关联概率,汉字间概率大的组成词组,形成分词结果。

jieba 库是 Python 的第三方库,需要单独下载,在命令提示符窗口输入 pip install jieba 命令安装,安装成功后,在程序文件中输入 import jieba 导入后即可使用。

7.2.2 jieba 库的分词模式

jieba 库分词有 3 种模式。

(1) 精确模式。试图将句子最精确地切开,切分成若干中文单词,这些中文单词之间经过组合,便能精确地还原为之前的文本。该模式中不存在冗余单词,适合文本分析。

(2) 全模式。把句子中所有的可以成词的词语都扫描出来,而分词后的信息再组合起来会有冗余,不再是原来的文本。该模式速度非常快,但是不能解决歧义。

(3) 搜索引擎模式。在精确模式基础上,对长词再次切分。该模式提高了召回率,但也存在冗余。

7.2.3 jieba 库常用函数

jieba 库支持简体中文和繁体中文分词,一般情况下,jieba 库通过自身默认词典分词,如果有些词在默认词典里不存在,jieba 允许将新词添加到默认词典中。对于一些特殊领域,专业词汇或特殊词汇比较多,开发者可以指定自定义的词典,以便包含 jieba 词库里没有的词。虽然 jieba 库有新词识别能力,但是自行添加新词可以保证更高的正确率。jieba 库常用函数如表 7.1 所示。

表 7.1 jieba 库常用函数

类　别	函　　数	描　　述
分词	jieba.lcut(string)	精确模式,返回一个列表类型的分词结果
	jieba.lcut(s,cut_all=True)	全模式,返回一个列表类型的分词结果,存在冗余
	jieba.lcut_for_search(string)	搜索引擎模式,返回一个列表类型的分词结果,存在冗余
	jieba.tokenize(string)	返回(词,开始位置,结束位置)三元组组成的分词结果列表

续表

类　别	函　　数	描　　述
添加新词	jieba.add_word(word)	向分词词典增加新词 word
	jieba.load_userdict(file_name)	将文件 file_name 添加成自定义词典
删除词	jieba.del_word(word)	分词词典删除词 word

jieba 库函数的用法如例 7.1 所示。

【例 7.1】　分词函数对比。

```
#例 7.1
import jieba
str1="中医药防控非典肺炎、新冠肺炎等重大传染性疾病临床研究取得积极进展。"
print(jieba.lcut(str1),len(jieba.lcut(str1)))
print(jieba.lcut(str1,cut_all=True),len(jieba.lcut(str1,cut_all=True)))
print(jieba.lcut_for_search(str1),len(jieba.lcut_for_search(str1)))
for item in jieba.tokenize(str1):
    print(item,end=",")
print(len(list(jieba.tokenize(str1))))
```

代码执行结果如下:

```
['中医药', '防控', '非典', '肺炎', '、', '新冠', '肺炎', '等', '重大', '传染性', '疾病',
'临床', '研究', '取得', '积极', '进展', '。'] 17
['中医', '中医药', '医药', '防控', '非典', '肺炎', '、', '新', '冠', '肺炎', '等', '重大',
'传染', '传染性', '性疾病', '疾病', '临床', '研究', '取得', '积极', '进展', '。'] 22
['中医', '医药', '中医药', '防控', '非典', '肺炎', '、', '新冠', '肺炎', '等', '重大',
'传染', '传染性', '疾病', '临床', '研究', '取得', '积极', '进展', '。'] 20
('中医药', 0, 3),('防控', 3, 5),('非典', 5, 7),('肺炎', 7, 9),('、', 9, 10),('新冠',
10, 12),('肺炎', 12, 14),('等', 14, 15),('重大', 15, 17),('传染性', 17, 20),('疾病',
20, 22),('临床', 22, 24),('研究', 24, 26),('取得', 26, 28),('积极', 28, 30),('进展',
30, 32),('。', 32, 33),17
```

本例中,分别用 4 个函数对字符串 str1 进行分词,lcut()函数是精确模式分词,将字符串 str1 精确地切分成 17 个中文词(包括标点符号);lcut()函数设置 cut_all 参数为 True 时,为全模式分词,全模式得到的词数最多,把所有可能的分词都扫描出来输出,字符串 str1 扫描分词结果为 22 个中文词(包括标点符号);lcut_for_search()是搜索引擎模式分词,在精确模式基础上,对发现的长词,如"中医药""传染性",又进行了二次切分,增加了"中医""医药""传染"等词,分词结果为 20 个中文词(包括标点符号);tokenize()函数在精确分词模式下,返回的分词结果不是单个词,而是由词、开始位置、结束位置组成的三元组,如('中医药', 0, 3)代表词"中医药",开始位置在第 0 个字符,结束位置是<3,即 2。

观察例 7.1 的结果发现,非典肺炎、新冠肺炎是非典型肺炎和新型冠状肺炎的简称,是近些年常用的词语,但在分词结果中并没有体现,而是做了分开处理,说明这两个新词在 jieba 默认词典中不存在,为了更精确地分词,可以将此类词使用 add_word()函数添加到词典中;另外在分词结果中,标点符号"、"和"等""取得"等字符串在对整个句子的理解中,并不具有重要意义,在后续文本分析中,也意义不大,可以将这些无意义的词,做清洗处理,不做统计,如例 7.2 所示。

【例 7.2】 增加新词和去停用词。

```
#例 7.2
import jieba
str1="中医药防控非典肺炎、新冠肺炎等重大传染性疾病临床研究取得积极进展."
stopwords=['等','重大',"取得"]
jieba.add_word('非典肺炎')
jieba.add_word('新冠肺炎')
wordlst=jieba.lcut(str1)
print("原分词结果：",wordlst)
for w in stopwords:
    wordlst.remove(w)
print("去停用词后：",wordlst)
```

代码执行结果如下：

```
原分词结果：['中医药', '防控', '非典肺炎', '、', '新冠肺炎', '等', '重大', '传染性',
'疾病', '临床', '研究', '取得', '积极', '进展', '.']
去停用词后：['中医药', '防控', '非典肺炎', '、', '新冠肺炎', '传染性', '疾病', '临床',
'研究', '积极', '进展', '.']
```

本例中，利用 add_word()函数将“非典肺炎”和“新冠肺炎”两个新词添加到了词典中，分词后新词即可识别出来；定义停用词列表 stopwords 变量循环遍历停用词列表，将停用词列表中的词逐一从分词结果列表中删除，完成分词结果清洗。

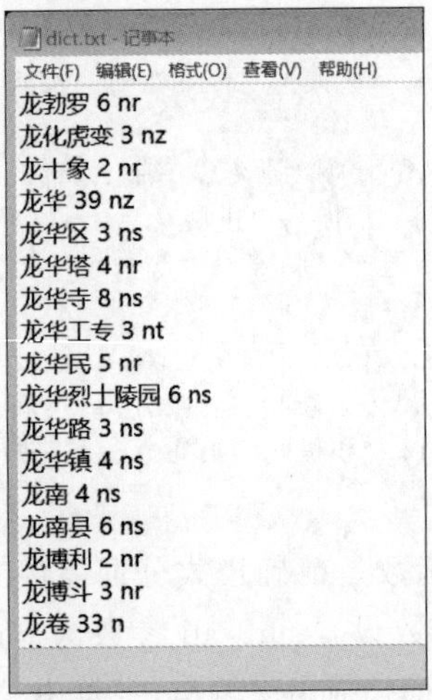
dict.txt - 记事本
文件(F) 编辑(E) 格式(O) 查看(V) 帮助(H)
龙勃罗 6 nr
龙化虎变 3 nz
龙十象 2 nr
龙华 39 nz
龙华区 3 ns
龙华塔 4 nr
龙华寺 8 ns
龙华工专 3 nt
龙华民 5 nr
龙华烈士陵园 6 ns
龙华路 3 ns
龙华镇 4 ns
龙南 4 ns
龙南县 6 ns
龙博利 2 nr
龙博斗 3 nr
龙卷 33 n

图 7.1 jieba 默认词典 dict.txt

在实际应用中，网络用语和专业领域的新词会比较多，通常是将新词存储到一个文本文件中，利用 load_userdict()函数添加自定义词典；另外，对统计分析中无意义的词也会比较多，此时，可将停用词存储到一个停用词文件中，读取并使用。

使用 load_userdict()函数添加自定义词典时，自定义词典文件格式与默认词典 dict.txt 保存一致(如图 7.1 所示)，即一个词占一行，每一行分 3 部分：词语、词频(可省略)和词性(可省略)，用空格隔开，3 部分顺序不可颠倒。当词频部分被省略时，使用自动计算能保证分出该词的词频(注意：自动计算的词频在使用 HMM 新词发现功能时可能无效)。file_name 若为路径或二进制方式打开的文件，则文件必须为 utf-8 编码。

练一练

下列关于 jieba 库的描述正确的是________。

A. jieba.lcut_for_search()为搜索引擎模式，分词结果不存在冗余

B. jieba 库的 3 种分词模式返回的结果都是元组类型

C. jieba.lcut()为精确模式，分词结果存在冗余

D. 可以通过 jieba.add_word()函数向分词词典增加新词，使之能够被判断为词语

7.3 词云库

俗语说,一图胜千言,图像可以将文本中复杂的、难以通过文字表达的内容和规律以视觉的符号表达出来,提供一种与人们视觉信息快速交互的效果。在文本信息挖掘中,文本可视化技术综合了文本分析、数据挖掘、数据可视化、计算机图形学、人机交互、认知科学等学科的理论和方法,为人们理解复杂的文本内容、结构和内在的规律等信息提供了有效的手段。可以说,文本可视化既是一门技术,又是一门艺术,优秀的数据可视化图像可以高效、精准地传达信息。

扫码看彩图

词云,又名文字云,主要是由词汇组成的彩色图形,它将出现频率较高的词语以较大的字体或颜色突出显示,频率低的以较小字体弱化显示,是一种可视化地描绘词语出现在文本数据中频率的方式,从而更加直观和艺术地展示词语在文本中不同的权重地位,是文本分析可视化的一个非常有效的手段。在图 7.2 所示的词云图像中,idea、curriculum、video、technology

图 7.2 词云示例 1

等单词以不同字体、不同颜色的形式突出显示,让读者一目了然地知道在某段文本中高频出现的词语,以快速了解文本主要表达的意图。

7.3.1 wordcloud 库简介

wordcloud 是优秀的词云展示 Python 第三方库。wordcloud 库可以根据文本中词语出现的频率等参数绘制词云,且词云的形状、尺寸和颜色均可设定,使得文本的展示更为美观。

wordcloud 库的使用可以分为 3 个步骤:创建词云对象、生成词云文本和输出词云图像文件。首先,在创建词云对象时可以设置不同的参数,如词云图像尺寸、背景颜色、文字字体、字体字号、停用词、图像蒙版等,使生成的词云达到不同的视觉效果;然后,在生成词云文本的过程中,词云本身的分词效果如果不理想,可以先分词预处理来满足实际的需要,如利用 jieba 库先做分词预处理后再生成词云文本;最后,指定路径和文件名对词云图像输出,如例 7.3 所示。

【例 7.3】 对指定字符串建立词云。

```
#例 7.3
import wordcloud
c=wordcloud.WordCloud()                                    #1.建立词云对象
c.generate("wordcloud is a nice method library in python")  #2.生成词云文本
c.to_file("pythonwordcloud.png")                           #3.输出词云文件
```

代码执行结果如图 7.3 所示。

图 7.3 词云示例 2

需要注意的是,wordcloud 库默认是不支持显示中文的,中文会被显示成方框,因此,如要显示中文词云,需要加载指定路径的中文字体。

7.3.2　wordcloud 库常用函数

wordcloud 库常用的函数是 wordcloud.WordCloud(),此函数生成一个词云对象,利用此词云对象即可对指定文本字符串生成和绘制一个词云图。wordcloud.WordCloud()对象常用的方法具体如表 7.2 所示。

表 7.2　wordcloud.WordCloud()对象常用方法

形　　式	描　　述	示　　例
w.generate(txt)	向 WordCloud()对象加载文本字符串 txt	w.generate("I like wordcloud")
w.to_file(filename)	将词云导出为图像文件,一般为 jpeg 或 png 格式	w.to_file("outfile.jpg")

另外,WordCloud()函数通过配置对象参数,可以调整生成的词云图像的格式,具体如表 7.3 所示。

表 7.3　WordCloud()函数参数

参　　数	描　　述
width	指定词云对象生成图片的宽度,默认 400 像素
height	指定词云对象生成图片的高度,默认 200 像素
min_font_size	指定词云中字体的最小字号,默认 4 号
max_font_size	指定词云中字体的最大字号,根据高度自动调节
font_step	指定词云字体字号的步进间隔,默认为 1
font_path	指定字体文件的路径,默认 None
max_words	指定词云显示的最大单词数量,默认 200
stopwords	指定词云的排除词列表,即不显示的单词列表
mask	指定词云形状,默认为长方形,如需指定,可以指定任意图像的形状,此时需要引用 imread()函数
background_color	指定词云图片的背景颜色,默认为黑色

函数的基本用法,如例 7.4 所示。

【例 7.4】　wordcloud 库函数的使用。

```
#例 7.4
import wordcloud
import jieba
txt="凡大医治病,必当安神定志,无欲无求,先发大慈恻隐之心,誓愿普救含灵之苦。若有疾厄来求救者,不得问其贵贱贫富,长幼妍蚩,怨亲善友,华夷愚智,普同一等,皆如至亲之想,亦不得瞻前顾后,自虑吉凶,护惜身命。见彼苦恼,若己有之,深心凄怆。勿避险巇、昼夜、寒暑、饥渴、疲劳,一心赴救,无作功夫形迹之心。如此可为苍生大医,反此则是含灵巨贼。自古名贤治病,多用生命以济危急,虽曰贱畜贵人,至于爱命,人畜一也,损彼益己,物情同患,况于人乎。夫杀生求生,去生更
```

远。吾今此方,所以不用生命为药者,良由此也。其虻虫、水蛭之属,市有先死者,则市而用之,不在此例。只如鸡卵一物,以其混沌未分,必有大段要急之处,不得已隐忍而用之。能不用者,斯为大哲亦所不及也。其有患疮痍下痢,臭秽不可瞻视,人所恶见者,但发惭愧凄怜忧恤之意,不得起一念蒂芥之心,是吾之志也。"

```
ls = jieba.lcut(txt)
txts = ' '.join(ls)
w=wordcloud.WordCloud(font_path='C:\Windows\Fonts\simhei.ttf',background_
color='white')
w.generate(txts)
w.to_file('大医精诚.png')
```

代码执行结果如图 7.4 所示。

图 7.4　大医精诚.png

本例中,利用 jieba 库对文本进行分词预处理,用空格将列表里的元素连接成字符串。设置 WordCloud()函数参数,将背景设置为白色,将字体设置为中文字体黑体,路径为"C:\Windows\Fonts\simhei.ttf",路径前加 r,可以使路径中的斜线\代表普通的斜线字符而不是转义字符。需要注意,计算机系统不同,路径可能会有差异,一般 Windows 系统的字体储存路径为"C:\Windows\Fonts",macOS 系统的字体储存路径为"/System/Library/Fonts"。最后向 WordCloud 对象 w 加载文本,并导出 png 格式文件。

练一练

1. 现有一个已经设置了部分参数的词云对象,代码如下:

```
w=wordcloud.WordCloud(
       background_color = 'white',
       mask = backgroup_Image,
       font_path = r'C:\Windows\Fonts\STZHONGS.TTF',
       width = 1920,
       height = 1080,
       max_words=100)
```

以下关于该词云的描述正确的是_____。
　　A. 词云的形状一定为矩形
　　B. 词云图片的高度为 1920 像素
　　C. 若加载的词云文本里有 120 种单词,则它们都会显示在词云上
　　D. 可以修改 font_path 参数的值来改变词云中的字体

2. 从例 7.3 词云图的输出结果来看，"之、也、先、者、是、则、必、皆、为"等字对理解文本的意思并没有帮助，请尝试使用 stopwords 参数将这些词作为停用词去掉。

7.4　医学实践案例解析

7.4.1　案例 1：方剂学文本分词与可视化

1. 案例描述

中医药学研究的内容蕴含着人体系统活动的复杂规律，方剂是中医药学在解决人体活动出现问题时状态的有效途径，也是中医药学中理、法、方、药中一个重要的组成部分，其药物配伍建立在充分辩证的基础上，对人体已病和未病状态进行干预。自古以来，中国的医药工作者在对方剂的挖掘和整理及隐含的知识发现工作中，总结出了很多行之有效的方剂配伍，对中医药的传承和发展起到了重要的作用。

方剂一般包含方剂类型、方名、药物组成、功用、主治等信息。其中，药物组成、功用、主治能够有效体现药物配伍、理法方药、临床证候等信息。利用中文分词技术与词云可视化技术，可以寻找大量方剂所蕴含的基本规律。

对图 7.5 所示的方剂学文本进行数据预处理、分词，找到高频词，并将分词结果以词云的方式可视化显示。

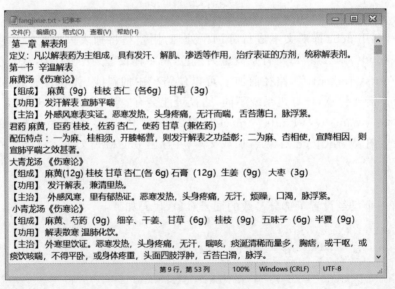

图 7.5　方剂学文本

2. 问题分析

根据问题描述及文本的基本情况，发现该方剂学文本中存在大量高频率的无效词，如组成、主治、功用、配伍、特点、定义、治疗、方剂、作用等，这些词虽然出现次数多，但与方剂的主题不相关，因此，需要建立停用词典，将无效的词保存到文件中，如图 7.6 所示。另外，还有一些标点符号及词是单个汉字的，也没有实际意义，因此可以在分词后，将这些词清洗掉，不需要统计词频和显示在词云图中，具体步骤如下。

　　第一步：新建停用词典，读入数据文件和停用词文件。

　　第二步：在读入的数据文本中去停用词。

　　第三步：分词，存储字长大于 1 的词，统计词频。

　　第四步：将分词结果按词频降序排序，并按格式打印输出。

　　第五步：建立词云对象，将分词结果生成词云图，并输出。

图 7.6　停用词表

3. 编程实现

　　具体代码内容如下：

```
import jieba
import wordcloud
#打开数据文件和停用词文件
ftxt=open(r"data\fangjixue.txt",encoding='utf-8').read()
fstop=open(r"data\stopfj.txt",encoding='utf-8').read().replace('\n','')
.split(" ")
#去停用词
for word in fstop:
    if word in ftxt:
        ftxt=ftxt.replace(word,' ')
#分词并统计词频
flst=jieba.lcut(ftxt)
dictc={}
flstnew=[]
for w in flst:
    if len(w)>1:
        dictc[w]=dictc.get(w,0)+1
        flstnew.append(w)
#分词结果输出
dictlst=list(dictc.items())
dictlst.sort(key=lambda x:x[1],reverse=True)
for item in dictlst[:20]:
    print(item[0],item[1],end="|")
#词云可视化
txts = ''.join(flstnew)
w= wordcloud.WordCloud(width=900,height=700,font_path='C:\Windows\Fonts\
simhei.ttf',background_color='white')
w.generate("".join(txts))
w.to_file(r'result\方剂词云图.png')
```

代码执行结果如下：

9g 119|6g 94|甘草 77|3g 51|15g 38|30g 38|12g 37|舌苔 34|半夏 32|化痰 32|人参 30|桂枝 28|当归 28|芍药 26|清热 26|茯苓 26|大枣 22|舌淡 22|生姜 21|小便 21|

词云图如图 7.7 所示。

图 7.7   方剂词云图 1

4. 代码解析

第一步：打开数据文件和停用词文件。

因停用词文件每行只显示 1 个停用词，故在读入文件后，需要将\n 换掉再切分成列表。

第二步：去停用词。

循环遍历停用词列表，如果停用词在读入的数据文件的文本字符串中，则替换成空字符串。

第三步：分词并统计词频。

使用 jieba 库的 lcut() 函数分词，建立分词词频词典 dictc 和新词列表 flstnew，循环遍历分词列表 flst，将字长大于 1 的词追加到新词列表中，并统计词频，记录到词频字典中。

第四步：分词结果输出。

按词频高低顺序排序，需要先将分词词典转换为列表，利用列表的 sort() 方法，按照关键字是列表元素的第一个字符降序排序，最后遍历列表，将词和词频打印输出。

第五步：词云可视化。

使用字符串的 join() 方法先将新词列表 flstnew 连接成字符，建立词云对象，设置图像宽度和高度，以及背景颜色和字体，然后将文本生成词云，并输出到文件中。

7.4.2   案例 2：《糖尿病科普 100 问》文本关键词提取

1. 问题描述

2022 年 5 月，国务院办公厅印发的《"十四五"国民健康规划》中提出，深入开展健康知识宣传普及，提升居民健康素养。提高心脑血管疾病、癌症、慢性呼吸系统疾病、糖尿病等重大慢性病综合防治能力，强化预防、早期筛查和综合干预，逐步将符合条件的慢性病早诊早治适宜技术按规定纳入诊疗常规。

在互联网上，有很多科普宣传和科普文章，而这些文章的文字数量也很多，单纯的词语和词频并不能体现一篇文章的主题。要在海量的文本中获取文章的关键信息并了解一段文本的主题，就需要识别关键词。关键词抽取就是从文本里面把与这篇文章意义最相关的一些词抽取出来，类似于论文的关键词或摘要。关键词抽取可以采取有监督学习和无监督学习的算法，其中无监督学习最常用。无监督学习的思想是，首先，抽取候选词，对每个候选词

打分;然后,去除前 K 个分值高的关键词。jieba 库中的关键词抽取算法可以基于 TF-IDF
算法(term frequency-inverse document frequency),也可以基于 TextRank 算法。其中,
TF-IDF 算法中的 TF 是词频(term frequency),IDF 是逆文本频率指数(inverse document
frequency),目标是获取文本中词频高且语料库其他文本中词频低的,也就是 IDF 大的词,
这样的词可以作为文本的标志,用来区分其他文本。

现有一篇关于糖尿病医学科普文章的文本文件,如图 7.8 所示,请根据 jieba 的 TF-IDF
算法抽取其关键词,并打印输出关键词和相应权重值。

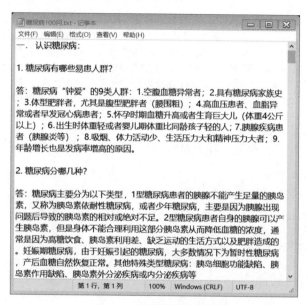

图 7.8　糖尿病科普文章

2. 问题分析

通过检索 jieba 官网,学习 jieba.analyse 的关键词抽取过程,需要对文本去停用词后,再
对文本进行关键词提取,调用 jieba.analyse.extract_tags(ftxt,topK = 20,withWeight =
True,allowPOS=())方法,具体步骤如下。

第一步:建立糖尿病停用词典。

第二步:打开并读取数据文件;打开并读取停用词文件并进行预处理。

第三步:去停用词。

第四步:关键词抽取。

第五步:打印输出。

3. 编程实现

具体代码内容如下:

```
import jieba
import jieba.analyse
#打开数据文件和停用词文件
ftxt=open(r"data\糖尿病 100 问.txt",encoding='utf-8').read()
fstop=open(r"data\糖尿病停用词.txt",encoding='utf-8').read().replace('\n',' ')
.split(" ")
```

```
#去停用词
for word in fstop:
    if word in ftxt:
        ftxt=ftxt.replace(word,'')
#关键词提取
keywords_weight = jieba.analyse.extract_tags(ftxt,topK = 20,withWeight = True,
allowPOS=())
print(keywords_weight)
```

代码执行结果如下：

```
[('胰岛素', 0.39282950982360904), ('血糖', 0.3304743775366165), ('糖尿病',
0.2611553936366165), ('餐后', 0.08988546994661654), ('低血糖', 0.08779699433245614),
('二甲双胍', 0.08275395032205514), ('降糖', 0.06934501446052632), ('注射',
0.06534977713822054), ('磺脲', 0.06417075370075188), ('短效', 0.06272873830025062),
('2 型糖尿病', 0.059923646631077694), ('维生素', 0.05880808186182331), ('B12',
0.05243319080219298), ('葡萄糖', 0.04804951296112782), ('糖苷酶', 0.043548488884711786),
('脂肪', 0.04180259567757519), ('饮食', 0.039355372938834586), ('血糖仪',
0.03850639016134085), ('糖尿', 0.037935207339285716), ('体重', 0.037612771913583955)]
```

4. 案例代码分析

在关键词抽取时，设置参数非常重要，extract_tags()函数的 topK 参数代表提取的前
20 个关键词；withWeight 参数表示是否显示权重；allowPOS 参数表示是否按词性进行过
滤筛选。

7.5　课堂实践探索

7.5.1　探索 1：如何实现词云图个性化显示

以图 7.9 所示的药罐图为蒙版，背景为黑色，使 7.4.1 节案例的词云结果更具个性化。
具体代码内容如下：

```
import jieba
import wordcloud
from imageio import imread
#打开数据文件和停用词文件
ftxt=open(r"data\fangjixue.txt",encoding='utf-8').read()
fstop=open(r"data\stopfj.txt",encoding='utf-8').read().replace('\n','')
.split(" ")
#去停用词
for word in fstop:
    if word in ftxt:
        ftxt=ftxt.replace(word,'')
#分词并统计词频
flst=jieba.lcut(ftxt)
dictc={}
flstnew=[]
for w in flst:
    if len(w)>1:
```

```
        dictc[w]=dictc.get(w,0)+1
        flstnew.append(w)
#分词结果输出
dictlst=list(dictc.items())
dictlst.sort(key=lambda x:x[1],reverse=True)
for item in dictlst[:20]:
    print(item[0],item[1],end='|')
#词云可视化
mk=imread("data\药罐.jpg")
txts = ''.join(flstnew)
w=wordcloud.WordCloud(font_path= 'C:\Windows\Fonts\simhei.ttf',background_
color='white',mask=mk)
w.generate(" ".join(txts))
w.to_file(r'result\方剂词云图.png')
```

执行结果词云图如图 7.10 所示。

图 7.9　药罐蒙版图

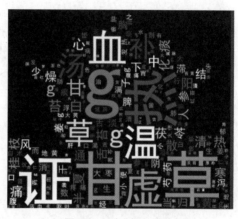

图 7.10　方剂词云图 2

请分析以上代码,并尝试进行改进。

7.5.2　探索 2：如何使关键词抽取结果更符合专业领域

分析 7.4.2 节案例结果不难发现,在关键词抽取结果中,二甲双胍、短效、糖尿、B12 并不是医学专业术语。对于科普文章而言,尤其是专业科普的文章,因为 jieba 库的默认词典中没有专业术语,抽取的关键词也没有实际意义。因此,在关键词抽取之前,需建立专业词典,加载到 jieba 库中,再进行关键词抽取。

建立的专业词典内容如下：糖尿病家族史、空腹血糖、体型肥胖、腹型肥胖、巨大儿、依赖性糖尿病、少年糖尿病、妊娠期糖尿病、胰岛细胞、内分泌疾病、糖耐量、低血糖、糖化血红蛋白、HbA1C、血糖浓度、肾性糖尿病、药物性糖尿病、妊娠性糖尿病、饮食性糖尿病、1 型糖尿病、2 型糖尿病、血糖仪、降糖药、磺脲类药物、双胍类药物、苯乙双胍片、二甲双胍片、双胍、α 葡萄糖苷酶抑制剂、阿卡波糖、DPP-4 酶抑制剂、二甲双胍、诺和灵、长效胰岛素、鱼精蛋白锌胰岛素、来得时、长秀霖、优泌林 R、甘舒霖 R。

具体代码内容如下：

```
import jieba
import jieba.analyse
#打开数据文件、和停用词文件、加载专业词典
ftxt=open(r"data\糖尿病 100 问.txt",encoding='utf-8').read()
jieba.load_userdict(r"data\糖尿病词典.txt")
fstop=open(r"教学\data2\糖尿病停用词.txt",encoding='utf-8').read().replace('\
n','').split(" ")
#去停用词
for word in fstop:
    if word in ftxt:
     ftxt=ftxt.replace(word,'')
keywords_weight=jieba.analyse.extract_tags(ftxt, topK=20, withWeight=True,
allowPOS=())
print(keywords_weight)
```

代码执行结果如下：

```
[('胰岛素', 0.39282950982360904), ('血糖', 0.3304743775366165), ('糖尿病',
0.2611553936366165), ('餐后', 0.08988546994661654), ('低血糖', 0.08779699433245614),
('二甲双胍', 0.08275395032205514), ('降糖', 0.06934501446052632), ('注射',
0.06534977713822054), ('磺脲', 0.06417075370075188), ('短效', 0.062272873830025062),
('2 型糖尿病', 0.059923646631077694), ('维生素', 0.05880808186182331), ('B12',
0.05243319080219298), ('葡萄糖', 0.04804951296112782), ('糖苷酶', 0.043548488884711786),
('脂肪', 0.04180259567757519), ('饮食', 0.039355372938834586), ('血糖仪',
0.03850639016134085), ('糖尿', 0.037935207339285716), ('体重', 0.037612771913583955)]
```

请分析以上代码，并尝试进行改进。

7.6 本章小结

扫码查看思维导图

7.7 本章习题

一、选择题

1. 在使用 jieba 库进行中文分词时，如果需要把文本中所有可能的词语都扫描出来，选
用的模式是_____。

　　A. 精确模式　　　　　B. 全模式　　　　　C. 搜索引擎模式　　　　D. 索引模式

2. 以下关于 jieba 库的函数 jieba.lcut_for_search(x)的描述，正确的选项是_____。

　　A. 精确模式，返回中文文本 x 分词后的列表变量

　　B. 全模式，返回中文文本 x 分词后的列表变量

  C. 搜索引擎模式,返回中文文本 x 分词后的列表变量

  D. 向分词词典中增加新词 w

3. 以下关于 wordcloud 库的描述,正确的选项是_____。

  A. wordcloud 库是专用于根据文本生成词云的 Python 第三方库

  B. wordcloud 库是网络爬虫方向的 Python 第三方库

  C. wordcloud 库是机器学习方向的 Python 第三方库

  D. wordcloud 库是中文分词的 Python 第三方库

4. 可用于中文分词的第三库是_____。

  A. jieba   B. NLTK   C. tensorflow   D. pycuda

5. 中文分词的作用是_____。

  A. 将中文句子划分为以词为单位的词序列

  B. 去掉文本中与主题无关的句子

  C. 将文本转换为数字向量

  D. 从文本中抽取与主题有关的词语

6. jieba 中文分词支持的模式不包括_____。

  A. 精确模式   B. 全模式   C. 搜索引擎模式 D. 随机模式

7. 以下代码的执行结果是_____。

```
import jieba
str="中国是一个伟大的国家"
print(jieba.lcut(str))
```

  A. ['中国是一个伟大的国家']

  B. ['中国', '是', '一个', '伟大', '的', '国家']

  C. ['中国', '国是', '一个', '伟大', '的', '国家']

  D. '中国是一个伟大的国家'

二、编程题

1. 从键盘输入一个中文字符串,可以包含标点符号,使用 jieba 库对其进行分词,并计算分词后的中文词语数量。

示例如下:

```
输入:
    张仲景是我国古代伟大的医学家
输出:
    ['张仲景', '是', '我国', '古代', '伟大', '的', '医学家']
中文词语数: 7
```

2. 有一个 data.txt 文件,其内容如下:

  在自然语言处理技术中,中文处理技术比西文处理技术要落后很大一段距离,许多西文的处理方法中文不能直接采用,就是因为中文必须有分词这道工序。中文分词是其他中文信息处理的基础,搜索引擎只是中文分词的一个应用。其他的,例如机器翻译(MT)、语音合成、自动分类、自动摘要、自动校对等,都需要用到分词。中文需要分词,可能会影响一些研究,但同时也为一些企业带来机会,因为国外的计算机处理技术要想进入中国市场,首先也是要解决中文分词问题。分词准确性对搜索引擎来说十分重要,但如果分词速度太慢,即使准确性再高,对于搜索引擎来说也是不可用

的,因为搜索引擎需要处理数以亿计的网页,如果分词耗用的时间过长,会严重影响搜索引擎内容更新的速度。因此对于搜索引擎来说,分词的准确性和速度,二者都需要达到很高的要求。研究中文分词的大多是科研院校,清华、北大、哈工大、中科院、北京语言大学、山西大学、东北大学、IBM 研究院、微软中国研究院等都有自己的研究队伍,而真正专业研究中文分词的商业公司除了海量以外,几乎没有了。科研院校研究的技术,大部分不能很快产品化,而一个专业公司的力量毕竟有限。看来中文分词技术要想更好地服务于更多的产品,还有很长一段路要走。

利用 jieba 库实现中文分词,对分词后的列表进行去重处理,然后将分词结果中字符数大于或等于 3 的词排序后写到文件 out.txt 中,out.txt 文件中每一行是分词后的一个词语。示例如下(示例数据不代表真实数据):

```
1   山西大学
2   研究院
3   产品化
4   数以亿计
5   大部分
6   机器翻译
7   IBM
8   哈工大
9   中科院
10  搜索引擎
11  准确性
12  道工序
13  中文信息处理
14  自然语言
15  一段距离
16  东北大学
17  一段路
18  计算机
```

3. 使用 wordcloud 库将以下 data.txt 文件的内容进行中文分词后输出一张高 700 像素,宽 1000 像素,背景为白色的词云图,保存为 data.jpg 文件。

data.txt 内容如下:

方剂按功效分类源于唐代陈藏器的《本草拾遗》,将中药按功效分为宣、通、补、泄、轻、重、涩、滑、燥、湿十种,称为十剂。明代张景岳在《景岳全书》中提出"补、和、攻、散、寒、热、固、因"的"八阵";清代程钟龄在《医学心悟》中提出"汗、和、下、消、吐、清、温、补"的"八法";以及汪昂在《医方集解》中提出的补养、发表、涌吐、攻里、表里、和解、理气、理血、祛风、祛寒、清暑、利湿、润燥、泻火、除痰、消导、收涩、杀虫、明目、痈疡、经产、救急等二十二类,均是按功效分类。

结果示例如下:

第 **8** 章
绘图与数据可视化

本章学习目标

- 熟悉数据可视化的概念、作用与一般步骤
- 了解常用的 Python 数据可视化第三方库
- 掌握可视化图表的基本类型与应用场景
- 熟悉 Matplotlib、pyecharts 第三方库的常用函数与应用

本章源代码

本章首先介绍数据可视化的概念、步骤、常见的可视化图表类型以及常用的 Python 数据可视化第三方库；然后，从类别比较、数据关系、时间序列、局部整体、数值分布和地理空间六大基本类型的角度，详细介绍了柱状图、散点图、箱形图、折线图、饼状图、地图等 14 种可视化图表的概念和应用场景，通过引入 Matplotlib 和 pyecharts 两个第三方库，实现了可视化图表的 Python 绘制；最后，针对北京市医院药品销售数据，分别使用 Matplotlib 和 pyecharts 库进行可视化分析，并通过"销量 TOP10 药物统计"和"月份销售金额统计"的实践案例，帮助读者进一步掌握数据可视化在健康医疗领域中的应用。

8.1 数据可视化概述

8.1.1 数据可视化的概念

数据可视化是以图像或图形格式表示的数据，它是一种以视觉表现形式快速、直观地传达信息的方法。相比文字来说，人类大脑对图像的敏感性更高，因此通过数据可视化可以更高效地反映数据的基本情况以及数据背后蕴含的规律，从而让用户能够快速、准确地理解数据所要表达的信息，提高沟通效率。

8.1.2 数据可视化的步骤

一个完整的数据可视化过程主要包括以下 4 个步骤：了解已有数据、确定分析目标、选择图表类型和可视化图表绘制。

1. 了解已有数据

已有数据决定了图表可以展现的信息。正所谓，巧妇难为无米之炊，数据可视化的实现首先需要有相关数据的支持。若现有数据不足，可通过内部或外部途径进行数据采集。对于已有数据，也需要进一步了解数据的行数、每一列的含义以及数据类型等基本信息，从而

为选择可视化图表提供一定的帮助。

2. 确定分析目标

数据可视化的最终目标是为了解决实际问题,因此在开始可视化绘制之前需要对图表的受众对象进行调研,了解受众群体需求,紧贴分析目标,从而最大限度地提升数据可视化的效果,提高图表展现信息的质量。

3. 选择图表类型

图表的选择直接关系到可视化的呈现效果,一张合适的图表能够把数据之间的联系转换为直观的信息,相反,错误的图表可能会将需求对象引向错误的方向。数据可视化分析人员需要了解所有主流的图表类型,并且清楚知道每种图表适合做哪些分析。

根据各类图表的功能作用,可以选择不同的图表来准确、恰当地传递信息。常见的图表基本类型与功能如图 8.1 所示。

扫码看原图

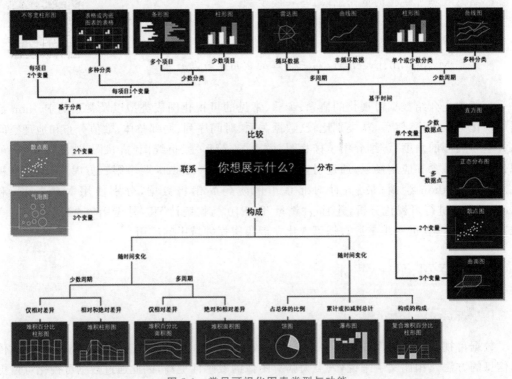

图 8.1 常见可视化图表类型与功能

按照可视化图表的功能,具体可以分为以下 5 类图表。

(1) 比较类图表,通过对比发现不同事物间的差异,以总结事物的特征,常见图表包括柱状图、条形图、雷达图、词云图等。

(2) 趋势类图表,通过图表反映事物发展趋势。趋势类图表有时也被定义为比较类图表,因为随时间变化的趋势实际上可以看作现在与过去的比较,常见图表包括折线图、日历图。此外,比较类图表中的柱状图也可以用来描述趋势。

(3) 构成类图表,通过面积大小、柱子长短等方式反映事物的结构和组成,以展示事物之间的主次关系,常见图表为饼状图、圆环图、马赛克图等。

（4）关系类图表,通过图表反映事物不同维度间的关系,常见图表包括散点图、气泡图、热力图等。

（5）分布类图表,通过图表反映事物或变量的分布特征,常见图表包括直方图、箱形图。此外,地图也是一种特殊的分布类图表,它可以反映事物地理分布情况或用户出行轨迹,常见图表包括世界地图、中国地图、省市地图、街道地图、地理热力图等。

4. 可视化图表绘制

确定选用的图表类型后,需要使用合适的数据可视化工具以实现图表的绘制。Python 提供了多种用于数据可视化的第三方库。

1）Matplotlib

Matplotlib 是 Python 中最常用的绘图库,可以用来绘制各种静态、动态、交互式的图表。Matplotlib 提供了一套面向绘图对象编程的 API 接口,能够轻松地实现各种图像的绘制,并且它可以配合 Python GUI 工具(如 PyQt、Tkinter 等)在应用程序中嵌入图形。同时 Matplotlib 也支持以脚本的形式嵌入 IPython shell、Jupyter Notebook、Web 应用服务器中使用。由于使用简单、代码清晰易懂,Matplotlib 已经成为 Python 中最受欢迎的数据可视化工具。

2）pyecharts

pyecharts 是百度开源数据可视化工具 Echarts 的 Python 封装版本,其数据可视化类型十分丰富,并且具有良好的交互性。它具有简洁的 API 设计,支持链式调用,支持主流 Jupyter Notebook 环境,并可轻松集成至 Flask、Django 等主流 Web 框架,具有高度灵活的配置项,可轻松搭配出精美图表。此外,pyecharts 在绘制地图方面具有较大优势,它具有多达四百余个地图文件,支持原生百度地图,为地理数据可视化提供了强有力的支持。

3）seaborn

seaborn 是一个基于 Matplotlib 构建的数据可视化库,其默认绘图风格和色彩搭配更具有现代美感,代码语法也更为简洁。seaborn 的绘图接口更为集成,可通过少量参数设置实现大量封装绘图。使用 seaborn,可利用色彩丰富的图像揭示数据中隐藏的信息。

4）bokeh

bokeh 是一种面向现代浏览器制作可交互图表的 Python 工具。bokeh 绘制的图表可以输出为 JSON 对象、HTML 文档或者可交互的网络应用。除了本地数据外,bokeh 也支持数据流和实时数据。bokeh 为不同水平的用户提供了不同的自定义程度,最低的自定义程度可以快速制图,主要用于制作常用图像,如柱状图、箱形图、直方图等;中等自定义程度与 Matplotlib 一样允许用户控制图像的基本元素(例如分布图中的点);最高的自定义程度主要面向开发人员和软件工程师,需要用户自定义图表的每一个元素。

5）ggplot

ggplot 是基于 R 语言中 ggplot2 图形语法的 Python 绘图库,该第三方库的核心在于以更少代码绘制更专业的图形。ggplot 与 Python 中的 pandas 库具有共生关系,即使用 ggplot 绘图需要先将数据保存为 pandas 的 DataFrame 格式。ggplot 为了操作起来更加简洁,在一定程度上牺牲了图像的复杂度,因此不适用于制作非常个性化的图像。

8.2　图表的基本类型

　　本节基于 8.1 节中图表的 5 种功能,将可视化图表细分为类别比较、数据关系、时间序列、局部整体、数值分布和地理空间 6 种基本类型。通过对每种图表的定义、适用场景和优缺点的具体介绍,帮助读者快速选择合适的图表。

8.2.1　类别比较

1. 柱状图

　　柱状图是最常见的类别比较型图表,适用于二维数据集,其中一个维度为类别型数据,另一个维度为数值型数据。图 8.2 显示了不同省份的中医院数量数据,"省份"和"中医院数量"即为该数据的两个维度,"省份"维度可取值"北京""上海""天津"等类别数据,"中医院数量"维度则取值为连续数字类型。

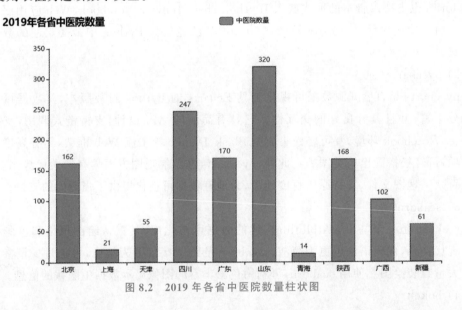

图 8.2　2019 年各省中医院数量柱状图

　　柱状图利用柱子的高度,反映数据之间的差异。由于人类肉眼对高度差异很敏感,因此辨识效果较好。但需要注意的是,柱状图的类别数量一般控制在 5～12 种最佳,当类别数量较多或 x 轴坐标文字较长时,可以采用将柱状图转换为条形图的方法,而当类别数量超过 30 种时,柱状图将不再适用。

2. 条形图

　　条形图与柱状图类似,只是在柱状图的基础上交换了 x 轴和 y 轴的位置,多用于显示 top 排行或分类名称比较长的情况。图 8.3 展示了某地区销量 top10 的药物,由于药物名称较长,此时更适用于使用条形图进行可视化。

3. 雷达图

　　雷达图是一种表现多维数据的可视化方式,它将多个维度的数值映射到坐标轴上,每一个维度的数据分别对应一个坐标轴,这些坐标轴以相同的间距沿着径向排列,并且刻度相

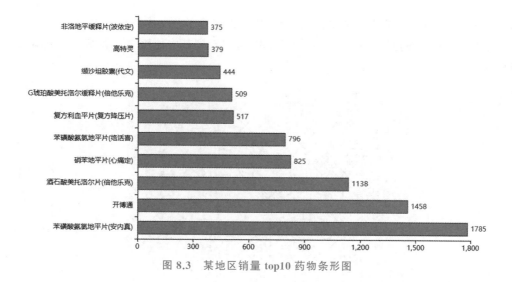

图 8.3　某地区销量 top10 药物条形图

同。需要注意的是,虽然雷达图每个轴线表示不同维度,但为了易于理解和统一比较,使用雷达图时经常会将多个坐标轴统一为同样的度量,且数据维度一般控制在 5~8 个为宜。

图 8.4 展示了某医院某年在不同方面的预算分配与实际开销,通过该雷达图可以清晰、直观地了解医院的实际运营情况。

扫码看彩图

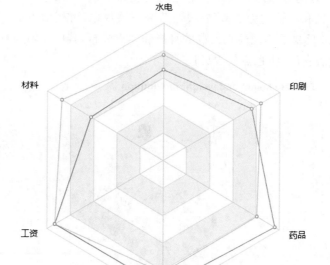

图 8.4　某医院某年的预算分配与实际开销雷达图

4. 词云图

词云图是一种用来展现高频关键词的可视化表达,适用于对文本数据的处理和分析。在词云图中,不同字体颜色表示不同关键词,不同字体大小表示各关键词的出现频次。词云图通过过滤大量低频、低质的文本信息,使用户可以快速了解文本的核心内容。

图 8.5 展示了新冠方剂中常用的中药名称,可以看到其中使用频次较高的药物为藿香、杏仁、麻黄等药物。

图 8.5   新冠方剂常用中药词云图

8.2.2   数据关系

1. 散点图

散点图利用散点的分布形态反映变量之间的统计关系,可用于二维或三维数据集。若为二维数据,则 x 轴和 y 轴均为数值型变量;若为三维数据,可用散点的不同颜色表示不同类别。例如,图 8.6 反映了不同性别人群的身高和体重分布,其中 x 轴为身高数据,y 轴为体重数据,深色点代表女性,浅色点代表男性。

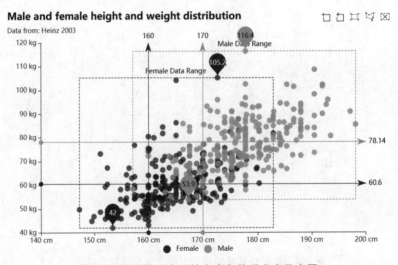

图 8.6   不同性别人群的身高和体重分布散点图

2. 气泡图

气泡图是散点图的一种变体。它在散点图的基础上,通过引入点的面积大小以反映数据的第三或第四个维度。在气泡图中,较大的气泡表示更大的数值,可以通过气泡的位置分布和大小比例分析数据中蕴含的规律。例如,图 8.7 显示了 2020 年部分国家的人均 GDP、预期寿命和国家人口之间的关系,其中 x 轴为人均 GDP,y 轴为平均寿命,点的面积大小反映了国家人口数,点的颜色代表不同国家。

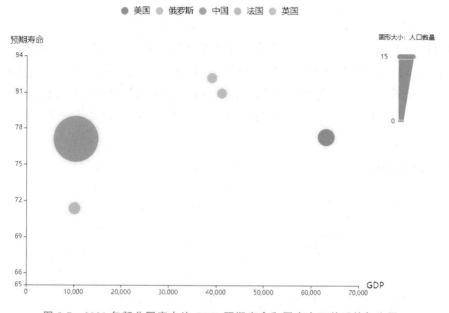

扫码看彩图

图 8.7　2020 年部分国家人均 GDP、预期寿命和国家人口关系的气泡图

3. 热力图

热力图是一种通过对色块着色来显示数据及数据间关系的可视化方式。绘图时,需指定颜色映射的规则,一般按照由深及浅或从暖至冷的色带表示数值大小的变化。如图 8.8 所示,通过统计网页元素的被点击次数以绘制热力图,能够准确地展示出更容易被用户点击

扫码看彩图

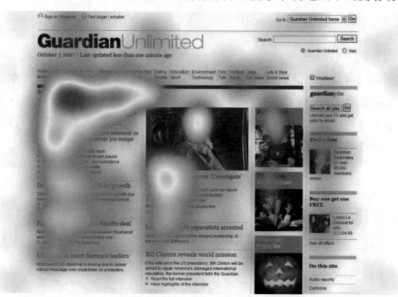

图 8.8　网页元素被点击次数的热力图

的元素以及可能没有被用户注意到的网页元素,以此来为网页的布局及广告的投放提供支持。

8.2.3　时间序列

1. 折线图

折线图用于显示数据在一个连续的时间间隔或者时间跨度上的变化,用于反映事物随时间或有序类别而变化的趋势。需要注意的是,如果横轴不是表示连续时间或有序类别,则折线图的意义不大,此时可选用柱状图。例如,图 8.9 展示了某药店按月份的销售额变化情况。可以看到,该药店 2 月和 3 月的销量较低,之后销量升高并保持平稳趋势,7 月又直线下降。

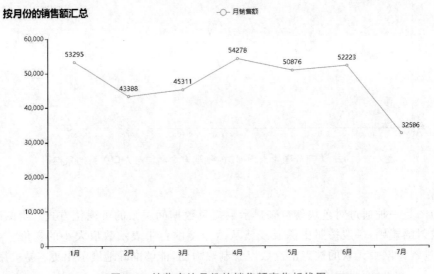

图 8.9　某药店按月份的销售额变化折线图

2. 日历图

日历图一般是指日历与热力图两者组合的时序图,由时间变量和另一种数值型变量组成。日历图可以反映出在一段日期内的数值分布情况,有利于分析人员在时间跨度上对某些数据进行对比分析。例如,图 8.10 以日历的形式展示了某药店 1 月至 6 月的销量情况,颜色越偏红说明该日期的销量越高,越偏蓝说明该日期的销量较低。

扫码看彩图

图 8.10　某药店 1 月至 6 月销量的日历图

8.2.4　局部整体

1. 饼状图

饼状图用于展示不同组成部分相对于整体的比例,它将一个圆饼按照分类的占比划分成多个区块,整个圆饼代表数据的总量,每段圆弧对应的面积表示该分类占总体的比例大小。饼状图通过弧度大小来对比各种分类,从而帮助用户快速了解数据的占比分配。例如,图 8.11 展示了北京市不同级别中医院所占比例,可以看到其中二级医院所占比例相对最高。

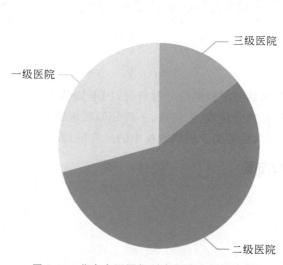

图 8.11　北京市不同级别中医院比例饼状图

2. 百分比堆积柱形图

百分比堆积柱形图将每个柱子进行分割以显示相同类型下各个数据的占比情况。其中,柱子的各层长度占柱子总长度的关系代表该类别数据占该分组总体数据的百分比。百分比堆积柱形图适用于比较不同分类在某个分组上所占的比重。

8.2.5　数值分布

1. 直方图

直方图可表示数值型数据的分布情况,它与柱状图在形式上类似,但功能作用大不相同。直方图用于展示概率分布,它显示了一组数值序列在给定的数值范围内出现的频次,而柱状图则用于展示各个类别的频数。

为了构建直方图,首先需要对数量取值范围分段,将整个值域的范围分成一系列间隔,然后统计每个间隔中有多少值,最后使用一系列高度不等的柱子表示数据分布的情况。例如,图 8.12 展示了 400 人的身高取值分布情况,总体来看,数据呈正态分布趋势。

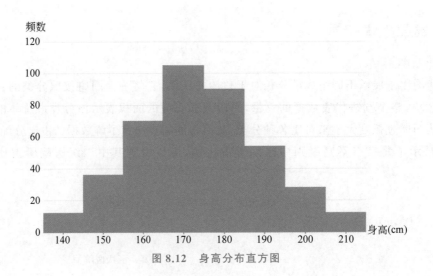

图 8.12　身高分布直方图

2. 箱形图

箱形图主要用于反映数值型数据的分散情况,因形如箱子而得名。箱形图利用数据中的 5 个统计量(最小值、上四分位数、中位数、下四分位数与最大值)来描述数据,不仅能够直观地显示分布的离散程度,也有助于识别数据中的异常值,如图 8.13 所示。

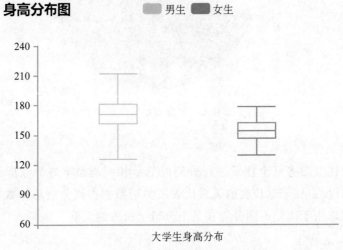

图 8.13　不同性别大学生身高分布箱形图

8.2.6　地理空间

地图采用特殊高亮的形式展示数据在地理区域上的分布情况。一般来说,地图需要与热力图、气泡图进行结合,使用地图作为背景,通过颜色深浅、气泡大小等方式将数据在不同地理位置上的分布通过颜色或者气泡映射在地图上。如图 8.14 所示,展现了北京市各区的药品销售情况,和普通的柱状图、散点图相比,地图由于结合了地理位置坐标,因此更加直观、清晰。

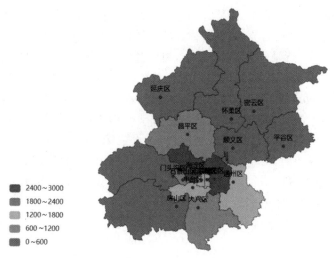

图 8.14　北京不同区中医院数量分布情况

8.3　数据可视化库

8.3.1　Matplotlib 库简介

Matplotlib 是 Python 中最常用的绘图库，可以用来绘制各种静态、动态、交互式的图表，包括折线图、散点图、条形图、柱状图、雷达图等。Matplotlib 库由各种可视化类组成，内部结构复杂，一般使用其中的 pyplot 模块进行绘图。通常，以 as 关键字引导的别名形式简化引入包的名称，导入语句如下：

```
import matplotlib.pyplot as plt
```

8.3.2　Matplotlib 库常用函数

本节从基础函数、绘图函数和样式函数 3 方面介绍 Matplotlib 第三方库中的常用函数。

1. 基础函数

Matplotlib 库中的基础函数主要用于创建画布对象、添加子图、保存图片、读取图片和显示图片。表 8.1 对相关基础函数和函数功能进行了汇总。

表 8.1　Matplotlib 库基础函数与功能

基 础 函 数	功　　能
plt.figure(figsize,dpi,facecolor,edgercolor,frameon)	创建画布
plt.subplot(nrows,ncols,index)	划分子图
plt.tight_layout()	自动调整整图间距
plt.savefig(dpi)	保存为图片
plt.imread()	读取图片
plt.imshow()	显示图片

figure()函数通过创建画布以实例化 figure 对象。可设置以下参数：figsize，以（宽度，高度）形式指定画布的大小，单位为英寸；dpi，指定绘图对象的分辨率，即每英寸多少像素，默认值为 80；facecolor，背景颜色；edgecolor，边框颜色；frameon，是否显示边框。

subplot()函数可以均等地划分画布，其中参数 nrows 与 ncols 表示要划分为几行几列的子区域（nrows * nclos 表示子图数量），index 的初始值为 1，用来选定具体的某个子图。当子图坐标轴存在交叉覆盖情况，可使用 tight_layout()函数自动调整子图间距。

savefig()函数用于保存图片，可通过 dpi 参数设置保存图片的分辨率。

另外，Matplotlib 中的 image 模块提供了加载、缩放和显示图像的功能，使用 imread()函数可读取图片，通过 imshow()可将图片显示在 Matplotlib 查看器中。

函数具体用法如例 8.1 所示。

【例 8.1】　Matplotlib 基础函数示例。

```
#例 8.1
import matplotlib.pyplot as plt
#创建一张图片大小为 3 * 2,分辨率为 120,背景颜色为灰色,边框颜色为黑色的画布
plt.figure(figsize=(3,2),dpi=120,facecolor='gray',edgecolor='black',frameon
=True)
#划分为四张子图
ax1 = plt.subplot(221)
ax2 = plt.subplot(222)
ax3 = plt.subplot(223)
ax4 = plt.subplot(224)
#调整子图间距
plt.tight_layout()
#读取图片
pic = plt.imread('rose.jpg')
#显示图像
ax1.imshow(pic)
plt.show()
```

代码执行结果如图 8.15 所示。

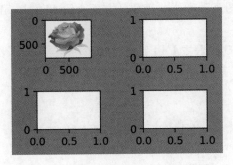

图 8.15　Matplotlib 库基础函数示例

本例中，首先创建了一张图片大小为 3 * 2，分辨率为 120，背景颜色为灰色，边框颜色为黑色的画布；然后使用 subplot()函数将画布划分为 4 张子图，分别命名为 ax1～ax4，并使用 tight_layout()调整子图间距；接下来通过 imread()函数读取文件夹中的图片 rose.jpg，并将其显示在子图 ax1 中。

2. 绘图函数

Matplotlib 库针对不同类型图表提供了不同绘图函数。表 8.2 按照 8.2 节中划分的图表基本类型，汇总了 Matplotlib 中部分对应绘图函数。

表 8.2　Matplotlib 库的绘图函数

基 本 类 型	图 表 名 称	绘 图 函 数
类别比较	柱状图	plt.bar(x,height,width,color,label)
	条形图	plt.barh(y,width,height,color,label)
数据关系	散点图	plt.scatter(x,y,scale,color,marker,label)
时间序列	折线图	plt.plot(x,y,color,marker,label,linewidth,markersize)
局部整体	饼状图	plt.pie(x,explode,labels,colors)
数值分布	直方图	plt.hist(x,bins,range,density,histtype)
	箱形图	plt.boxplot(x,sym,whis)

bar()函数用于绘制柱状图，图表的水平轴(x 轴)指定被比较的类别，垂直轴(y 轴)表示不同类别的具体取值。该函数的常用参数包括：x，一个标量序列，代表柱状图的 x 坐标，默认 x 取值是每个柱状图所在的中点位置；height，一个标量序列，代表柱状图的高度；width，可调整柱子宽度；color，可调整柱子颜色；label，设置图例中对应的标签。

barh()函数用于绘制条形图，其参数与柱状图相同，区别仅在于 x 轴和 y 轴所表示的数据类型。

表 8.3 为 2019 年全国不同级别中医院的数量，根据该表数据绘制柱状图和条形图，如例 8.2 所示。

表 8.3　2019 年全国不同级别中医院数量汇总

医 院 级 别	医 院 数 量		
	2019	**2018**	**2017**
三级医院	476	448	430
二级医院	1906	1848	1719
一级医院	986	874	711

【例 8.2】　Matplotlib 绘制柱状图和条形图示例。

```
#例 8.2
import matplotlib.pyplot as plt
#创建画布
plt.figure(figsize=(10,3))
#划分子图
ax1 = plt.subplot(121)
ax2 = plt.subplot(122)
#输入数据
x_pos = (1,2,3)
```

```
number = [476,1906,986]
#绘制柱状图
ax1.bar(x_pos, number)
#绘制条形图
ax2.barh(x_pos, number)
#显示图片
plt.show()
```

代码执行结果如图 8.16 所示。

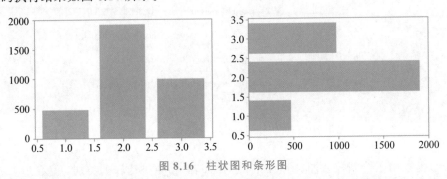

图 8.16　柱状图和条形图

本例中,首先以 2019 年数据为例绘制柱状图和条形图。绘制过程的第一步是先将画布划分为 2 个子图,其中子图 1 使用 bar()函数绘制柱状图,子图 2 采用 barh()绘制条形图。

scatter()函数用于绘制散点图,通过在水平轴和垂直轴上绘制数据点,表示因变量随自变量变化的趋势。散点图将序列显示为一组点,其中每个散点值都由该点在图表中的坐标位置表示,具体通过 x 和 y 参数进行调节;scale,表示点的大小;color,调节点的颜色;marker,调节点的形状。

表 8.4 列出了部分省份地区的中医院数量和诊疗人数,基于此数据绘制散点图,其中横坐标为中医院数量,纵坐标为诊疗人数,如例 8.3 所示。

表 8.4　部分省份地区的中医院数量和诊疗人数汇总

省份	中医院数量	诊疗人数(万次)	省份	中医院数量	诊疗人数(万次)
北京	162	2936	广东	170	5452
上海	21	1644	浙江	179	4974
天津	55	874	湖北	126	1908
重庆	128	1244	新疆	61	485

【例 8.3】　Matplotlib 绘制散点图示例。

```
#例 8.3
import matplotlib.pyplot as plt
#输入数据
hospital = [162, 21, 55, 128, 170, 179, 126, 61]
patient = [2936, 1644, 874, 1244, 5452, 4974, 1908, 485]
#绘制散点图
plt.scatter(hospital, patient)
#显示图片
plt.show()
```

代码执行结果如图 8.17 所示。

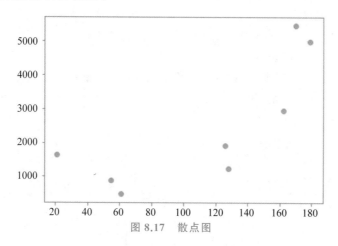

图 8.17　散点图

plot()函数用于绘制折线图。和散点图类似,plot 函数也需通过 x 和 y 参数设置每个点在图表中的坐标位置。此外,还可通过 linewidth 参数调节线条的粗细,通过 markersize 参数调节点的大小。仍以表 8.3 中不同年份的中医院数量数据为例,分别通过 3 个 plot()函数绘制三级、二级和一级医院随时间变化的折线图,如例 8.4 所示。

【例 8.4】　Matplotlib 绘制折线图示例。

```
#例 8.4
import matplotlib.pyplot as plt
x = [1,2,3]    #设置横坐标
#分别输入三级医院、二级医院和一级医院数据
y3 = [476,448,430]
y2 = [1906,1848,1719]
y1 = [986,874,711]
#分别绘制三级医院、二级医院、一级医院的折线图
plt.plot(x,y3,marker='o',markersize=8,label='三级医院')
plt.plot(x,y2,marker='*',markersize=12,label='二级医院')
plt.plot(x,y1,marker='D',markersize=7,label='一级医院')
#显示图片
plt.show()
```

代码执行结果如图 8.18 所示。

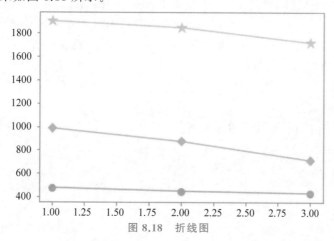

图 8.18　折线图

pie()函数用于绘制饼状图,饼状图可以显示一个数据系列中各项目占项目总和的百分比。该函数的主要参数包括:x,一个数组序列,数组元素对应扇形区域的数量大小;explode,设置原点距离圆心的位置;labels,列表字符串序列,为每个扇形区域备注一个标签名字;colors,为每个扇形区域设置颜色。

仍以表 8.3 中 2019 年不同级别中医院数量为例,首先计算出不同级别中医院占比,然后使用 pie()函数绘制饼状图,如例 8.5 所示。

【例 8.5】　Matplotlib 绘制饼状图示例。

```
#例 8.5
import matplotlib.pyplot as plt
number = [476,1906,986]
#计算各级别医院数量占比
sum = 0
for i in number:
    sum += i
sizes = []
for j in number:
    sizes.append(j/sum * 100)
#设置原点距圆心的位置
explode = (0.1, 0.1, 0.1)
#绘制饼状图
plt.pie(sizes,labels=['third','second','first'],explode=explode)
#显示图片
plt.show()
```

代码执行结果如图 8.19 所示。

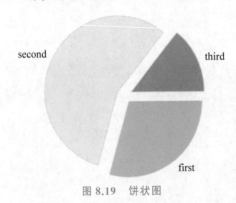

图 8.19　饼状图

hist()函数用于绘制直方图,其中直方图的横轴表示数据类型,纵轴表示分布情况。该函数的主要参数包括:x,必填参数,一般为数组或者数组序列;bins,表示每一个间隔的边缘(起点和终点),默认会生成 10 个间隔;range,指定全局间隔的下限与上限值(min,max),元组类型,默认值为 None;density,如果为 True,返回概率密度直方图,默认为 False,返回相应区间元素个数的直方图;histtype,要绘制的直方图类型,默认值为 bar,可选值有 barstacked(堆叠条形图)、step(未填充的阶梯图)、stepfilled(已填充的阶梯图)。

针对随机生成的 200 个身高数据绘制了直方图,该直方图显示了 10 个区间范围所对应的人数,如例 8.6 所示。

【例 8.6】　Matplotlib 绘制直方图示例。

```
#例 8.6
import matplotlib.pyplot as plt
#随机生成 200 个身高数据
import numpy as np
```

```
rand = np.random.normal(loc=170,scale=20,size=200)
height=[]
for i in rand:
    height.append(int(i))
print(height)
#绘制直方图
plt.hist(height,bins=10)
#显示图片
plt.show()
```

代码执行结果如图 8.20 所示。

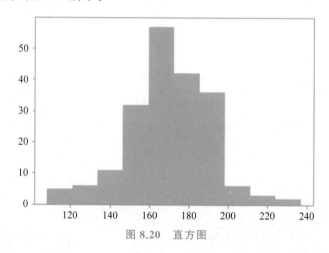

图 8.20 直方图

boxplot()函数用于绘制箱形图,它能显示出一组数据的最大值、最小值、中位数、上四分位数以及下四分位数。其中,参数 x 指定要绘制箱形图的数据;参数 sym 指定异常点的形状,默认为"+"号;参数 whis 可指定上下须与上下四分位的距离,默认为 1.5 倍的四分位差。

基于例 8.6 的 200 个身高数据,绘制箱形图。其中箱子的上边缘为上四分位数,下边缘为下四分位数,通过一条垂直触须穿过箱子的中间,上垂线延伸至上边缘代表最大值,下垂线延伸至下边缘代表最小值,如例 8.7 所示。

【例 8.7】 Matplotlib 绘制箱形图示例。

```
#例 8.7
import matplotlib.pyplot as plt
plt.boxplot(height,sym='o',whis=1.5)
plt.show()
```

代码执行结果如图 8.21 所示。

3. 样式函数

通过绘图函数可绘制出图表的基本形状,然而仅通过基本形状,用户无法得知图表的具体含义,还需要通过标题、坐标轴、文字标签、图例等方式进行辅助描述。表 8.5 对 Matplotlib 库中的常用样式函数进行了汇总。

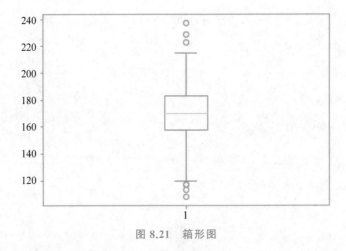

图 8.21   箱形图

表 8.5   Matplotlib 库的样式函数与功能

功　　能	函　　数	描　　述
设置文字显示	plt.rcParams["font.sans-serif"]="SimHei"	显示中文字体
设置刻度与标签	plt.xticks(scale_ls,index_ls)	设置 x 轴刻度
	plt.yticks(scale_ls,index_ls)	设置 y 轴刻度
设置坐标轴范围	plt.xlim(xmin,xmax)	设置 x 轴范围
	plt.ylim(ymin,ymax)	设置 y 轴范围
设置文本属性	plt.title()	添加标题
	plt.suptitle()	为画布添加标题
	plt.xlabel(x,y,标签文字,fontsize,color)	添加 x 轴标签
	plt.ylabel(x,y,标签文字,fontsize,color)	添加 y 轴标签
	plt.legend(loc,fontsize)	显示图例
	plt.text()	添加任意文本

针对表 8.3 和表 8.4 的数据绘制图表,函数具体用法如例 8.8 所示。

【例 8.8】　Matplotlib 样式函数示例。

```
#例 8.8
import matplotlib.pyplot as plt
#设置显示中文
plt.rcParams['font.sans-serif']='SimHei'
#创建画布
plt.figure(figsize=(10,12))
#子图 1:柱状图
x_pos = (1,2,3)
number = [476,1906,986]
plt.subplot(321)
plt.bar(x_pos, number)
```

```python
x_label = ('三级医院', '二级医院', '一级医院')
plt.xticks(x_pos, x_label)
plt.ylabel('医院数量')
plt.title('2019年不同级别中医院数量-柱状图')
#子图2：条形图
plt.subplot(322)
plt.barh(x_pos, number)
plt.yticks(x_pos, x_label)
plt.xlabel('医院数量')
plt.title('2019年不同级别中医院数量-条形图')
#子图3：散点图
plt.subplot(323)
hospital = [162, 21, 55, 128, 170, 179, 126, 61]
patient = [2936, 1644, 874, 1244, 5452, 4974, 1908, 485]
city = ['北京', '上海', '天津', '重庆', '广东', '浙江', '湖北', '新疆']
plt.scatter(hospital, patient)
for i in range(8):
    plt.text(hospital[i]+2, patient[i]+1, city[i])
x_label = ('三级医院', '二级医院', '一级医院')
plt.xlabel('医院数量')
plt.ylabel('诊疗人数')
plt.title('不同地区医院数量与诊疗人数-散点图')
#子图4：折线图
plt.subplot(324)
x = [1, 2, 3]
x_year_label = [2019, 2018, 2017]
y3 = [476, 448, 430]
y2 = [1906, 1848, 1719]
y1 = [986, 874, 711]
plt.plot(x, y3, marker='o', markersize=8, label='三级医院')
plt.plot(x, y2, marker='*', markersize=12, label='二级医院')
plt.plot(x, y1, marker='D', markersize=7, label='一级医院')
plt.xticks(x, x_year_label)
plt.xlabel('年份')
plt.ylabel('医院数量')
plt.legend()
plt.title('不同年份不同级别中医院数量-折线图')
#子图5：饼状图
plt.subplot(325)
number = [476, 1906, 986]
sum = 0
for i in number:
    sum += i
sizes = []
for j in number:
    sizes.append(j/sum * 100)
explode = (0.1, 0.1, 0.1)
plt.pie(sizes, labels=['三级医院', '二级医院', '一级医院'], explode=explode,
autopct='%1.2f%%')
```

```
plt.title('2019 年不同级别医院占比-饼状图')
# 显示图片
plt.tight_layout()
plt.show()
```

代码执行结果如图 8.22 所示。

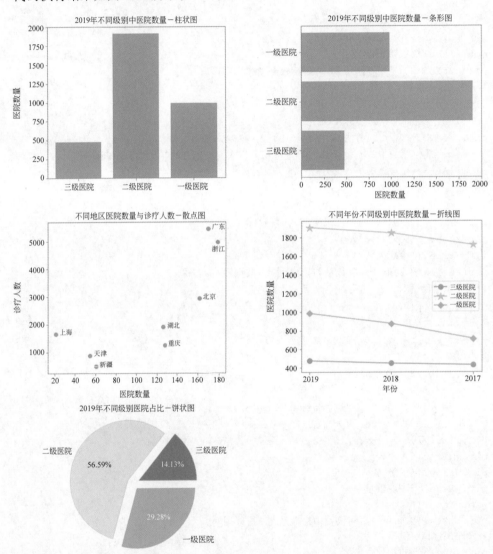

图 8.22　Matplotlib 库的样式函数应用示例图

本例中,对前文例子的部分图表加上了样式描述。其中,通过 title()函数为每个子图添加了图表标题;通过 x_ticks()函数为柱状图和折线图的 x 轴刻度添加了标签;通过 y_ticks()函数为条形图的 y 轴刻度添加了标签;通过 x_label()和 y_label()函数分别为除饼状图外所有其他图表的 x 轴或 y 轴添加了说明文字;通过 text()函数为散点图添加了地区名称;通过 legend()函数为折线图添加了图例。此外,需要注意的是,若添加的文字为中文,需要首先通过 rcParams()设置字体显示。

8.3.3 pyecharts 库简介

pyecharts 是一个用于生成 ECharts 的第三方库。ECharts(Enterprise Charts)即商业级图表,是一种由百度公司开发的基于 JavaScript 语言编写的开源数据可视化工具。它凭借良好的交互性和精巧的图表设计,得到了众多开发者的认可。然而使用 ECharts 需要具有一定的前端知识,为了方便其与 Python 语言的对接,pyecharts 库由此诞生。pyecharts 库拥有简洁的 API 设计,支持链式调用,囊括了 30 多种常见图表类型,其中地图类型更是包含多达 400 余个地图文件以及原生的百度地图,为地理数据可视化提供了强有力的支持。

8.3.4 pyecharts 库常用函数

本节首先通过一个案例来介绍 pyecharts 库的链式调用与普通调用方法,然后从绘图函数、参数配置函数和图像生成函数 3 部分汇总 pyecharts 第三方库中的常用函数,并通过具体案例对常用函数的应用进行详细说明,如例 8.9 所示。

【例 8.9】 pyecharts 的链式调用与普通调用。

```
#例 8.9
from pyecharts.charts import Bar
from pyecharts import options as opts

#链式调用
bar = (
    Bar()
    .add_xaxis(["北京", "上海", "天津", "重庆", "吉林", "浙江", "河南"])
    .add_yaxis("中医医院数", [163, 21, 54, 134, 122, 189, 375])
    .add_yaxis("专科医院数", [208, 126, 93, 208, 252, 535, 439])
    .set_global_opts(title_opts=opts.TitleOpts(title="不同地区的中医/专科医院
数量对比"))
)
#将生成的柱状图显示在 jupyter notebook 中
bar.render_notebook()

#普通调用
bar1 = Bar()
bar1.add_xaxis(["北京", "上海", "天津", "重庆", "吉林", "浙江", "河南"])
bar1.add_yaxis("中医医院数", [163, 21, 54, 134, 122, 189, 375])
bar1.add_yaxis("专科医院数", [208, 126, 93, 208, 252, 535, 439])
bar1.set_global_opts(title_opts=opts.TitleOpts(title="不同地区的中医/专科医院
数量对比"))
bar1.render_notebook()
```

代码执行结果如图 8.23 所示。

本例中,分别通过链式调用和普通调用两种方法生成了不同地区中医医院数量和专科医院数量的对比柱状图。所谓链式结构,是指调用完一个函数后还能再继续调用其他函数,一方面增加了代码的可读性;另一方面当项目比较大时,可大大减少代码量。

为生成上述柱状图,首先需要导入 pyecharts 库。一般来说,可以将该第三方库的绘图函数和参数配置函数分别导入,其中绘图函数通过 from pyecharts.charts import ＜函数名

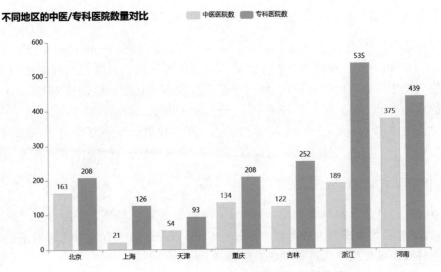

图 8.23　不同地区中医/专科医院数据对比柱状图

称>的形式导入,参数配置函数通过 from pyecharts import options as opts 的形式导入。与 Matplotlib 库不同的是,pyecharts 库在生成图片时要将图表类型与具体数据分开输入。本例中,首先通过 Bar()函数声明要生成的图表类型为柱状图,然后通过 add.xaxis()和 add.yaxis()函数分别输入 x 轴和 y 轴对应的数据内容;配置函数方面,采用 set_global_opts()函数进行全局参数配置,通过 title 参数设置了图表的标题;最后需要调用并在屏幕中显示已生成的图形对象,采用 render_notebook()函数将生成的柱状图显示在 jupyter notebook 环境中。

　　通过以上案例,可以看出 pyecharts 主要包括类似 Bar()函数的绘图函数、基于 options 模块的参数配置函数以及类似 render_notebook()的图像生成函数。表 8.6 对 3 种类型的常用函数进行了汇总。

表 8.6　pyecharts 库的常用函数与功能汇总

函 数 类 型	函 数 名 称	函 数 功 能
绘图函数	Bar()	绘制柱状图/条形图
	Line()	绘制折线图
	Pie()	绘制饼状图
	Scatter()	绘制散点图/气泡图
	Boxplot()	绘制箱形图
	Radar()	绘制雷达图
	Map()	绘制地图
	HeatMap()	绘制热力图
	WordCloud()	绘制词云图
	Calendar()	绘制日历图

续表

函 数 类 型	函 数 名 称	函 数 功 能
参数配置函数 （全局配置）	InitOpts(width,height,theme,bg_color)	初始化配置项
	TitleOpts(title, subtitle, pos_left, pos_right, pos_top,pos_bottom)	设置标题配置
	LegendOpts(is_show,selected_mode,orient)	设置图例配置
	GridOpts(pos_left,pos_right,pos_top,pos_bottom)	设置组合形式
参数配置函数 （系列配置）	TextStyleOpts(color,font_style,font_weight,font_size,background_color)	设置文字样式配置
	LabelOpts(is_show,position,color,font_size,font_weight,rotate)	设置标签样式配置
图像生成函数	render()	在当前目录生成可动态交互的本地 html 格式文件
	render_notebook()	在 jupyter notebook 中生成可动态交互的图像
	Grid()	生成并行多图格式的组合图表
	Page()	生成顺序多图格式的组合图表

1. Bar()函数

【例 8.10】 用 pyecharts 的 Bar()函数绘制柱状图和条形图。

```
#例 8.10
#导入库
from pyecharts import options as opts
from pyecharts.charts import Bar,Grid
#绘制柱状图
bar = (
    Bar()
    .add_xaxis(['三级医院','二级医院','一级医院'])
    .add_yaxis('数量',[476,1906,986])
    .set_global_opts(title_opts=opts.TitleOpts(title='2019 年中医院数量-柱状图'))
)
#绘制条形图
bar1 = (
    Bar()
    .add_xaxis(['三级医院','二级医院','一级医院'])
    .add_yaxis('数量',[476,1906,986],label_opts=opts.LabelOpts(position=
'right'))
    .reversal_axis()   #绘制条形图
    .set_global_opts(title_opts=opts.TitleOpts(title='2019 年中医院数量-条形
图',pos_left='60%'))
)
#将柱状图和条形图以并行多图的格式组合
```

```
grid=(
    Grid(init_opts=opts.InitOpts(width='1000px',height='400px'))
    .add(bar,grid_opts=opts.GridOpts(pos_right='50%'))
    .add(bar1,grid_opts=opts.GridOpts(pos_left='60%'))
)
#将生成的组合图像显示在 jupyter notebook 中
grid.render_notebook()
```

代码执行结果如图 8.24 所示。

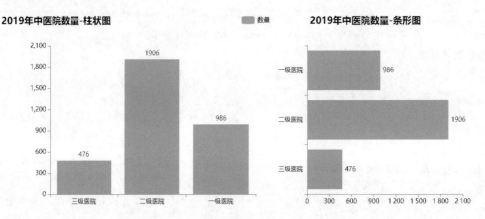

图 8.24　2019 年中医院数量柱状图和条形图

本例中,首先,柱状图和条形图的绘图函数均为 Bar()函数,区别在于条形图加入了 reversal_axis()函数实现了 x 轴和 y 轴的转换。此外,本例还使用 Grid()函数对生成的柱状图和条形图进行了并行多图的组合,通过 InitOpts()函数中的 width 参数和 height 参数设置了图像的宽度和高度,通过 GridOpts()函数中 pos_left 和 pos_right 参数设置了两个图像占据整个画布的比例。

2. Pie()函数

Pie()函数用于绘制饼状图。通过调用.add()方法添加对应数据及相关配置参数,其中 series_name 为系列名称,用于 legend()函数的图例筛选;data_pair 为系列数据项,格式为 [(key1,value1),(key2,value2)];radius 为饼状图的半径,默认设置成百分比格式;center 为饼状图的中心(圆心)坐标;rosetype 可将图像展示为南丁格尔玫瑰图,通过半径长短区分数据大小。

以表 8.3 中 2019 年不同级别中医院数量,使用 Pie()函数绘制南丁格尔玫瑰图,如例 8.11 所示。

【例 8.11】　使用 pyecharts 的 Pie()函数绘制南丁格尔玫瑰图。

```
#例 8.11
from pyecharts import options as opts
from pyecharts.charts import Pie
#绘制饼图
pie = (
    Pie()
    .add('',[('三级医院',14.13),('二级医院',56.59),('一级医院',29.28)],center=
    (350,200),radius='50%',rosetype='radius')
```

```
        .set_global_opts(title_opts=opts.TitleOpts(title='2019年不同级别中医院所占
    比例'))
)
#将生成的饼状图显示在jupyter notebook中
pie.render_notebook()
```

代码执行结果如图 8.25 所示。

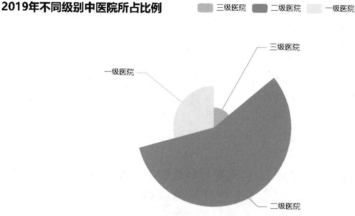

2019年不同级别中医院所占比例　三级医院　二级医院　一级医院

图 8.25　不同级别医院所占比例的南丁格尔玫瑰图

3. Line( )函数

Line( )函数用于绘制折线图。通过调用.add_xaxis( )函数添加 x 轴对应数据；通过调用.add_yaxis( )函数添加 y 轴对应数据，当坐标系中的折线多于 1 条时，可通过添加多个.add_yaxis( )函数实现。相关配置参数中 is_symbol_show 为是否显示 symbol，symbol 的具体标记类型包括'circle'、'rect'、'roundRect'、'triangle'、'diamond'、'pin'、'arrow'、'none'；symbol_size可调节标记的大小；is_smooth 为是否平滑曲线，如例 8.12 所示。

【例 8.12】　使用 pyecharts 的 Line( )函数绘制折线图。

```
#例8.12
from pyecharts import options as opts
from pyecharts.charts import Line
#绘制折线图
line = (
    Line(init_opts=opts.InitOpts(width='700px',height='400px'))
    .add_xaxis(['2019','2018','2017'])
    .add_yaxis('三级医院',[476,448,430],symbol='circle',symbol_size=10)
    .add_yaxis('二级医院',[1906,1848,1719],symbol='triangle',symbol_size=10)
    .add_yaxis('一级医院',[986,874,711],symbol='diamond',symbol_size=10)
    .set_global_opts(title_opts=opts.TitleOpts(title='不同年份不同级别中医院数
    量'),legend_opts=opts.LegendOpts(pos_left='40%'))
)
#将生成的折线图显示在jupyter notebook中
line.render_notebook()
```

代码执行结果如图 8.26 所示。

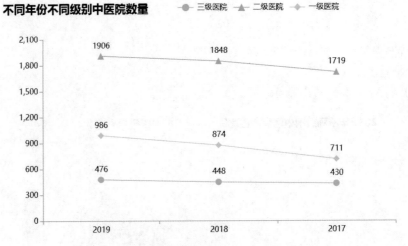

图 8.26　不同年份不同级别中医院数量折线图

本例中,通过 3 个.add_yaxis()函数分别绘制了三级、二级和一级医院数量随时间变化的折线图。其中,通过 symbol()函数对不同级别医院使用了不同的标记类型,并使用 LegendOpts()函数中的 pos_left 参数对图例的位置进行了调节。

4. Boxplot()函数

Boxplot()函数用于绘制箱形图。需要注意的是,箱形图的数据需要以二维列表的形式存储,而且还需要通过 prepare_data()函数对数据进行预处理。由于预处理时需要调用生成的 Boxplot()对象,因此,推荐采用普通调用而不是链式调用的方式,如例 8.13 所示。

【例 8.13】　使用 pyecharts 的 Boxplot()函数绘制箱形图。

```
#例8.13
from pyecharts import options as opts
from pyecharts.charts import Boxplot
female = [
    [155, 164, 140, 157, 173, 165, 165, 168, 169, 158, 170, 168],
    [165, 174, 176, 164, 188, 170, 175, 168, 169, 154, 183, 169],
]
male = [
    [178, 171, 171, 172, 168, 177, 166, 174, 165, 176, 161, 172],
    [189, 184, 178, 181, 176, 181, 179, 181, 182, 185, 187, 177],
]
boxplot = Boxplot(init_opts=opts.InitOpts(width='600px',height='400px'))
boxplot.add_xaxis(["1980年", "2020年"])
boxplot.add_yaxis("女", boxplot.prepare_data(female))
boxplot.add_yaxis("男", boxplot.prepare_data(male))
boxplot.set_global_opts(title_opts=opts.TitleOpts(title="不同年代不同性别的身高情况"),yaxis_opts=opts.AxisOpts(min_=130),legend_opts=opts.LegendOpts(pos_left='50%'))
boxplot.render_notebook()
```

代码执行结果如图 8.27 所示。

本例中,对比了不同性别群体在 1980 年和 2020 年的身高情况。可以看到,为了使图片

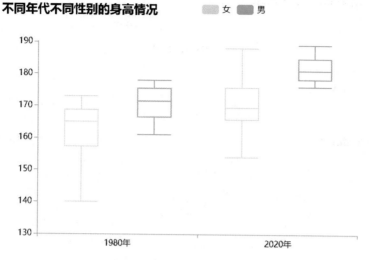

图 8.27　不同年代不同性别身高情况箱形图

更加美观,本例还在全局配置中通过调节 AxisOpts()函数中的 min_参数对 y 轴的最小值进行了调整。

5. Rader()函数

Rader()函数用于绘制雷达图。首先,调用 add_schema()函数对雷达指示器进行配置,其中 schema 参数以列表形式列出具体指示器名称;然后,通过调用.add()函数添加数据系列,其中 series_name 为系列名称,data 为系列数据,color 可调节系列颜色,如例 8.14 所示。

【例 8.14】　使用 pyecharts 的 Rader()函数绘制雷达图。

```
#例 8.14
from pyecharts import options as opts
from pyecharts.charts import Radar
value = [[0.056,0.460,0.281,0.352,0.119,0.350],[0.488,0.099,0.283,0.333,0.116,
0.293],[0.107,0.008,0.204,0.150,0.032,0.159]]
rader = (
    Radar()
    .add_schema(schema = [
        opts.RadarIndicatorItem(name="肝气郁结证型"),
        opts.RadarIndicatorItem(name="热毒蕴结证型"),
        opts.RadarIndicatorItem(name="冲任失调证型"),
        opts.RadarIndicatorItem(name="气血两虚证型"),
        opts.RadarIndicatorItem(name="脾胃虚弱证型"),
        opts.RadarIndicatorItem(name="肝肾阴虚证型")])
    .add("患者 1", [value[0]])
    .add("患者 2", [value[1]],color = 'navy')
    .add("患者 3", [value[2]],color = 'green')
    .set_series_opts(label_opts=opts.LabelOpts(is_show=False))
    .set_global_opts(title_opts=opts.TitleOpts(title="中医证型得分"))
)

rader.render_notebook()
```

代码执行结果如图 8.28 所示。

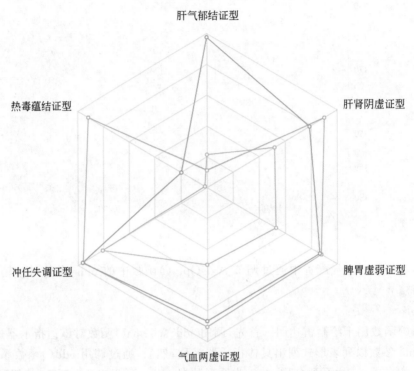

图 8.28　3 个患者证型雷达图

本例中，绘制了 3 个患者在 6 种不同中医证型上的得分雷达图。首先，通过 RadarIndicatorItem()函数将 6 种中医证型名称设置为雷达指示器名称；然后，通过 3 个 .add()方法填入 3 个患者的具体数据，并通过 color 为不同患者设置不同代表颜色。

6. Map()函数

Map()函数用于绘制地图。首先，通过调用.add()函数添加具体数据，其中 series_name 参数为系列名称，data_pair 参数为数据项，具体格式为（坐标点名称，坐标点值）；maptype 为地图类型，设置"china"即为中国地图，如例 8.15 所示。

【例 8.15】　使用 pyecharts 的 Map()函数绘制地图。

```
#例 8.15
from pyecharts import options as opts
from pyecharts.charts import Map
file = open('2019 年各省中医院数量.csv')
file = file.readlines()[1:] #跳过首行表头
data = []
for line in file:
    line = line.strip('\n')
    line = line.split(',')
    data.append(line)
print(data)
```

```
f_map = (
    Map()
    .add(series_name="各省中医院数量", data_pair=data, maptype="china")
    .set_global_opts(title_opts=opts.TitleOpts(title="2019 年各省中医院数量"),
visualmap_opts=opts.VisualMapOpts(max_=350))
)


f_map.render_notebook()
```

代码执行结果如下：

```
[['山东', '320'], ['河南', '317'], ['河北', '249'], ['四川', '247'], ['山西', '218'],
['辽宁', '193'], ['湖南', '187'], ['浙江', '179'], ['广东', '170'], ['黑龙江', '169'],
['陕西', '168'], ['北京', '162'], ['云南', '158'], ['江苏', '151'], ['重庆', '128'],
['湖北', '126'], ['安徽', '125'], ['甘肃', '124'], ['内蒙古', '122'], ['吉林', '114'],
['江西', '110'], ['广西', '102'], ['贵州', '98'], ['福建', '82'], ['新疆', '61'], ['天
津', '55'], ['宁夏', '29'], ['海南', '22'], ['上海', '21'], ['青海', '14'], ['西藏', '0']]
```

本例中，基于"2019 年各省中医院数量.csv"文件数据，通过绘制中国地图以形象化地展现不同省份中医院数量情况。可以看到，输出的 data 变量为二维列表数据类型，其中每个元素包括省份名称和其对应的中医院数量。需要注意的是，省份名称需要和 pyecharts 默认的省份名称保持一致，pyecharts 默认的省份名称并不包括"省""市"等字样。

7. WordCloud()函数

WordCloud()函数用于绘制词云图。词云图通过调用.add()函数添加具体数据，其中 series_name 参数为系列名称；data_pair 参数为数据项；shape 可调整词云图轮廓，具体类型有 'circle'、'cardioid'、'diamond'、'triangle-forward'、'triangle'、'pentagon'、'star'可以选择；word_size_range 可调整单词字体大小范围，如例 8.16 所示。

【例 8.16】 使用 pyecharts 的 WordCloud()函数绘制词云图。

```
#例 8.16
import jieba
from pyecharts.charts import WordCloud
from pyecharts import options as opts
#读取数据
txt = open('新冠方剂.txt',encoding='utf-8').read()
for ch in '1234567890':
    txt = txt.replace(ch,' ')
#中文分词
words = jieba.lcut(txt)
#词频统计
counts = {}
for word in words:
    if len(word) == 1:
        continue
    else:
        counts[word] = counts.get(word,0) + 1
items = list(counts.items())
```

```
items.sort(key=lambda y:y[1],reverse=True)
#绘制词云图
wc = WordCloud(init_opts=opts.InitOpts(width="800px", height="500px"))
wc.add(series_name="新冠方剂",data_pair=items, word_size_range=[10, 60])
wc.render_notebook()
```

代码执行结果如图 8.29 所示。

图 8.29　新冠方剂词云图

　　本例中，基于"新冠方剂.txt"文件数据，通过绘制词云图以形象化地展现新冠方剂中不同药物的使用情况。首先通过数据读取、中文分词和词频统计步骤，准备词云图需要的数据，然后通过 WordCloud()函数生成词云图，通过.add()函数添加具体数据，最后通过render_notebook()函数显示已生成的图片。可以看到，藿香、麻黄、黄芪、生甘草等药物名称相对较大，表明它们的使用频次更高。

8.4　医学实践案例解析

　　本节分别利用两个实践案例介绍使用第三方库进行绘图和数据可视化。

8.4.1　案例 1：基于 Matplotlib 的医院药品销售数据可视化

1. 案例描述

　　药品销售是医药健康领域中的重要环节。对药品市场进行调研和数据可视化分析有助于企业了解市场动态，掌握市场供求变化关系，为管理者正确决策提供有力支持，从而更好地满足消费者需求。本节基于 Python 的 Matplotlib 库，针对某公司在北京地区 1—6 月的药品销售数据文件"医院药品销售数据.xlsx"绘制多种可视化图表。

　　该数据集包括 5 个工作表，分别为"原始数据""销售量前十药品""按地区的销售量汇总""按月份的销售额汇总""药品单价"。部分原始数据如表 8.7 所示。

表 8.7　部分医院药品销售数据

购 药 时 间	商 品 名 称	销 售 地 区	销 售 数 量	销 售 金 额
2016/1/1	强力 VC 银翘片	西城区	6	82.8
2016/1/2	清热解毒口服液	昌平区	1	28
2016/1/6	感康	朝阳区	2	16.8
2016/1/11	三九感冒灵	西城区	1	28
2016/1/15	三九感冒灵	通州区	8	224
2016/1/20	三九感冒灵	东城区	1	28
2016/1/31	三九感冒灵	昌平区	2	56
2016/2/17	三九感冒灵	西城区	5	149
2016/2/22	三九感冒灵	东城区	1	29.8
2016/2/24	三九感冒灵	朝阳区	4	119.2

本案例根据以上数据,具体实现如下功能。

(1) 绘制折线图,以展示 1—6 月每月的销售额。

(2) 绘制条形图,以展示 1—6 月销量前十的药品名称及销量。

(3) 绘制饼图,以展示药品销量在北京市各区的分布情况。

(4) 绘制直方图,以展示全部已售出药品的单价分布情况。

(5) 在一幅图中绘制上述 4 种图表,以综合展示药品销售情况。

2. 问题分析

有很多不同形式的图形、图表可以实现数据可视化,不同情境下它们各具优势,可根据需求选择不同的图表形式。实现药品销售数据可视化的基本思路如下。

(1) 读取文件。

(2) 依据要求绘制图表。

3. 编程实现

具体代码内容如下:

```
#案例1:基于 Matplotlib 的药品销售数据可视化
import matplotlib.pyplot as plt          #引用 Matplotlib 包
import pandas as pd                       #引用 pandas 包
#折线图(按月份的销售额)
df = pd.read_excel("医院药品销售数据.xlsx",sheet_name='按月份的销售额汇总')
                                           #读取数据
plt.rc('font',family='SimHei')            #设置中文字体
plt.plot(df['月份'],df['销售金额'])       #绘制折线图
plt.savefig('按月份的销售额.png')         #保存图表

#条形图(销售量前 10 的商品名称)
df = pd.read_excel("医院药品销售数据.xlsx",sheet_name='销售量前十药品') #读取数据
plt.barh(df['商品名称'],df['销售数量'])   #绘制条形图
plt.savefig('销售量前十药品.png')         #保存图表

#饼图(不同地区销量占比)
```

```
df = pd.read_excel("医院药品销售数据.xlsx",sheet_name='按地区的销售量汇总')
                                                    #读取数据
plt.pie(df['销售数量'],labels=df['销售地区'])              #绘制饼图
plt.savefig('按地区的销售量汇总.png')                       #保存图表

#直方图(药品单价的分布)
df = pd.read_excel("医院药品销售数据.xlsx",sheet_name='药品单价') #读取数据
plt.hist(df['单价'],bins=20)                             #绘制直方图
plt.savefig('药品单价直方图.png')                          #保存图表

#将 4 幅图绘制在一起
#读取数据
df_month = pd.read_excel("医院药品销售数据.xlsx",sheet_name='按月份的销售额汇总')
#读取数据
df_amont = pd.read_excel("医院药品销售数据.xlsx",sheet_name='销售量前十药品')
#读取数据
df_region = pd.read_excel("医院药品销售数据.xlsx",sheet_name='按地区的销售量汇总')
#读取数据
df_price = pd.read_excel("医院药品销售数据.xlsx",sheet_name='药品单价')
#获取 2*2 的子图,并设置画布大小,清晰度和画布颜色
fig,ax = plt.subplots(2,2,figsize=(16,9),dpi=150)
#ax[a,b]为描述子图顺序的二维列表,a 为行,b 为列
ax1=ax[0,0]
ax2=ax[0,1]
ax3=ax[1,0]
ax4=ax[1,1]
ax1.plot(df_month['月份'],df_month['销售金额'])              #绘制折线图
ax2.barh(df_amont['商品名称'],df_amont['销售数量'])          #绘制条形图
ax3.pie(df_region['销售数量'],labels=df_region['销售地区']) #绘制饼图
ax4.hist(df_price['单价'],bins=20)                         #绘制直方图
fig.tight_layout()                                        #自动调整子图间距
plt.savefig('综合图.png')                                  #保存图表
plt.show()                                                #显示图表
```

代码执行结果如图 8.30 所示。

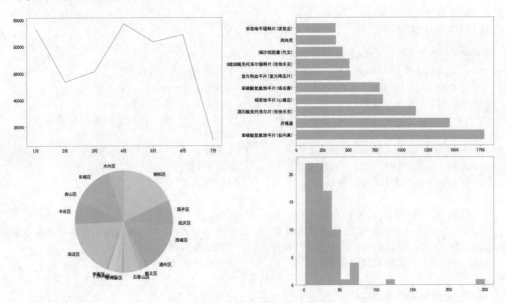

图 8.30　数据可视化结果

4. 代码解析

本例基于 Matplotlib 库,实现药品销售数据的可视化,代码的解析如下。

1) 导入第三方库

导入 Matplotlib 库进行图形绘制和 pandas 库进行数据的读取和存储。

2) 文件读取和数据传递

为方便读取存储在 Excel 文件中的数据,需要使用 pandas 库中的 read_excel() 函数将数据读取为 DataFrame 类型,在绘制图表时可以直接将 DataFrame 中的列数据作为参数传递给 Matplotlib 库中的函数。

3) Matplotlib 库绘图

在使用 Matplotlib 库进行绘图时,需要注意它默认不支持中文字体,可以使用 pyplot 子库中的 rc() 函数,手动设置中文字体,以在图表中正确显示中文内容。具体涉及的绘图函数包括:绘制折线图时需使用的 plot() 函数;绘制条形图时需使用的 barh() 函数;绘制饼图时需使用的 pie() 函数,需要注意的是,pie() 函数只需要输入描述数量的一维数组,数据对应的标签则需要以 labels 参数的形式传入;绘制直方图时需使用的 hist() 函数,需要注意的是,hist() 函数只需要输入描述数量的一维数组,无须自行对数据进行统计,输入原始数据即可。

如果想将多幅图表绘制在一幅图中,需要使用 subplot() 函数,指定在一张画布中绘制几幅子图。在分别使用上述函数绘制子图后,可以使用 tight_layout() 函数自动调整各子图之间的距离。

4) 图像保存

图表绘制完成后,使用 savefig() 函数将图像保存,也可使用 show() 函数在一个新打开的窗口中展示图表。

8.4.2　案例 2: 基于 pyecharts 的医院药品销售数据可视化

1. 案例描述

本节基于 Python 的 pyecharts 库实现多种高级图表的绘制,以更丰富的效果展示某公司在北京地区 1—7 月的药品销售情况,数据如表 8.7 所示。

具体实现以下功能。

(1) 绘制地图,以展示药品销量在北京市各区的分布情况。

(2) 绘制日历图,以展示 1—7 月每日的全部药品总销量。

2. 问题分析

与使用 Matplotlib 实现数据可视化类似,基于 pyecharts 实现药品销售数据可视化的基本思路如下。

(1) 读取文件。

(2) 依据要求绘制图表。

3. 编程实现

　代码片段 1　:不同地区销量地图。

```
#案例 2:基于 pyecharts 的医院药品销售数据可视化
#地图+热力图(不同地区销量情况)
```

```
from pyecharts import options as opts          #引用 pyecharts 包中的配置函数
from pyecharts.charts import Map                #引用 pyecharts 包中的地图函数
import pandas as pd                             #引用 pandas 包
df_region = pd.read_excel("医院药品销售数据.xlsx",sheet_name='按地区的销售量汇总')
#读取数据
list_region = df_region.values.tolist()         #将 DataFrame 格式的数据转成二维列表
#绘制地图
f_map = (
    Map()
    .add(
        series_name='各区药品销售数量',          #配置数据名称
        data_pair=list_region,                  #将想要绘制的数据赋给图表
        maptype="北京"                           #指定地图类型
        )
    .set_global_opts(
        title_opts=opts.TitleOpts(title="1-7 月各区药品销售数量"),  #设置图表标题
        #按照热力图样式配置数值对应的颜色,配置图例上限,并设置为离散形式的图例
        visualmap_opts=opts.VisualMapOpts(max_=3000, is_piecewise=True)
        )
)
f_map.render_notebook()
```

代码执行结果如图 8.31 所示。

扫码看彩图

图 8.31　北京地区销售数量地图

代码片段2：销售情况日历图。

```
#基于 pyecharts 的医院药品销售数据可视化
#日历图+热力图(每天的销量情况)
```

```python
from pyecharts import options as opts        #引用 pyecharts 包中的配置函数
from pyecharts.charts import Calendar        #引用 pyecharts 包中的地图函数
import pandas as pd                          #引用 pandas 包
#读取数据
df_origin = pd.read_excel("医院药品销售数据.xlsx",sheet_name='原始数据')
list_origin = df_origin.values.tolist()      #将 DataFrame 格式的数据转成二维列表
dict_bydate = {}                             #创建空字典以存放按日统计数据
#统计每日销售数量
for line in list_origin:
    i_date = line[0].strftime("%Y-%m-%d")
    #原始数据中第一列为时间,类型为时间戳,使用 strftime() 函数将其转换为特定格式的字
    #符串
    i_sale = line[3]                         #原始数据中第四列为药品销量
    dict_bydate[i_date] = dict_bydate.get(i_date,0) + i_sale

list_bydate = []                             #创建空列表以存放按日统计数据
#将字典转为列表
for i_date in dict_bydate.keys():
    list_bydate.append((i_date,dict_bydate[i_date]))


#绘制日历图
f_calendar = (
    Calendar()
    .add(
        series_name="每日药品销售数量",       #配置数据名称
        yaxis_data=list_bydate,               #将想要绘制的数据赋给图表
        calendar_opts=opts.CalendarOpts(
            pos_top=120,                      #设置图表纵向位置
            range_=["2016-01","2016-08"],     #指定日历显示区间
            #在图表中显示年份
            yearlabel_opts=opts.CalendarYearLabelOpts(is_show=True),
            #在图表中显示月份
            monthlabel_opts=opts.CalendarMonthLabelOpts(name_map="cn"),
            #在图表中显示星期
            daylabel_opts=opts.CalendarDayLabelOpts(name_map="cn")
            )
        )
    .set_global_opts(
        #设置图表标题
        title_opts=opts.TitleOpts(title="1-7 月每日药品销售数量"),
        visualmap_opts=opts.VisualMapOpts(
        #按照热力图样式配置数值对应的颜色,默认为连续形式的图例
            max_=200,                         #配置图例上限
            orient="horizontal",              #设置图例为横向排布
            pos_bottom=180,                   #设置图例纵向位置
            pos_left=60                       #设置图例横向位置
            )
        )
```

```
    )
f_calendar.render_notebook()
```

代码执行结果如图 8.32 所示。

扫码看彩图

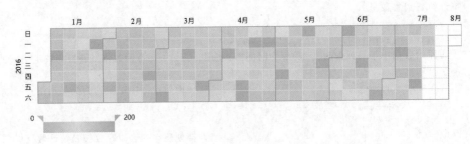

图 8.32　每日药品销售量热力图

4. 代码解析

本例使用 Python 语言实现基于 pyecharts 的药品销售数据可视化,具体应用如下。

1) 导入第三方库

为绘制上述图表,本案例使用 pyecharts 库进行图形绘制,辅以 pandas 库进行数据的读取和存储。

2) pyecharts 库的使用

pyecharts 库中的函数不支持直接将 DataFrame 文件中的列作为数据传入,因此首先将需要绘制图形的数据通过 tolist()函数转为 list 类型。

在绘制地图时,使用 pyecharts 库 charts 子库中的 Map()函数进行绘制,使用 pyecharts 库的 options()函数对图表进行设置。

在绘制日历图时,使用 pyecharts 库 charts 子库中的 Calendar()函数进行绘制,在绘制日历图前,需要将原始数据进行处理,以得出每日的全部药品销量。首先,创建一个空白的字典;然后,遍历原始数据,读取每一行原始数据中的日期和对应药品的销量,在字典中查询该日期对应的销量,并将二者相加作为字典中该日期对应的最新销量,如果字典中不存在该日期,则在字典中创建该日期作为键,并将值设置为 0;最后,由于 pyecharts 同样不支持将字典作为数据传入,因此需要将字典转为列表,以传入 pyecharts 进行图表绘制。

8.5　课堂实践探索

8.5.1　探索 1:如何统计销售量 TOP10 药品

在 8.4.1 节的案例中,绘制条形图以展示销量前十的药品名称及销量时,使用的数据是已统计好的销售量前十的药品及其对应的销量。然而,在实际工作中,以上数据通常需要对原始数据进行统计处理与汇总才能得到。那么,如何从原始数据中统计得出销售量 TOP10 的药品呢?

为从原始数据中统计得出销售量 TOP10 的药品,首先,需要创建一个空白的字典用以存储药品及对应销量;然后,遍历原始数据,读取每一行原始数据中的药品名称及其销量,在字典中查询该名称对应的销量,并将二者相加作为字典中该药品对应的最新销量,如果字典中不存在该药品,则在字典中创建该药品作为键,并将值设置为该行原始数据中的药品销量值。

具体代码内容如下:

```
#探索1:如何统计销售量 TOP10 药品
#从表格中统计出销售量前 10 的药品
import pandas as pd                  #引用 pandas 包
#读取数据
df_origin = pd.read_excel("医院药品销售数据.xlsx",sheet_name='原始数据')
#将 DataFrame 格式的数据转成二维列表
list_origin = df_origin.values.tolist()
dict_bydrug = {}                     #创建空字典以存放不同药品对应的销量总和
#统计每种药品的销售数量
for line in list_origin:
    i_drug = line[1]                 #原始数据中,第二列为药品名称
    i_sale = line[3]                 #原始数据中,第四列为药品销量
    dict_bydrug[i_drug] = dict_bydrug.get(i_drug,0) + i_sale
    #将这一行数据的销量加入字典中对应药品已有的销量上,如果字典中没有该药品则已有销量
    #为 0
list_bydrug = []                     #创建空列表以存放不同按药品对应的销量总和
#将字典转为列表
for i_drug in dict_bydrug.keys():
    list_bydrug.append((i_drug,dict_bydrug[i_drug]))   #list_bydrug 列表中每
    #个元素为一个元组,元组中的第一个元素为药品名称,第二个元素为统计的药品销售数量
list_bydrug.sort(key=lambda x:x[1],reverse=True)
                                     #按照列表中每种药品的销售数量从大到小的顺序排序
list_bydrug[0:10]                    #获取销量前 10 的药品名称及其对应的销量
```

代码执行结果如下:

```
[('苯磺酸氨氯地平片(安内真)', 1785), ('开博通', 1458), ('酒石酸美托洛尔片(倍他乐
克)', 1138), ('硝苯地平片(心痛定)', 825), ('苯磺酸氨氯地平片(络活喜)', 796), ('复方
利血平片(复方降压片)', 517), ('G琥珀酸美托洛尔缓释片(倍他乐克)', 509), ('缬沙坦胶囊
(代文)', 444), ('高特灵', 379), ('非洛地平缓释片(波依定)', 375)]
```

8.5.2　探索 2:如何计算各月的销售金额总和

在 8.4.1 节的案例中,绘制折线图以展示每月的销售额时,使用的数据是已统计好的 1—6 月各月的销售额总和。然而,在实际工作中,以上数据通常需要对原始数据进行统计处理与汇总才能得到。那么,如何从原始数据中计算各月的销售金额总和?

为实现各月销售金额总和的计算,首先,需要创建一个空白的字典;然后,遍历原始数据,读取每一行原始数据中的日期及其对应药品的销售额,将日期转为特定格式的字符串后,用分隔符分隔,获得该行数据对应的月份,在字典中查询该月份对应的销售额,并将二者相加作为字典中该月份对应的最新销售额,如果字典中不存在该月份,则在字典中创建该月份作为键,并将值设置为该行原始数据中的药品销售额。

具体代码内容如下：

```
#探索2：如何计算各月的销售金额总和
import pandas as pd                              #引用pandas包
#读取数据
df_origin = pd.read_excel("医院药品销售数据.xlsx",sheet_name='原始数据')
list_origin = df_origin.values.tolist() #将DataFrame格式的数据转成二维列表
dict_bymonth = {}                               #创建空字典以存放按日统计的数据
#统计每日销售数量
for line in list_origin:
    i_date = line[0].strftime("%Y-%#m-%d")
    #原始数据中第一列为时间,类型为时间戳,使用strftime()函数将其转换为特定格式的
    #字符串,#符号可以让月份不带0
    i_month = i_date.split("-")[1]    #将日期字符串以-符号分隔开,第二个元素就是月份
    i_sale = line[3]                  #原始数据中第四列为药品销量
    dict_bymonth[i_month] = dict_bymonth.get(i_month,0) + i_sale   #按照月份进行统计
list_bymonth = []                          #创建空列表以存放按日统计的数据
#将字典转为列表
for i_month in dict_bymonth.keys():
    list_bymonth.append((i_month,round(dict_bymonth[i_month],1)))
                               #round()函数的作用是指定保留几位有效数字

print(list_bymonth)
```

代码执行结果如下：

```
[('1', 53295.0), ('2', 43387.7), ('3', 45311.0), ('4', 54277.5), ('5', 50875.6),
('6', 52223.4), ('7', 32568.0)]
```

8.6 本章小结

扫码查看思维导图

8.7 本章习题

一、编程题

1. 针对表 8.8 和表 8.9 的数据，请选择合适的可视化图表类型，使用 Matplotlib 库进行数据分析与可视化。

表 8.8　2021 年各部门财政支出情况

部　　门	支出/万元	部　　门	支出/万元
教育	37621	节能环保	5536
科学计算	9677	城乡社区	19450
文化旅游体育与传媒	3986	农林水	22146
社会保障和就业	33867	交通运输	11445
卫生健康	19205	债务付息	10456

表 8.9　2010—2021 年卫生健康部门的财政支出情况

年　　份	支出/万元	年　　份	支出/万元
2021	19204.8	2015	11953.2
2020	19201.2	2014	10176.8
2019	16665.3	2013	8279.9
2018	15623.5	2012	7245.1
2017	14450.6	2011	6429.5
2016	13158.8	2010	4804.2

2. 针对表 8.10 和表 8.11 的数据,请选择合适的可视化图表类型,使用 pyecharts 库进行数据分析与可视化。

表 8.10　2010—2020 年全国卫生人员数统计情况

年　　份	全国卫生人员总数/万人	年　　份	全国卫生人员总数/万人
2010	820.8	2016	1117.3
2011	861.6	2017	1174.9
2012	911.9	2018	1230
2013	979	2019	1292.8
2014	1023.4	2020	1347.5
2015	1069.4		

表 8.11　2001—2008 年全国甲乙类传染病报告死亡率

年　　份	传染病死亡率	年　　份	传染病死亡率
2001	0.29	2005	0.76
2002	0.35	2006	0.81
2003	0.48	2007	0.99
2004	0.55	2008	0.94

3. 针对以下数据，请选择至少 3 种合适的可视化方法进行展示。

本书提供的数字资源中，以下 3 个 csv 文件为我国各省份于 2020.01.22 至 2020.02.13 期间新型冠状病毒感染的疑似、确诊和死亡病例数量。

各省市 20200122-20200213 新型冠状病毒感染死亡数据.csv
各省市 20200122-20200213 新型冠状病毒感染确诊数据.csv
各省市 20200122-20200213 新型冠状病毒感染疑似数据.csv

第 9 章
医学综合实践案例

本章学习目标
- 掌握 Python 基础语法
- 学会分析和解决问题的思路
- 学会运用编程方法解决综合问题

本章源代码

9.1 案例 1：中药饮片背诵小助手

中药饮片是中国中药产业的三大支柱之一，是中医临床辨证施治所必需的传统武器，也是中成药的重要原料，其独特的炮制理论和方法，无不体现着古老中医的精深智慧。随着中药饮片炮制理论的不断完善和成熟，目前它已成为中医临床防病、治病的重要手段。医生不仅应该能够辩证开方，识药也是一项必修技能，因此中药饮片的辨识是一名中医学子的必修课。

9.1.1 案例描述

本节基于 Python 语言，结合 56 张常见中药饮片图片，编写代码，开发中药饮片背诵小助手，通过多种题型帮助中医学子实现中药饮片的背诵和自我检查，如图 9.1 所示。

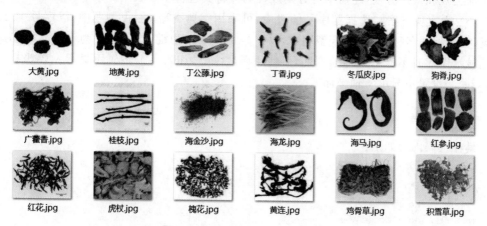

图 9.1 部分常见中药饮片图片

具体实现以下功能。

（1）通读知识点功能。每次使用开始时，用户可自己输入数字，选择背诵数目，程序通过随机抽取要背诵的饮片，让用户在答题前首先浏览一遍本次要背诵的饮片图片和对应饮片名称。

（2）选择背诵题型。用户可以选择 3 种题目类型，具体包括 A 型题"根据饮片图片选择对应饮片名称"，B 型题"根据饮片名称选择对应饮片图片"，C 型题"根据饮片图片填写对应饮片名称"，3 种题型的具体功能如下。

A 型选择题，即根据饮片图片选择对应饮片名称，程序需从用户已浏览过的知识点中随机抽取一幅图片，并给出 4 个饮片名称作为备选答案，让用户选择。

B 型选择题，即根据饮片名称选择对应饮片图片，程序需从用户已浏览过的知识点中随机抽取一个中药饮片名称，并给出 4 幅饮片图片作为备选答案，让用户选择。

C 型填空题，即根据饮片图片填写对应饮片名称，程序需从用户已浏览过的知识点中随机抽取一幅图片，让用户输入图片对应的饮片名称。

（3）判断对错功能。在用户作答后判断答案，正确则进行下一道题目的作答，错误则继续作答。当一种题目类型完成后，用户可继续选择题目类型进行复习。

9.1.2　问题分析

本案例为综合案例，涉及批量文件读取、图像显示、随机抽取、字典存储、函数模块化等多项内容，具体解决思路如下。

（1）为实现批量读取饮片图片名称，需要使用 os 库的 listdir() 函数，读取当前目录下所有文件的名称，要注意在读取后需将非图片文件的名称使用 remove() 函数移除。

（2）为实现随机抽取题目和选择题选项，并打乱顺序，需使用 random 库的 sample() 和 shuffle() 函数。

（3）为实现图片读取和显示，需使用 Matplotlib 库的 image 和 pyplot 模块。

（4）为实现 3 种类型题目的调用，需要使用 def() 函数将每种题目类型模块化，为了输出更加美观和调用方便，还需编写分割线代码并将其进行函数赋用。

（5）为实现答案与选择题序号的对应，可采用字典类型，在 A 型题中，以序号 1、2、3、4 为键，中药饮片名称为值；在 B 型题中，以序号 1、2、3、4 为键，饮片图片为值。其中，为在 B 型题显示图片时不显示坐标轴刻度，可使用函数 set_xticks([]) 设置不显示 x 轴坐标、set_yticks([]) 设置不显示 y 轴坐标。

9.1.3　编程实现

具体代码内容如下：

```
#导入库
import os
import random
import pandas as pd
import matplotlib.pyplot as plt
import matplotlib.image as mpimg
```

```
#读取文件名称,获取饮片名称
file_list = os.listdir()
#删除该路径下除图片文件名外的所有文件名
file_list.remove('.DS_Store')
file_list.remove('中药饮片背诵小助手.ipynb')
file_list.remove('.ipynb_checkpoints')
#删去文件名中的".jpg"后缀
name_list=[]
delete_list=['.jpg']
for i in file_list:
    name_list.append(i.strip(''.join(delete_list)))

#读取图片
d={}
for i in range(len(name_list)):
    d[name_list[i]]=mpimg.imread(file_list[i])

#获取符号'√','×'
T=chr(10004)
F=chr(215)

#定义一个函数做分割线
def fenge():
    print('\n=======================================\n')

#A_type: 选择题(根据图片选名称)
def A():
    for name in question_list:
        print('请问图片中饮片的名称是:\n(输入"n"跳过题目)')
        #根据抽取好的题目,依次展示图片
        plt.imshow(d[name])
        plt.show()
        #建立一个除去正确答案的错误选项集
        F_name_list=[]
        for i in name_list:
            if i != name:
                F_name_list.append(i)
        #在错误选项中选择三个混淆选项
        answer_list=random.sample(F_name_list,3)
        #获取四个选项,并打乱顺序
        answer_list.append(name)
        random.shuffle(answer_list)
        #利用字典,实现答案对应
        op_dict={}
        op_dict[1]=answer_list[0]
        op_dict[2]=answer_list[1]
        op_dict[3]=answer_list[2]
        op_dict[4]=answer_list[3]
```

```
        print("1:{}2:{}3:{}4:{}".format(op_dict[1],op_dict[2],op_dict[3],op_
        dict[4]))
        while True:
            answer=input()
            if answer =='n':
                break
            elif op_dict[eval(answer)]==name:
                print(T,'恭喜您回答正确')
                break
            else:
                print(F,"回答错误,请重新选择")
continue

#B_type: 选择题(根据名称选图片)
def B():
    F_name_list=[]
    for name in question_list:
        #每次循环要创建新的画布
        plt.figure(figsize=(3,2),dpi=120,facecolor='white',edgecolor=
        'black',frameon=True)
        ax1 = plt.subplot(221)
        ax2 = plt.subplot(222)
        ax3 = plt.subplot(223)
        ax4 = plt.subplot(224)
        plt.tight_layout()
        for i in name_list:
            if i != name:
                F_name_list.append(i)            #获取所有错误答案
        answer_list=random.sample(F_name_list,3)  #生成三个错误答案
        answer_list.append(name)                   #四个备选项
        random.shuffle(answer_list)                #打乱顺序
        #图片读取
        pic1=plt.imread('{}.jpg'.format(answer_list[0]))
        pic2=plt.imread('{}.jpg'.format(answer_list[1]))
        pic3=plt.imread('{}.jpg'.format(answer_list[2]))
        pic4=plt.imread('{}.jpg'.format(answer_list[3]))
        #利用字典,实现答案对应
        op_dict={}
        op_dict[1]=answer_list[0]
        op_dict[2]=answer_list[1]
        op_dict[3]=answer_list[2]
        op_dict[4]=answer_list[3]
        #设置标题,写出图片选项序号
        ax1.set_title("1")
        ax2.set_title("2")
        ax3.set_title("3")
        ax4.set_title("4")
        #不显示坐标轴
        ax1.set_xticks([])
        ax2.set_xticks([])
```

```
            ax3.set_xticks([])
            ax4.set_xticks([])
            ax1.set_yticks([])
            ax2.set_yticks([])
            ax3.set_yticks([])
            ax4.set_yticks([])
            #子图位置与图片对应
            ax1.imshow(pic1)
            ax2.imshow(pic2)
            ax3.imshow(pic3)
            ax4.imshow(pic4)
            plt.show()
            print('请问哪张图片是{}\n(输入"n"跳过题目)'.format(name))
            while True:
                answer=input()
                if answer =='n':
                    break
                elif op_dict[eval(answer)]==name:
                    print(T,'恭喜您回答正确')
                    break
                else:
                    print(F,"回答错误,请重新选择")
continue


#C_type:填空题(根据图片填名称)
def C():
    for name in question_list:
        plt.imshow(d[name])
        plt.show()
        print('请问图中饮片名称:\n(输入"n"跳过题目)')
        while True:
            answer=input('')
            if answer =='n':
                break
            elif answer==name:
                print(T,'恭喜您回答正确')
                break
            else:
                print(F,"回答错误,请重新选择")
continue


#进入程序,选择学习饮片数目
print('欢迎来到中药饮片背诵小助手')
fenge()
number=eval(input('您本次想要背诵的饮片数目'))
question_list=random.sample(name_list,number) #根据用户想要复习的数目,抽取题目
#题目预览
for i in question_list:
    print(i)
    plt.imshow(d[i])
    plt.show()
    next=input('输入任意字符复习下一饮片')
print('题目学习结束啦,下面进行答题环节')
```

```
#选择题型
fenge()
print('A：选择题(根据图片选名称)\nB：选择题(根据名称选图片)\nC：填空题(根据图片填名称)')
question_type=input('请选择您想作答的题型')
while True:
    if question_type == 'n':
        break
    elif question_type in ['A','B','C']:
        #调用题型
        eval(question_type)()
        print('答题结束,请选择其他题型继续复习或输入"n"退出')
        question_type=input('')
    else:
        question_type=input('请重新选择您想使用的题型或输入"n"退出')
fenge()
print('本次饮片背诵小助手的陪伴就到这里啦,感谢您的使用,期待下次见哦')
```

执行结果如下：

欢迎来到中药饮片背诵小助手

==

您本次想要背诵的饮片数目 2
女贞子

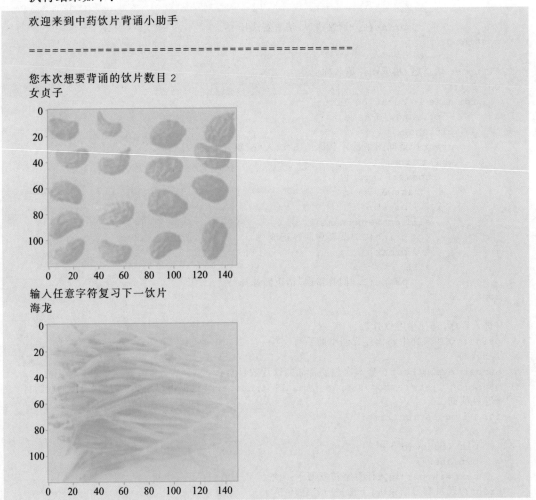

输入任意字符复习下一饮片
海龙

输入任意字符复习下一饮片
题目学习结束啦,下面进行答题环节

==

A：选择题(根据图片选名称)
B：选择题(根据名称选图片)
C：填空题(根据图片填名称)
请选择您想作答的题型 A
请问图片中饮片的名称是:
(输入"n"跳过题目)

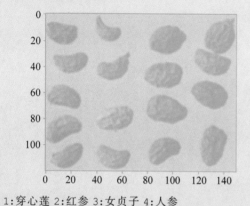

1:穿心莲 2:红参 3:女贞子 4:人参
3
√ 恭喜您回答正确
请问图片中饮片的名称是:
(输入"n"跳过题目)

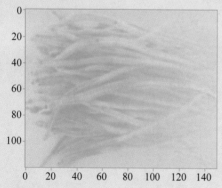

1:石斛 2:桂枝 3:巴戟天 4:海龙
1
× 回答错误,请重新选择
4
√ 恭喜您回答正确
答题结束,请选择其他题型继续复习或输入"n"退出
B

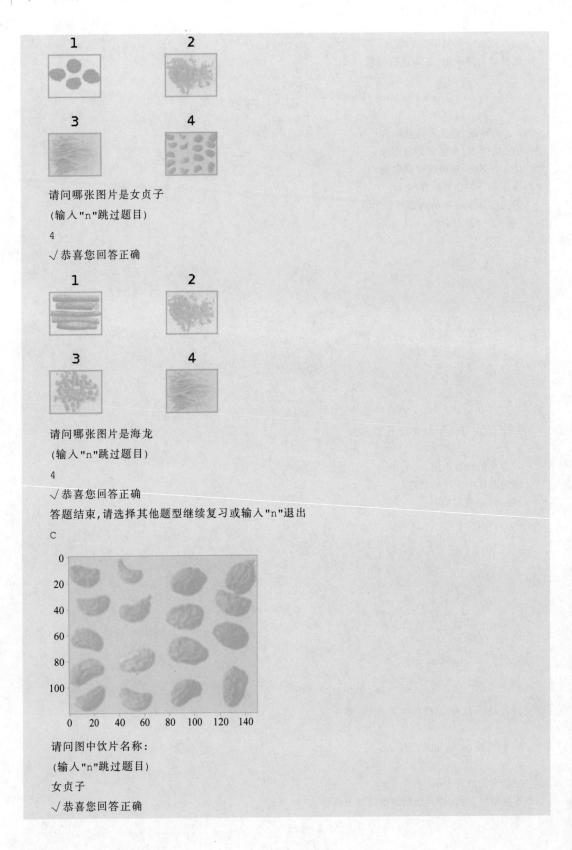

请问哪张图片是女贞子

(输入"n"跳过题目)

4

√恭喜您回答正确

请问哪张图片是海龙

(输入"n"跳过题目)

4

√恭喜您回答正确

答题结束,请选择其他题型继续复习或输入"n"退出

C

请问图中饮片名称:

(输入"n"跳过题目)

女贞子

√恭喜您回答正确

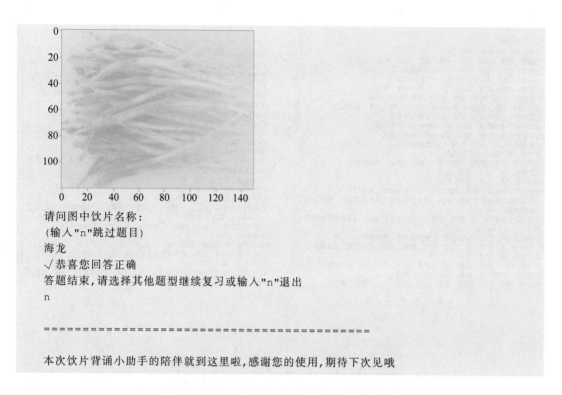

请问图中饮片名称：

(输入"n"跳过题目)

海龙

√ 恭喜您回答正确

答题结束,请选择其他题型继续复习或输入"n"退出

n

==

本次饮片背诵小助手的陪伴就到这里啦,感谢您的使用,期待下次见哦

9.2　案例 2:　中医辨证小助手

　　辨证论治是中医临床诊断治疗疾病的思维方法和过程,也是中医认识疾病和治疗疾病的基本原则。辨证就是将"四诊"(望、闻、问、切)所收集的资料、症状和体征(如脉象、舌象),通过分析、综合、辨清疾病的原因、性质、部位,以及邪正之间的关系,加以概括、判断为某种性质的证。论治,又称施治,则是根据辨证的结果,确定相应的治疗方法。临床常用的辨证方法包括八纲辨证、气血津液辨证、脏腑辨证、六经辨证、卫气营血辨证、三焦辨证、经络辨证等。其中,八纲辨证是各种辨证的纲领,适用于临床各种疾病的辨证;气血津液辨证、脏腑辨证主要是应用于内伤杂病的辨证;六经辨证、卫气营血辨证、三焦辨证等辨证方法主要适于外感病的辨证。

　　随着"互联网+医疗"的发展,中医行业也逐渐走向智能化、信息化。在此背景下,智能中医辨证成为了一种新的智能中医模式,它结合临床数据与中医基础理论,模拟老中医辨证论治,有助于更精准地诊断疾病。

9.2.1　案例描述

　　本节基于 Python 语言,根据 3 个数据文件(证与对应症状.txt、症状同义词扩展.txt 和健康建议.txt)的内容,编写代码,实现中医辨证过程的简单模拟。其中,"证与对应症状.txt"存储了 64 种证对应的症状词,由于该文件中的症状词较为专业,而患者一般在描述症状时更倾向于口语化表达。因此,在文件"症状同义词扩展.txt"中对一些专业症状词进行了同义词扩展补充,在"健康建议.txt"文件中则存储了每种症的病因及相应的健康建议,如图 9.2~图 9.4 所示。

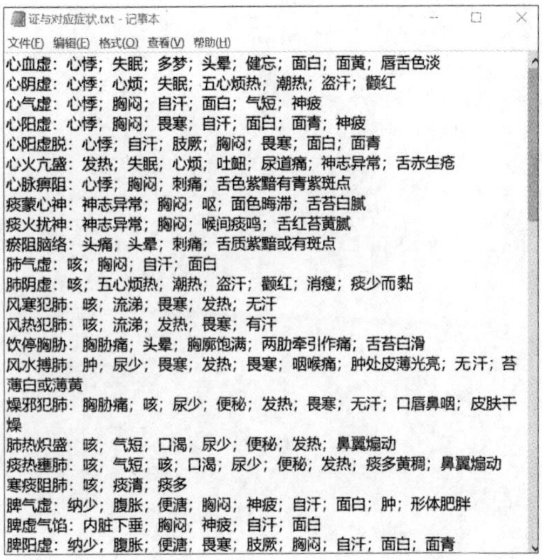
证与对应症状.txt - 记事本
文件(F) 编辑(E) 格式(O) 查看(V) 帮助(H)
心血虚：心悸；失眠；多梦；头晕；健忘；面白；面黄；唇舌色淡
心阴虚：心悸；心烦；失眠；五心烦热；潮热；盗汗；颧红
心气虚：心悸；胸闷；自汗；面白；气短；神疲
心阳虚：心悸；胸闷；畏寒；自汗；面白；面青；神疲
心阳虚脱：心悸；自汗；肢厥；胸闷；畏寒；面白；面青
心火亢盛：发热；失眠；心烦；吐衄；尿道痛；神志异常；舌赤生疮
心脉痹阻：心悸；胸闷；刺痛；舌色紫黯有青紫斑点
痰蒙心神：神志异常；胸闷；呕；面色晦滞；舌苔白腻
痰火扰神：神志异常；胸闷；喉间痰鸣；舌红苔黄腻
瘀阻脑络：头痛；头晕；刺痛；舌质紫黯或有斑点
肺气虚：咳；胸闷；自汗；面白
肺阴虚：咳；五心烦热；潮热；盗汗；颧红；消瘦；痰少而黏
风寒犯肺：咳；流涕；畏寒；发热；无汗
风热犯肺：咳；流涕；发热；畏寒；有汗
饮停胸胁：胸胁痛；头晕；胸廓饱满；两肋牵引作痛；舌苔白滑
风水搏肺：肿；尿少；畏寒；发热；畏寒；咽喉痛；肿处皮薄光亮；无汗；苔薄白或薄黄
燥邪犯肺：胸胁痛；咳；尿少；便秘；发热；畏寒；无汗；口唇鼻咽；皮肤干燥
肺热炽盛：咳；气短；口渴；尿少；便秘；发热；鼻翼煽动
痰热壅肺：咳；气短；咳；口渴；尿少；便秘；发热；痰多黄稠；鼻翼煽动
寒痰阻肺：咳；痰清；痰多
脾气虚：纳少；腹胀；便溏；胸闷；神疲；自汗；面白；肿；形体肥胖
脾虚气陷：内脏下垂；胸闷；神疲；自汗；面白
脾阳虚：纳少；腹胀；便溏；畏寒；肢厥；胸闷；自汗；面白；面青

图 9.2 证与对应症状数据文件

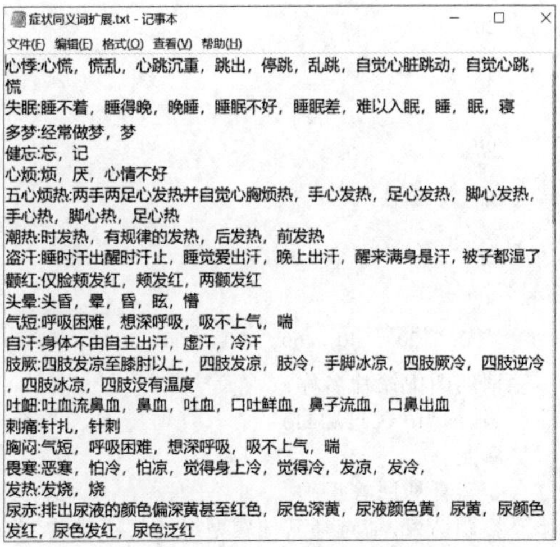
症状同义词扩展.txt - 记事本
文件(F) 编辑(E) 格式(O) 查看(V) 帮助(H)
心悸:心慌，慌乱，心跳沉重，跳出，停跳，乱跳，自觉心脏跳动，自觉心跳，慌
失眠:睡不着，睡得晚，晚睡，睡眠不好，睡眠差，难以入眠，睡，眠，寝
多梦:经常做梦，梦
健忘:忘，记
心烦:烦，厌，心情不好
五心烦热:两手两足心发热并自觉心胸烦热，手心发热，足心发热，脚心发热，手心热，脚心热，足心热
潮热:时发热，有规律的发热，后发热，前发热
盗汗:睡时汗出醒时汗止，睡觉爱出汗，晚上出汗，醒来满身是汗，被子都湿了
颧红:仅脸颊发红，颊发红，两颧发红
头晕:头昏，晕，昏，眩，懵
气短:呼吸困难，想深呼吸，吸不上气，喘
自汗:身体不由自主出汗，虚汗，冷汗
肢厥:四肢发凉至膝肘以上，四肢发凉，肢冷，手脚冰凉，四肢厥冷，四肢逆冷，四肢冰凉，四肢没有温度
吐衄:吐血流鼻血，鼻血，吐血，口吐鲜血，鼻子流血，口鼻出血
刺痛:针扎，针刺
胸闷:气短，呼吸困难，想深呼吸，吸不上气，喘
畏寒:恶寒，怕冷，怕凉，觉得身上冷，觉得冷，发凉，发冷，
发热:发烧，烧
尿赤:排出尿液的颜色偏深黄甚至红色，尿色深黄，尿液颜色黄，尿黄，尿颜色发红，尿色发红，尿色泛红

图 9.3 症状同义词扩展数据文件

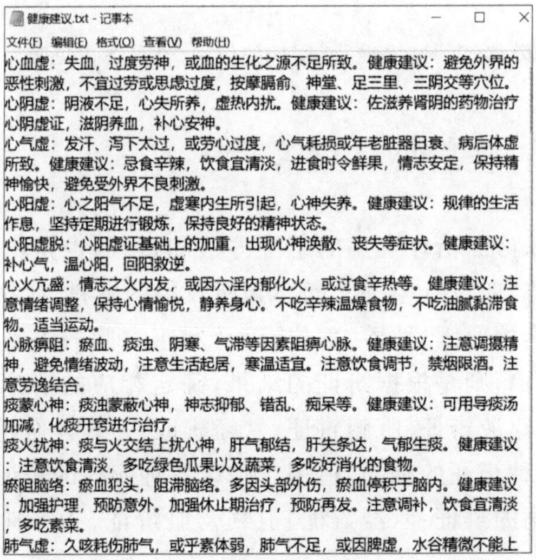
健康建议.txt - 记事本
文件(F) 编辑(E) 格式(O) 查看(V) 帮助(H)
心血虚：失血，过度劳神，或血的生化之源不足所致。健康建议：避免外界的恶性刺激，不宜过劳或思虑过度，按摩膈俞、神堂、足三里、三阴交等穴位。
心阴虚：阴液不足，心失所养，虚热内扰。健康建议：佐滋养肾阴的药物治疗心阴虚证，滋阴养血，补心安神。
心气虚：发汗、泻下太过，或劳心过度，心气耗损或年老脏器日衰、病后体虚所致。健康建议：忌食辛辣，饮食宜清淡，进食时令鲜果，情志安定，保持精神愉快，避免受外界不良刺激。
心阳虚：心之阳气不足，虚寒内生所引起，心神失养。健康建议：规律的生活作息，坚持定期进行锻炼，保持良好的精神状态。
心阳虚脱：心阳虚证基础上的加重，出现心神涣散、丧失等症状。健康建议：补心气，温心阳，回阳救逆。
心火亢盛：情志之火内发，或因六淫内郁化火，或过食辛热等。健康建议：注意情绪调整，保持心情愉悦，静养身心。不吃辛辣温燥食物，不吃油腻黏滞食物。适当运动。
心脉痹阻：瘀血、痰浊、阴寒、气滞等因素阻痹心脉。健康建议：注意调摄精神，避免情绪波动，注意生活起居，寒温适宜。注意饮食调节，禁烟限酒。注意劳逸结合。
痰蒙心神：痰浊蒙蔽心神，神志抑郁、错乱、痴呆等。健康建议：可用导痰汤加减，化痰开窍进行治疗。
痰火扰神：痰与火交结上扰心神，肝气郁结，肝失条达，气郁生痰。健康建议：注意饮食清淡，多吃绿色瓜果以及蔬菜，多吃好消化的食物。
瘀阻脑络：瘀血犯头，阻滞脑络。多因头部外伤，瘀血停积于脑内。健康建议：加强护理，预防意外。加强休止期治疗，预防再发。注意调补，饮食宜清淡，多吃素菜。
肺气虚：久咳耗伤肺气，或乎素体弱，肺气不足，或因脾虚，水谷精微不能上

图 9.4 健康建议数据文件

具体实现以下功能。

(1) 获取用户初始输入，引导用户输入自身病情症状，由于用户输入病情资料时往往不会使用专业术语，且口语化助词较多，因此需要对用户输入进行分词，并基于"症状同义词扩展.txt"文件进行同义词替换。

(2) 模拟中医辨证过程，首先基于用户已输入的症状词计算得出初始辨证结果，由于用户输入的病情一般较为简单，初始辨证结果中可能含有多种证，不足以支撑疾病的诊断，因此需要在接收到患者输入的症状后进行问诊的模拟。模拟问诊的第一步是获取性别信息，由于症状词中涉及月经、遗精等具有性别因素的症状，因此需要先询问患者的性别情况；然后，获取初始辨证结果中可能的证对应的所有症状，通过一一询问患者是否具有这些症状，判断不同证的症状符合程度，从而得到该患者的最终证型。

（3）给出对应健康建议，通过模拟问诊得到患者最终证型，并基于"健康建议.txt"文件中的内容，输出符合患者症状的证名、病因以及健康建议。

9.2.2　问题分析

本案例为综合案例，涉及文件读取、文本处理、函数模块化、组合数据类型（如字典、集合、列表）的常用函数与性质等多项内容，具体思路如下。

（1）读取文件"证与对应症状.txt""症状同义词扩展.txt"中的内容，建立字典以存储证与对应症状，其中字典的键为证名、键所对应的值为该证名对应的症状和相应症状扩展词。

（2）使用 jieba 库对用户输入的病情进行分词处理，并识别其中的症状词，此时需注意，由于中医症状词较为专业，jieba 自带的词典可能无法识别，因此需要通过 add_word() 函数为分词工具添加自定义词语。此外，若在用户输入中检测不到关键症状词，也应提醒用户重新输入。

（3）通过对集合取交集的方式，可以计算得出用户输入症状与不同证型对应症状的重叠数，使用 sort() 函数对不同证的重叠症状数进行排序，并取具有较多重叠症状的证型为初始辨证结果。

（4）取初始辨证结果中的所有症状，基于集合本身具有的元素唯一性对症状词去重，并用字典结构存储不同症状词对应的证名。通过遍历字典，询问患者是否具有该症状，同时另设一字典以存储不同证名及患者符合该证对应症状的数量。通过 sort() 函数对上述字典的值进行排序，得到患者的最终证型。

（5）读取文件"健康建议.txt"，并采用字符串的 split()、replace() 等函数进行处理，使用字典存储不同证名对应的病因及健康建议，最后将患者的最终证型作为字典的键，获取该键对应的值，并以 print() 函数格式化的形式进行输出。

9.2.3　编程实现

具体代码内容如下：

```
#导入库
import jieba
#建立字典存储证及对应症状
def read_zhengzhuang():
    f_zhengzhuang = open('证与对应症状.txt',encoding="utf-8").readlines()
    f_tongyici = open('症状同义词扩展.txt',encoding="utf-8").readlines()
    zhengzhuang = {}
    tongyici = {}
    zhengzhuang_kuozhan = {}
    for line in f_zhengzhuang:
        line = line.strip('\n').split(': ')
        zhengzhuang[line[0]] = line[1].split(';')
        zhengzhuang_kuozhan[line[0]] = line[1].split(';')
    for line in f_tongyici:
        line = line.strip('\n').split(':')
        tongyici[line[0]] = line[1].split(',')
    for i in zhengzhuang_kuozhan:
```

```
        for j in tongyici:
            if j in zhengzhuang_kuozhan[i]:
                zhengzhuang_kuozhan[i] += tongyici[j]
    return zhengzhuang,zhengzhuang_kuozhan,tongyici


#读取用户输入症状并分词
def input_zhengzhuang(zhengzhuang_kuozhan,tongyici):
    str = input("请输入您的详细症状: ")
    for ch in '(),、,? /??!! \|;;.》.qwertyuiopasdfghjklzxcvbnmQWERTYUIOPASDFGH
JKLZXCVBNM。;;+()-- 1234567890+':
        str=str.replace(ch,'')
    #将所有症状添加到jieba库的词库中
    for zheng in zhengzhuang_kuozhan:
        for word in zhengzhuang_kuozhan[zheng]:
            jieba.add_word(word)
    ls_input = jieba.lcut(str, cut_all=True)
    #匹配用户输入是否含有词典中的症状
    zhengzhuang_input = []
    for i in ls_input:
        for zheng in zhengzhuang_kuozhan:
            if i in zhengzhuang_kuozhan[zheng]:
                zhengzhuang_input.append(i)
                break
    #对用户输入的症状词进行标准化
    set_zhengzhuang = set()
    for i in zhengzhuang_input:
        for j in tongyici:
            if (i in tongyici[j]) or (i==j):
                set_zhengzhuang.add(j)
    if len(zhengzhuang_input) == 0:
        print("请重新输入症状")
    return set_zhengzhuang


#模拟辨证过程
def bianzheng(zhengzhuang,set_zhengzhuang):
#按照症状符合个数排序列出可能对应的证
    zheng_num = {}
    for zheng in zhengzhuang:
        zheng_num[zheng] = len(set(zhengzhuang[zheng]) & set_zhengzhuang)
    items = list(zheng_num.items())
    items.sort(key=lambda x:x[1],reverse=True)
    zheng_pos = []
    max_num = items[0][1]
    for i in items:
        if i[1] == max_num:
            zheng_pos.append(i[0])
    #将每个症状对应到可能的证上
    set_poss_zhengzhuang = set()
    for zheng in zheng_pos:
        set_poss_zhengzhuang = set_poss_zhengzhuang | set(zhengzhuang[zheng])
```

```
        dic = {}
        for i in set_poss_zhengzhuang:
            i_zheng = []
            for j in zheng_pos:
                if i in zhengzhuang[j]:
                    i_zheng.append(j)
            dic[i] = i_zheng
    #询问性别
    gender = input('请问您的性别是(男-1,女-2): ')
    if gender == '1' or gender == '2':
        pass
    else:
        print('请输入 1 或 2')
    question_zhengzhuang = set_poss_zhengzhuang-set_zhengzhuang
    for i_zhengzhuang in question_zhengzhuang:
        if i_zhengzhuang in ['遗精']:
            if gender=='2':
                continue
        if i_zhengzhuang in ['经带不固','经少']:
            if gender=='1':
                continue
        answer = input('您最近有{}吗? 1代表有,2代表没有。'.format(i_zhengzhuang))
        if answer == '1':
            for i_zheng in dic[i_zhengzhuang]:
                zheng_num[i_zheng] += 1

    items_final = list(zheng_num.items())
    items_final.sort(key=lambda x:x[1],reverse=True)
    zheng_pos_final = []
    max_num_final = items_final[0][1]
    for i in items_final:
        if i[1] == max_num_final:
            zheng_pos_final.append(i[0])
    return zheng_pos_final

#根据证名返回其病因与对应健康建议
def advice(zheng_pos_final):
    d = {}
    f = open('健康建议.txt',encoding='utf-8').read()
    f = f.replace('健康建议','')
    f = f.split('\n')
    for i in f:
        i=i.split(': ')
        d[i[0]]=i[1:]
    for i in zheng_pos_final:
        bingyin=d[i][0]
        jianyi=d[i][1]
        print('您是{},此症状多由{}建议您{}祝您早日康复! '.format(i,bingyin,
        jianyi))

#进入主程序
zhengzhuang,zhengzhuang_kuozhan,tongyici = read_zhengzhuang()
```

```
set_zhengzhuang = input_zhengzhuang(zhengzhuang_kuozhan,tongyici)
zheng_pos_final = bianzheng(zhengzhuang,set_zhengzhuang)
advice(zheng_pos_final)
```

执行结果如下：

```
请输入您的详细症状:
最近月经不调,睡不着觉,还头晕
Building prefix dict from the default dictionary ...
Loading model from cache C:\Users\mokar\AppData\Local\Temp\jieba.cache
Loading model cost 0.811 seconds.
Prefix dict has been built successfully.
请问您的性别是(男-1,女-2):
2
您最近有面白吗? 1代表有,2代表没有。
1
您最近有心悸吗? 1代表有,2代表没有。
2
您最近有视力下降吗? 1代表有,2代表没有。
1
您最近有四肢发麻吗? 1代表有,2代表没有。
2
您最近有多梦吗? 1代表有,2代表没有。
2
您是心肝血虚,此症状多由神志、头目、筋脉均失濡养。建议您注意生活养生,睡眠充足,起居规律,
保持心境平和,适量进行运动。祝您早日康复!
```

9.3　案例 3：在线药店管理小助手

在线药店,或称网上药店、网络药店,主要是指药商企业运用互联网技术建立的企业与消费者之间进行药品交易的电子虚拟平台。网上药店具有产品价格优惠、购买方便、药品品种齐全、保护消费者隐私等优点。随着互联网的普及,电子商务迎来高速发展的时代。网上药店作为医药电子商务发展的产物,近年来逐渐进入人们的视野,经过多年的市场孕育,网上药店迎来了高速发展期,据智研咨询发布的《2022—2028 年中国网上药店行业发展前景分析及战略咨询研究报告》显示,2021 年中国网上药店(含药品和非药品)销售额达 2234 亿元,较 2020 年增加了 641 亿元,同比增长 40.24％;2021 年中国网上药店(含药品和非药品)销售额占药店(含药品和非药品)销售总额的比例达 28.10％,较 2014 年的 1.92％增长了26.18％。

伴随着庞大成交额而来的还有庞大的数据信息,对在线药店的后台数据进行智能数据分析与管理,可为网店的运营决策提供必不可少的数据支持,通过这些数据信息提高运营决策的效率以及质量,有助于降低在线药店的成本并提高销售业绩。

9.3.1　案例描述

本节通过 Python 语言开发在线药店管理小助手,实现网上药店的数据管理,并模拟生成"网上药店数据.xlsx"文件,通过 Excel 软件来搭建一个简单的数据存储后台。部分网上

药店数据如表 9.1 所示,可以看到该表格中包含用户 ID、性别、年龄、症状、购药时间、药物名称、销售数量、单价和总价共 9 列信息。

表 9.1 部分网上药店数据

ID	性别	年龄	症 状	购药时间	药 物 名 称	销售数量	单价	总价
10000	男	37	便秘	2019/3/20	乳果糖	1	69.0	69
10001	女	27	胃痛反酸	2022/1/14	奥美拉唑肠溶胶囊	2	15.0	30
10002	男	23	胃痛反酸	2017/1/13	胃疡宁丸	1	398.0	398
10003	女	37	胃痛反酸	2018/3/10	胃肠宁颗粒	1	138.0	138
10004	女	35	胃痛反酸	2019/3/3	法莫替丁	2	25.0	50
10005	男	28	胃溃疡	2020/3/31	奥美拉唑肠溶胶囊	3	15.0	45
10006	男	30	胃痛反酸	2018/1/23	法莫替丁	2	25.0	50
10007	男	37	胃溃疡	2022/8/14	复方铝酸铋	1	31.5	31.5
10008	男	54	胃溃疡	2022/2/2	胶体果胶铋	5	26.0	130
10009	男	54	胃溃疡	2022/2/2	复方铝酸铋	1	31.5	31.5
10010	女	46	消化不良	2021/9/9	胃肠宁颗粒	2	33.0	66

具体实现以下功能。

(1)查询、添加数据记录。药店工作人员可基于原始后台数据,实现对数据记录的查询和添加功能。其中,查询方面,可以任意限定 9 列信息中的某一个或多个属性。

(2)VIP 客户识别功能。药店工作人员可设定一个具体额度,当某个客户购买记录达到该额度,则将其识别为 VIP 客户,在其之后的消费中给出一定的优惠。

(3)药物推荐功能。当用户不知道具体应购买哪种药品时,系统可让用户选择疾病类别,并自动基于与该用户所患疾病相似患者的购药数据进行分析,以饼图的形式进行可视化,帮助用户选择合适的药物。

9.3.2 问题分析

本案例为综合案例,涉及表格型文件读取、数据处理与计算、函数模块化、数据可视化等多项内容,具体解决思路如下。

(1)实现数据的查询与添加。首先利用 pandas 库读取现有数据并保存为 DataFrame 格式。查询可分两步进行,第一步输入需要查询的参数(Excel 列名称),若有,则将 DataFrame 文件中参数对应的列保存为一个列表,若无,则输出"请输入正确的参数";第二步,参数正确时输入查询所需对应的值并在列表中循环搜索,若有,则将对应值在列表中的索引值保存到新列表,取 DataFrame 文件中对应索引列表中的索引行为所需查询的行,若无,则输出"未查询到您需要的信息"。数据的添加方面,利用 input()函数输入数据,保存到 DataFrame 文件中并进而写入 Excel 即可。

(2)实现 VIP 客户识别功能。首先读取 DataFrame 文件中的 ID 与总价两列保存到两个列表中,建立一个字典,以用户 ID 为键,用户消费总价之和为值,通过循环遍历 ID 列表和总价列表,计算得到每个用户的消费总价之和。最后将每个用户的消费总价之和与 VIP 划定的限额进行对比,若大于,则输出该字典的键和其对应的值,即该用户 ID 及其消费总价之和。

(3) 实现药物推荐功能。首先需引导用户选择疾病类型和症状,并筛选出 DataFrame 文件中相应症状的药物消费记录。对该数据进行可视化饼图的绘制,将药物名称作为饼图的标签,各种药物的销售总量作为数据,展示出针对该症状的各种药物的购买比例。

9.3.3 编程实现

具体代码内容如下:

```python
#导入库
import pandas as pd
import matplotlib.pyplot as plt
import time

#数据添加功能
def Insert(workbook):
    Id = int(input("请输入您的 ID 号: "))
    Sex = str(input("请输入您的性别: "))
    Age = int(input("请输入您的年龄: "))
    Disease = str(input("请输入您的症状: "))
    Time = str(time.gmtime().tm_year)+'/'+str(time.gmtime().tm_mon)+'/'+
    str(time.gmtime().tm_mday)
    Medicines = str(input("请输入您购买的药物: "))
    Num = int(input("请输入您购买的数量: "))
    Uprice = float(input("请输入药物单价: "))
    Tprice = Num * Uprice
    data = [Id, Sex, Age, Disease, Time, Medicines, Num, Uprice, Tprice]
    print(data)
    for index, row in workbook.iterrows():
        continue
    workbook.loc[index+1]=data
    workbook.to_excel('网上药店数据_new.xlsx', sheet_name='数据', index=False)
    print('添加记录成功')

#数据查询功能
def SearchTable(workbook): #查询数据
    Search_list = []
    col_num = []
    Parameter = str(input("请输入您要查询的参数: (ID,性别,年龄,症状,购药时间,药物
    名称)"))
    if Parameter == "ID":
        num = 0
    elif Parameter == "性别":
        num = 1
    elif Parameter == "年龄":
        num = 2
    elif Parameter == "症状":
        num = 3
```

```
    elif Parameter == "购药时间":
        num = 4
    elif Parameter == "药物名称":
        num = 5
    else:
        print("请输入正确的参数")                          #取参数列索引

    Search_list = workbook[num].tolist()
    Search = str(input("请输入您要查询的具体数值：(若为购药时间,请以 XXXX/XX/XX 格
式输入)"))
    for i in Search_list:
        col_num=[i for i,val in enumerate(Search_list) if str(val) == Search ]
                                                          #取查询值对应行索引
    if col_num == []:
        print("未查询到您需要的信息")
    for i in col_num:
        print(workbook.loc[i].tolist())


#识别 VIP 用户功能
def SearchVip():
    money = input('请输入 VIP 用户最低额度')
    #获取所有 ID 列数据
    Vip_id=workbook[0].tolist()[1:]
    #获取所有总价列数据
    Vip_price=workbook[8].tolist()[1:]
    #建立字典以统计相同 ID 列的总价之和
    d = {}
    for i in range(len(Vip_id)):
        d[Vip_id[i]] = d.get(Vip_id[i],0) + Vip_price[i]
    #判断用户消费总价是否超过 VIP 额度
    for user in d:
        if d[user]> eval(money):
            print('用户{}为 VIP 用户,其消费金额为{}'.format(user,d[user]))


#药物推荐功能
def recommend(workbook):
#获取用户症状
    dic_sort = {1:['胃痛反酸','胃溃疡','消化不良','食欲不振','便秘'],
              2:['咽干咽痛发热','风热感冒','风寒感冒','流行性感冒'],
              3:['跌打损伤','筋骨疼痛','骨质疏松'],
              4:['高血糖','Ⅱ型糖尿病','甲亢'],
              5:['高血压','冠心病','心律失常']}
    sort = input('请选择您患的疾病类型：\n【1-消化类,2-呼吸类,3-骨伤类,4-内分泌类,
    5-心血管类】')
    for i in dic_sort[eval(sort)]:
        print(i,end=' ')
    print('\n 请从上述症状中选择并将其填写至输入框中：')
    symptom = input()
    #数据分析与处理
    data = {}
```

```
symptom_all = workbook[3].tolist()[1:]
drug_all = workbook[5].tolist()[1:]
ls_drug = []
for i in range(len(symptom_all)):
    if symptom_all[i] == symptom:
        ls_drug.append(drug_all[i])
for j in ls_drug:
    data[j] = data.get(j,0) + 1


#绘制饼图
plt.rcParams['font.sans-serif']='SimHei'          #解决中文显示问题
plt.pie(list(data.values()), labels=list(data.keys()), autopct='%3.1f%%')
#以药品名称为标签,总计销售数量为数据绘制饼图,并显示 3 位整数 1 位小数
plt.axis("equal")   #标准圆
plt.title('有{}症状的患者购买药品情况'.format(symptom))                  #加标题
plt.show()

#运行主程序
workbook = pd.read_excel("网上药店数据.xlsx",sheet_name='数据',header=None)
#读取数据
while True:
    gongneng = input('请选择要实现的功能(1-添加,2-查询,3-VIP 识别,4-药物推荐): \n
退出程序请输入 n')
    if gongneng == '1':
        Insert(workbook)          #添加记录
    elif gongneng == '2':
        SearchTable(workbook)      #查询记录
    elif gongneng== '3':
        SearchVip()                #识别 VIP 用户
    elif gongneng == '4':
        recommend(workbook)        #药物推荐
    elif gongneng == 'n':
        break
    else:
        print('请重新输入')
```

代码执行结果如下:

```
请选择要实现的功能(1-添加,2-查询,3-VIP 识别,4-药物推荐):
退出程序请输入 n
1
请输入您的 ID 号: 10000
请输入您的性别: 女
请输入您的年龄: 54
请输入您的症状: 便秘
请输入您购买的药物: 开塞露
请输入您购买的数量: 4
请输入药物单价: 14
[10000, '女', 54, '便秘', '2022/8/17', '开塞露', 4, 14.0, 56.0]
添加记录成功

请选择要实现的功能(1-添加,2-查询,3-VIP 识别,4-药物推荐):
退出程序请输入 n
```

2

请输入您要查询的参数：(ID,性别,年龄,症状,购药时间,药物名称)
年龄
请输入您要查询的具体数值：(若为购药时间,请以 XXXX/XX/XX 格式输入)
54
[10008, '男', 54, '胃溃疡', datetime.datetime(2022, 2, 2, 0, 0), '胶体果胶铋', 5, 26, 130]
[10009, '男', 54, '胃溃疡', datetime.datetime(2022, 2, 2, 0, 0), '复方铝酸铋', 1, 31.5, 31.5]
[10076, '男', 54, '冠心病', datetime.datetime(2021, 1, 17, 0, 0), '银杏叶分散片', 1, 15, 15]
[10008, '男', 54, '风热感冒', datetime.datetime(2021, 9, 14, 0, 0), '夏桑菊颗粒', 1, 104.9, 104.9]
[10009, '男', 54, '咽干咽痛发热', datetime.datetime(2019, 7, 13, 0, 0), '复方氨酚烷胺片', 1, 13.5, 13.5]
[10008, '男', 54, '流行性感冒', datetime.datetime(2022, 8, 3, 0, 0), '抗病毒颗粒', 3, 42, 126]
[10000, '女', 54, '便秘', '2022/8/17', '开塞露', 4, 14.0, 56.0]

请选择要实现的功能(1-添加,2-查询,3-VIP 识别,4-药物推荐):
退出程序请输入 n
3
请输入 VIP 用户最低额度
300
用户 10000 为 VIP 用户,其消费金额为 305.0
用户 10002 为 VIP 用户,其消费金额为 431.9
用户 10007 为 VIP 用户,其消费金额为 302.70000000000005
用户 10008 为 VIP 用户,其消费金额为 360.9
用户 10054 为 VIP 用户,其消费金额为 400
用户 10055 为 VIP 用户,其消费金额为 465
用户 10065 为 VIP 用户,其消费金额为 480

请选择要实现的功能(1-添加,2-查询,3-VIP 识别,4-药物推荐):
退出程序请输入 n
4
请选择您患的疾病类型：
消化类,2-呼吸类,3-骨伤类,4-内分泌类,5-心血管类
4
高血糖　Ⅱ型糖尿病　甲亢
请从上述症状中选择并将其填写至输入框中：
高血糖

有高血糖症状的患者购买药品情况
格列吡嗪

50.0%

25.0%　　　25.0%

沙格列汀　　　瑞格列奈

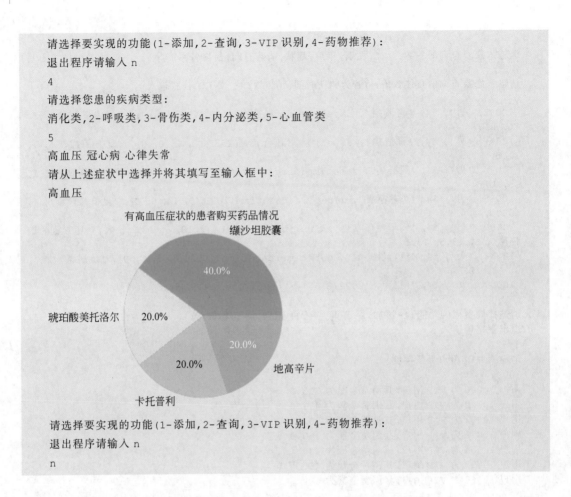

请选择要实现的功能(1-添加,2-查询,3-VIP 识别,4-药物推荐):
退出程序请输入 n
4
请选择您患的疾病类型:
消化类,2-呼吸类,3-骨伤类,4-内分泌类,5-心血管类
5
高血压 冠心病 心律失常
请从上述症状中选择并将其填写至输入框中:
高血压

请选择要实现的功能(1-添加,2-查询,3-VIP 识别,4-药物推荐):
退出程序请输入 n
n

9.4 案例 4：糖尿病致病因素分析与可视化

"糖尿病"是一种血液中的葡萄糖容易堆积过多的疾病,通常被称作"高血糖",与高血压、高血脂一同被称为"三高",是国家卫健委慢性病健康管理的主要病种之一。糖尿病可以并发各个系统的疾病,包括大血管损害,从而造成高血压脑血栓形成以及脑出血、心供血不全、心功能衰竭;也可造成微血管损害,从而导致肾功能衰竭、眼底出血等。

研究糖尿病人群的特点,找到致病相关因素,对于预防和治疗糖尿病都有积极意义。因此,本案例主要研究一组糖尿病人群的特点,对其致病因素进行可视化分析。

9.4.1 案例描述

本案例的数据来源于 Kaggle 平台,在 Pima Indians Diabetes Database 文件中记录了共769 条数据,包括以下 8 个指标:怀孕次数(Pregnancies)、口服葡萄糖耐量试验中血浆葡萄糖浓度(Glucose)、舒张压(BloodPressure)、三头肌组织褶厚度(SkinThickness)、2 小时血清胰岛素(Insulin)、身体质量指数(BMI)、糖尿病系统功能(DiabetesPedigreeFunction)、年龄(Age)以及标记值(Outcome,其中,0 表示没有糖尿病,1 表示有糖尿病)。部分数据如表 9.2和表 9.3 所示。

表 9.2 部分病人数据-1

Pregnancies	Glucose	BloodPressure	SkinThickness	Insulin
6	148	72	35	0
1	85	66	29	0
8	183	64	0	0
1	89	66	23	94
0	137	40	35	168
5	116	74	0	0

表 9.3 部分病人数据-2

BMI	DiabetesPedigreeFunction	Age	Outcome
33.6	0.627	50	1
26.6	0.351	31	0
23.3	0.672	32	1
28.1	0.167	21	0
43.1	2.288	33	1
25.6	0.201	30	0

具体实现以下功能。

(1) 对糖尿病数据集进行探索,了解各项指标的基本信息。

(2) 以条形图为参考对象,探索各项生理指标和年龄之间的关系。

(3) 通过数据分析,找出各项指标中对患糖尿病影响最大的风险因素,并根据影响因素的重要性进行排序。

9.4.2 问题分析

本案例为综合案例,涉及数据的读取、数据统计、数据预处理、数据可视化等内容,具体解决思路如下。

(1) 数据读取和探索。首先,利用 pandas 库读取数据,对数据进行探索和描述性统计,如最大值、最小值、平均数、中位数、有无缺失值等;通过箱形图进行可视化探索,观察数据集中有无异常值(由于糖尿病人的病理状态,部分数据会出现过大或过小的情况,这里只处理异常值为 0 的数据)。

(2) 数据预处理。结合数据情况选择异常数据的填充方式,然后定义变量(例如平均值、中位数、众数等常用的填充数据),使用定义变量进行填充,本案例使用平均值来填充异常值。

(3) 数据可视化分析。探索各项生理指标与年龄段的关系,以血压为例,为了解不同血压情况在各年龄段的分布。首先,统计不同年龄段各种血压情况的人数,然后,以血压情况为行、以年龄为列建立一个二维矩阵,绘制折线图,将不同年龄段作为图例,展示出不同血压情况在各年龄段的分布。

（4）影响因素分析。为找出患糖尿病的最大影响因素，需要对 8 个指标进行打分。利用 sklearn 库的 SelectBest() 函数对单变量特征进行选择，输出得分最高的 k 个变量。打分的方法是，首先，用数据集的 8 个指标标签建立一个多分类变量；然后，使用卡方检验（sklearn 的 chi2 模块）统计各影响因素的分数值，最后，对各指标得分排序，得出这些指标中评分较高的因素。

9.4.3　编程实现

代码片段1：导入库并进行数据探索。

具体代码内容如下：

```python
#导入第三方库
import matplotlib.pyplot as plt
import pandas as pd
import matplotlib.font_manager as fm
from sklearn.feature_selection import SelectKBest,chi2
plt.rcParams['font.sans-serif']=['SimHei']
#数据探索
data = pd.read_excel('diabetes.xlsx')        #读取文件
data.info()                                   #查看数据信息
data.describe()
```

代码执行结果如图 9.5 和图 9.6 所示。

```
<class 'pandas.core.frame.DataFrame'>
RangeIndex: 768 entries, 0 to 767
Data columns (total 9 columns):
#    Column                    Non-Null Count   Dtype
---  ------                    --------------   -----
0    Pregnancies               768 non-null     int64
1    Glucose                   768 non-null     int64
2    BloodPressure             768 non-null     int64
3    SkinThickness             768 non-null     int64
4    Insulin                   768 non-null     int64
5    BMI                       768 non-null     float64
6    DiabetesPedigreeFunction  768 non-null     float64
7    Age                       768 non-null     int64
8    Outcome                   768 non-null     int64
dtypes: float64(2), int64(7)
memory usage: 54.1 KB
```

图 9.5　数据基本信息

	Pregnancies	Glucose	BloodPressure	SkinThickness	Insulin	BMI	DiabetesPedigreeFunction	Age	Outcome
count	768.000000	768.000000	768.000000	768.000000	768.000000	768.000000	768.000000	768.000000	768.000000
mean	3.845052	120.894531	69.105469	20.536458	79.799479	31.992578	0.471876	33.240885	0.348958
std	3.369578	31.972618	19.355807	15.952218	115.244002	7.884160	0.331329	11.760232	0.476951
min	0.000000	0.000000	0.000000	0.000000	0.000000	0.000000	0.078000	21.000000	0.000000
25%	1.000000	99.000000	62.000000	0.000000	0.000000	27.300000	0.243750	24.000000	0.000000
50%	3.000000	117.000000	72.000000	23.000000	30.500000	32.000000	0.372500	29.000000	0.000000
75%	6.000000	140.250000	80.000000	32.000000	127.250000	36.600000	0.626250	41.000000	1.000000
max	17.000000	199.000000	122.000000	99.000000	846.000000	67.100000	2.420000	81.000000	1.000000

图 9.6　描述性统计结果

代码片段 2：数据探索，查看数据分布情况。

具体代码内容如下：

```
#绘制箱形图查看异常值
fig = plt.figure(figsize=(20, 15))
plt.subplot(421)
plt.boxplot(data['Pregnancies'],showmeans=True,patch_artist='bule')
plt.title('怀孕次数',fontsize='x-large')
plt.ylabel('人数')

plt.subplot(422)
plt.boxplot(data['Glucose'],showmeans=True,patch_artist='bule')
plt.title('口服葡萄糖耐量试验中血浆葡萄糖浓度',fontsize='x-large')
plt.ylabel('人数')

plt.subplot(423)
plt.boxplot(data['BloodPressure'],showmeans=True,patch_artist='bule')
plt.title('舒张压',fontsize='x-large')
plt.ylabel('人数')

plt.subplot(424)
plt.boxplot(data['SkinThickness'],showmeans=True,patch_artist='bule')
plt.title('三头肌组织褶厚度',fontsize='x-large')
plt.ylabel('人数')

plt.subplot(425)
plt.boxplot(data['Insulin'],showmeans=True,patch_artist='bule')
plt.title('2 小时血清胰岛素',fontsize='x-large')
plt.ylabel('人数')

plt.subplot(426)
plt.boxplot(data['BMI'],showmeans=True,patch_artist='bule')
plt.title('身体质量指数(BMI)',fontsize='x-large')
plt.ylabel('人数')

plt.subplot(427)
plt.boxplot(data['DiabetesPedigreeFunction'],showmeans=True,patch_artist=
'bule')
plt.title('糖尿病系统功能',fontsize='x-large')
plt.ylabel('人数')

plt.subplot(428)
plt.boxplot(data['Age'],showmeans=True,patch_artist='bule')
plt.title('年龄',fontsize='x-large')
plt.ylabel('人数')
plt.show()
```

代码执行结果如图 9.7 所示。

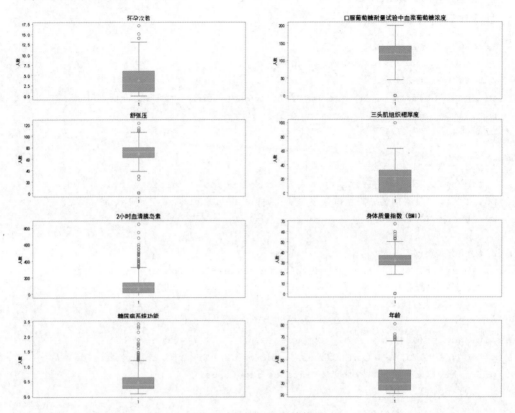

图 9.7   各指标分布箱体图

代码片段 3 ：处理异常值。

具体代码内容如下：

```
#将 0 值用平均值替换
for i in range(6):
    value = int(data.iloc[:,i].mean())
    data.iloc[:,i].replace(0,value=value,inplace=True)
data.head()
```

代码执行结果如图 9.8 所示。

	Pregnancies	Glucose	BloodPressure	SkinThickness	Insulin	BMI	DiabetesPedigreeFunction	Age	Outcome
0	6	148	72	35	79	33.6	0.627	50	1
1	1	85	66	29	79	26.6	0.351	31	0
2	8	183	64	20	79	23.3	0.672	32	1
3	1	89	66	23	94	28.1	0.167	21	0
4	3	137	40	35	168	43.1	2.288	33	1

图 9.8   处理后数据结果

代码片段 4 ：数据可视化分析实例，查看不同年龄段血压对比。

具体代码内容如下：

```
#查看不同年龄段血压情况,多重柱状图-血压
row=0;num1=0;num2=0;num3=0;num20=0;num30=0;num40=0;num50=0;num60=0;num21=0;
num31=0;num41=0;num51=0;num61=0;num22=0;num32=0;num42=0;num52=0;num62=0
for i in data.loc[:,"Outcome"]:
    if i==0:
        continue
        row+=1
    else:
        if data.loc[row,"BloodPressure"]<=60:
            num1+=1
            if 20<data.loc[row,"Age"]<=30:
                num20+=1
            elif 30<data.loc[row,"Age"]<=40:
                num30+=1
            elif 40<data.loc[row,"Age"]<=50:
                num40+=1
            elif 50<data.loc[row,"Age"]<=60:
                num50+=1
            else:
                num60+=1
        elif 60<data.loc[row,"BloodPressure"]<=90:
            num2+=1
            if 20<data.loc[row,"Age"]<=30:
                num21+=1
            elif 30<data.loc[row,"Age"]<=40:
                num31+=1
            elif 40<data.loc[row,"Age"]<=50:
                num41+=1
            elif 50<data.loc[row,"Age"]<=60:
                num51+=1
            else:
                num61+=1
        else:
            num3+=1
            if 20<data.loc[row,"Age"]<=30:
                num22+=1
            elif 30<data.loc[row,"Age"]<=40:
                num32+=1
            elif 40<data.loc[row,"Age"]<=50:
                num42+=1
            elif 50<data.loc[row,"Age"]<=60:
                num52+=1
            else:
                num62+=1
        row+=1
dataplot = pd.DataFrame({'分类':['低血压','血压正常','高血压'],
```

```
                                    '21岁-30岁':[num20,num21,num22],
                                    '31岁-40岁':[num30,num31,num32],
                                    '41岁-50岁':[num40,num41,num42],
                                    '51岁-60岁':[num50,num51,num52],
                                    '61岁-70岁':[num60,num61,num62]})
print(dataplot)
dataplot.plot(x='分类', kind='bar')
plt.xticks(rotation=360)
plt.ylabel('人数(人)', fontproperties='simhei')
plt.title("不同血压情况在各年龄段的分布")
plt.legend()
plt.show()
```

代码执行结果如图 9.9 所示。

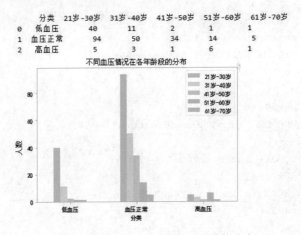

图 9.9　不同血压情况在各年龄段的分布

代码片段 5：糖尿病致病因素评分。

具体代码内容如下：

```
#找出对患糖尿病影响最大的因素
x = data.iloc[:,0:8]
y = data.iloc[:,8:9]
bestfeatures = SelectKBest(score_func=chi2,k = len(x.columns))
fit = bestfeatures.fit(x,y)

df_scores = pd.DataFrame(fit.scores_)
df_columns = pd.DataFrame(['怀孕次数','口服葡萄糖耐量试验中血浆葡萄糖浓度','舒张压',
'三头肌组织褶厚度','2小时血清胰岛素','身体质量指数(BMI)','糖尿病系统功能','年龄'])
df_feature_scores = pd.concat([df_scores,df_columns],axis = 1)
df_feature_scores.columns = ["得分","指标"]
df_sort =df_feature_scores.sort_values(by = "得分",ascending= False)
df_sort
```

代码执行结果如图 9.10 所示。

	得分	指标
4	1800.468639	2小时血清胰岛素
1	1418.610509	口服葡萄糖耐量试验中血浆葡萄糖浓度
7	181.303689	年龄
5	109.492683	身体质量指数 (BMI)
0	98.610472	怀孕次数
3	81.153763	三头肌组织褶厚度
2	41.351662	舒张压
6	5.392682	糖尿病系统功能

图 9.10　糖尿病致病因素评分

9.5　案例 5：冠心病发病情况与可视化分析

目前，心血管疾病已经成为威胁人类生命健康的主要杀手，冠状动脉粥样硬化性心脏病是冠状动脉血管发生动脉粥样硬化病变而引起血管腔狭窄或阻塞，造成心肌缺血、缺氧或坏死而导致的心脏病，常常被称为“冠心病”。但是导致冠心病的原因还有很多，例如因炎症和栓塞所引起的管腔狭窄或闭塞等。目前冠心病的治疗方案有药物治疗、介入支架植入、外科冠状动脉搭桥等。冠心病无论从发病率、致死率还是发展趋势来看，都是当今社会最为严重的疾病之一。

获取冠心病患者的数据，对冠心病相关因素做可视化分析，可以更好地了解冠心病的发病情况，从而采取相应的医疗预防或治疗措施。

9.5.1　案例描述

本节选取 Kaggle 网站冠心病预测专栏公开数据集的 4238 条数据。此数据集记录了连续十年受试者的信息，包括性别(gender)、年龄(age)、教育程度(education)、目前吸烟者(currentSmoker)、每天吸烟数量(cigsPerDay)、是否服用血压药物(BPMeds)、流行性中风(prevalentStroke)、流行性高血压(prevalentHyp)、糖尿病(diabetes)、总胆固醇(totChol)、收缩压(sysBP)、舒张压(diaBP)、身体质量指数(BMI)、心率(heartRate)、血糖水平(glucose)、十年内冠心病发病情况(TenYearCHD)16 列数据，跟踪记录受试者的冠心病发病情况，部分数据如表 9.4 和表 9.5 所示。

表 9.4　部分受试者数据-1

gender	age	education	currentSmoker	cigsPerDay	BPMeds	prevalentStroke	prevalentHyp
1	39	4	0	0	0	0	0
0	46	2	0	0	0	0	0
1	48	1	1	20	0	0	0
0	61	3	1	30	0	0	1
0	46	3	1	23	0	0	0

续表

gender	age	education	currentSmoker	cigsPerDay	BPMeds	prevalentStroke	prevalentHyp
0	43	2	0	0	0	0	1
0	63	1	0	0	0	0	0
0	45	2	1	20	0	0	0
1	52	1	0	0	0	0	1

表 9.5   部分受试者数据-2

diabetes	totChol	sysBP	diaBP	BMI	heartRate	glucose	TenYearCHD
0	195	106	70	26.97	80	77	0
0	250	121	81	28.73	95	76	0
0	245	127.5	80	25.34	75	70	0
0	225	150	95	28.58	65	103	1
0	285	130	84	23.1	85	85	0
0	228	180	110	30.3	77	99	0
0	205	138	71	33.11	60	85	1
0	313	100	71	21.68	79	78	0
0	260	141.5	89	26.36	76	79	0

具体实现以下功能。

(1) 数据探索。了解数据的基本情况。如数据是否有缺失值,各特征的数据分布情况,以及数据的描述性统计指标,包括计数、平均值、标准差、最小值、最大值、百分位数等。

(2) 数据预处理。对缺失数据进行处理。首先,根据数据探索情况删除与冠心病发病率相关性较弱的数据;然后,根据实际需求对数据进行缺失值数据填充。

(3) 数据分析和可视化。探索不同特征与冠心病的关系。

9.5.2   问题分析

本案例为综合案例,涉及数据的读取、数据统计、数据预处理、数据可视化等内容,具体解决思路如下。

(1) 数据读取和数据探索。首先,利用 pandas 库读取原始数据文件;然后,利用 pandas 库获取数据的总体情况,例如,每列数据的总数、数据类型、数据缺失情况;最后,绘制图表了解特征的分布情况。

(2) 数据预处理。首先,根据数据探索的结果,删除相关性较弱的数据,如"教育程度"字段;然后,用每一列的非缺失数据的平均值(也可使用中位数、众数等)填充本列的缺失数据行,并检查数据是否已经填充完整。

(3) 数据分析和可视化。根据自身需求选择合适的函数,在函数确定后,以已完成预处理的数据为基础,并根据函数的特征设置相应的参数。如以已完成预处理的数据为基础使用 violinplot()函数获取不同特征与冠心病发病情况的小提琴图等;如使用散点图对性别、年龄、教育程度、目前吸烟者、每天吸烟数量、是否服用血压药物、流行性中风、流行性高血压、糖尿病、总胆固醇、收缩压、舒张压、BMI、心率、血糖水平、是否患冠心病这 16 列数据进行可视化描述。

9.5.3　编程实现

代码片段 1 :数据读取和探索。

具体代码内容如下:

```
#例 9.5
#引入第三方库
import numpy as np
import pandas as pd
import matplotlib.pyplot as plt
import seaborn as sns
import matplotlib.pyplot as plt
import warnings
#防止弹出
warnings.filterwarnings('ignore')
df=pd.read_csv('冠心病.csv')        #读取文件
#了解数据的统计描述
df.shape
df.describe()
#检查有多少缺失的数据
df.info()
df.isnull().sum()
#绘制特征的频数分布图
sns.distplot(df['age'])
plt.show()
sns.distplot(df['gender'])
plt.show()
#绘制 BMI 与冠心病发病情况分布的箱形图
sns.boxplot(x=df["TenYearCHD"],y=df["BMI"])
plt.show()
```

执行结果如图 9.11~图 9.14 所示。

	gender	age	education	currentSmoker	cigsPerDay	BPMeds	prevalentStroke	prevalentHyp	diabetes	totChol	sysBP	diaBP	BMI	heartRate	glucose	Ten\
0	1	39	4.0	0	0.0	0.0	0	0	0	195.0	106.0	70.0	26.97	80.0	77.0	
1	0	46	2.0	0	0.0	0.0	0	0	0	250.0	121.0	81.0	28.73	95.0	76.0	
2	1	48	1.0	1	20.0	0.0	0	0	0	245.0	127.5	80.0	25.34	75.0	70.0	
3	0	61	3.0	1	30.0	0.0	0	1	0	225.0	150.0	95.0	28.58	65.0	103.0	
4	0	46	3.0	1	23.0	0.0	0	0	0	285.0	130.0	84.0	23.10	85.0	85.0	
5	0	43	2.0	0	0.0	0.0	0	1	0	228.0	180.0	110.0	30.30	77.0	99.0	
6	0	63	1.0	0	0.0	0.0	0	0	0	205.0	138.0	71.0	33.11	60.0	85.0	
7	0	45	2.0	1	20.0	0.0	0	0	0	313.0	100.0	71.0	21.68	79.0	78.0	
8	1	52	1.0	0	0.0	0.0	0	1	0	260.0	141.5	89.0	26.36	76.0	79.0	
9	1	43	1.0	1	30.0	0.0	0	1	0	225.0	162.0	107.0	23.61	93.0	88.0	

图 9.11　文件读取结果

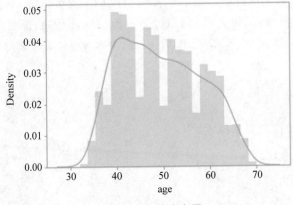

图 9.12　年龄分布图

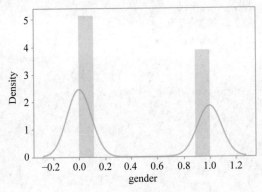

图 9.13　性别分布密度图

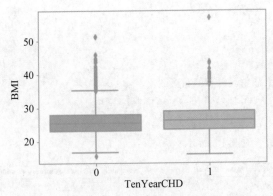

图 9.14　10 年间冠心病发病的 BMI 分布箱形图

代码片段 2：数据预处理。

具体代码内容如下：

```
# 由于对于心脏病没有影响, 所以删除教育程度字段
data = df.drop(['education'], axis = 1)
data.head()
```

```
#计算各字段平均值,并填充
mean_cigsPerDay = round(data["cigsPerDay"].mean())
mean_BPmeds = round(data["BPMeds"].mean())
mean_totChol = round(data["totChol"].mean())
mean_BMI = round(data["BMI"].mean())
mean_glucose = round(data["glucose"].mean())
mean_heartRate = round(data["heartRate"].mean())
data['cigsPerDay'].fillna(mean_cigsPerDay, inplace = True)
data['BPMeds'].fillna(mean_BPmeds, inplace = True)
data['totChol'].fillna(mean_totChol, inplace = True)
data['BMI'].fillna(mean_BMI, inplace = True)
data['glucose'].fillna(mean_glucose, inplace = True)
data['heartRate'].fillna(mean_heartRate, inplace = True)

features_nan=[feature for feature in data.columns if data[feature].isnull()
.sum()>1]
for feature in features_nan:
    print("{}: {}%missing values".format(feature,np.round(data[feature]
.isnull().mean(),4)))
```

执行结果如图 9.15～图 9.17 所示。

	gender	age	currentSmoker	cigsPerDay	BPMeds	prevalentStroke	prevalentHyp	diabetes	totChol	sysBP	diaBP	BMI	heartRate	glucose	TenYearCHD
0	1	39	0	0.0	0.0	0	0	0	195.0	106.0	70.0	26.97	80.0	77.0	0
1	0	46	0	0.0	0.0	0	0	0	250.0	121.0	81.0	28.73	95.0	76.0	0
2	1	48	1	20.0	0.0	0	0	0	245.0	127.5	80.0	25.34	75.0	70.0	0
3	0	61	1	30.0	0.0	0	1	0	225.0	150.0	95.0	28.58	65.0	103.0	1
4	0	46	1	23.0	0.0	0	0	0	285.0	130.0	84.0	23.10	85.0	85.0	0

图 9.15　删除无关数据后的数据

```
gender              0
age                 0
education         105
currentSmoker       0
cigsPerDay         29
BPMeds             53
prevalentStroke     0
prevalentHyp        0
diabetes            0
totChol            50
sysBP               0
diaBP               0
BMI                19
heartRate           1
glucose           388
TenYearCHD          0
dtype: int64
```

图 9.16　缺失数据位置及总数

```
gender              0
age                 0
currentSmoker       0
cigsPerDay          0
BPMeds              0
prevalentStroke     0
prevalentHyp        0
diabetes            0
totChol             0
sysBP               0
diaBP               0
BMI                 0
heartRate           0
glucose             0
TenYearCHD          0
dtype: int64
```

图 9.17　完成预处理后的数据

代码片段 3 : 数据分析和可视化。

具体代码内容如下:

```
data.isnull().sum()
plt.figure(figsize=(12,10))                              #设置数字大小
p=sns.heatmap(data.corr(), annot=True,cmap ='RdYlGn')    #绘制热力图
pairplot_fig = sns.pairplot(data[['age','TenYearCHD']])  #绘制"年龄"与"十年内冠心
                                                         #病发病情况"之间的关系图
pairplot_fig=sns.pairplot(data[['gender','age','currentSmoker','cigsPerDay',
'BPMeds','prevalentStroke','prevalentHyp','diabetes','totChol','sysBP','diaBP',
'BMI','heartRate','glucose','TenYearCHD']])    #绘制两列之间的散点图
data.head(10)
plt.scatter(x=data.age[data.TenYearCHD==1],y=data.heartRate[data.TenYearCHD
==1],c="red")
plt.scatter(x=data.age[data.TenYearCHD==0],y=data.heartRate[data.TenYearCHD
==0],c="blue")    #绘制年龄和心率与冠心病发病情况的散点图
plt.legend(["发病","未发病"])
plt.xlabel("年龄")
plt.ylabel("心率")
plt.show()
sns.violinplot(x=data["TenYearCHD"],y=data["glucose"])   #绘制血糖水平与冠心病
                                                         #发病情况的小提琴图
plt.show()
```

执行结果如图 9.18～图 9.22 所示。

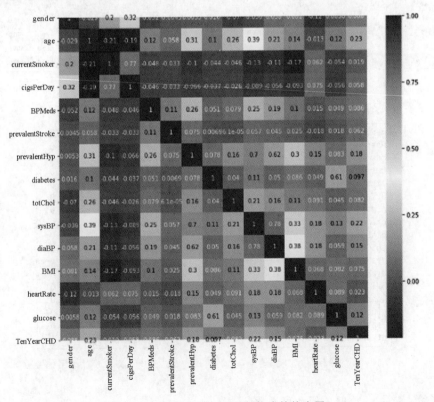

图 9.18　每列特征的相关系数构成的热力图

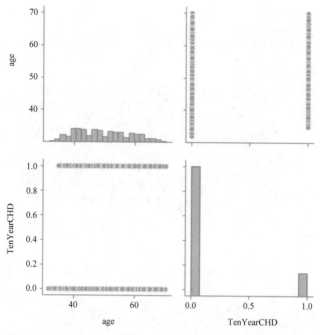

图 9.19　年龄与十年内冠心病发病情况构成的两变量关系图

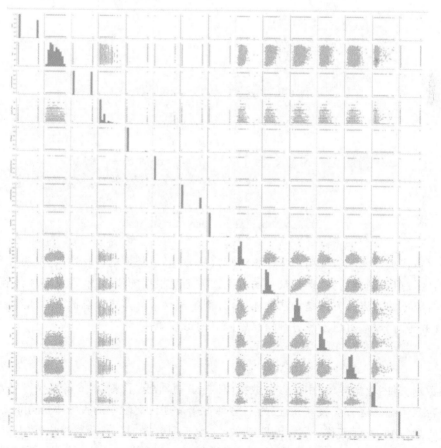

扫码看彩图

图 9.20　每两列特征之间的关系

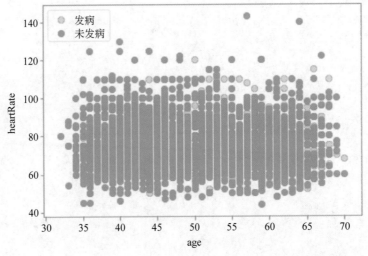

图 9.21　发病与未发病患者的年龄和心率之间的散点图

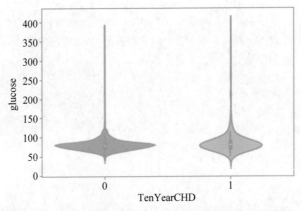

图 9.22　血糖水平与十年内冠心病发病情况的小提琴图

9.6　案例 6：古方剂数据分析与可视化

中国古代很早就已经使用单味药物治疗疾病，后经过长期的医疗实践，又将几种药物配合起来，经过煎煮制成汤液，即是最早的方剂。方剂是根据配伍原则、总结临床经验，以若干药物配合组成的药方。方剂是治法的体现，方剂中蕴含了许多古今名医的临床经验，通过挖掘、统计并进行分析，可以发现方剂信息中隐藏的诊疗规律。

9.6.1　案例描述

在数据文件"数据样例_中医古方数据集.xlsx"中，收录了来自《圣济总录》《圣惠》《普济方》《外台》《千金》《医方类聚》《辨证录》等多种古籍及现代文献中的古今中药方剂 10000 个。数据集包含编号、方剂名称、药物组成、功效、主治 5 列数据，其中，药物组成列中包含了剂量与炮制方法两种信息。探索本案例的主要目标是学会对数据集预处理，分析和挖掘其中蕴含的用药规律,示例数据如表 9.6 所示。

表 9.6　部分中国古方数据集

编号	方剂名称	药 物 组 成	主　治	功　效
20	益母地黄汤	生地 2 钱,益母草 2 钱,当归 1 钱,黄耆(炒)1 钱	妊娠跌坠,腹痛下血	
21	痓疳丸	生地、熟地、当归、白芍、天冬、知母各等分,鳖甲(醋炙)、山楂减半	疹后发热成疳	
22	疳劳丸	茶毗处煤 7 钱,甘草 3 钱,麝香 2 分	疳劳初发,咳嗽盗汗黄瘦	
23	益智散	益智仁(去皮)2 两,干姜(炮)半两,青皮(去白)3 两,川乌(炮,去皮脐)4 两	伤寒阴盛,心腹痞满,呕吐泄利,手足厥冷;及一切冷气奔冲,心胁脐腹胀满绞痛	
24	益气调荣汤	人参 3 分,当归 2 分,陈皮 2 分,熟地黄 2 分,白芍 4 分,升麻 2 分,黄耆 5 分,半夏(泡)3 分,白术 2 分,甘草(炙)2 分,柴胡 2 分,麦门冬 3 分	中风,肩膊痛久尚未痊愈者	
25	益阴地黄丸	六味地黄丸加当归、北五味	临经发热,尺部脉弱,阴不足,阳气下陷于阴中	
26	益母草膏	益母草(鲜,干的亦可)480 两,川芎 48 两,白芍 48 两,当归 48 两,生地 88 两,木香 16 两	经期不准,血色不正,量少腹胀,产后瘀血腹痛	调经,祛瘀生新

具体实现以下要求。

(1) 数据预处理。由于数据集中存在无效值和重复项,会对后续的数据分析造成一定的影响,需要对无效的内容和重复的内容进行一定的处理。

(2) 方剂剂型分析。分析统计数据集方剂名称列中方剂剂型情况,统计各个剂型在数据集中出现的频率,并可视化,得到剂型数排名前十的剂型类型。

(3) 用药规律挖掘。清洗去除“药物组成”列中的剂量和炮制信息,对“药物组成”列分词处理,并绘制出用药词云图;分析每种药物在所有方剂中的用药频率,将用药频率 TOP10 的药物输出。

(4) 关联分析。将“主治”与“药物组成”这两组经过处理后的数据进行结合,分析其中关联性较强的字符串词组。

9.6.2　问题分析

本案例为综合案例,涉及文件读取、字符串处理、数据统计与排序以及数据可视化等多项内容,具体解决思路如下。

(1) 利用 pandas 库读取“数据样例_中医古方数据集.xlsx”文件,将其读取为 DataFrame 格式;查看数据的基本情况,确定是否有缺失值等;然后利用 duplicated() 函数进行数据重复值分析,按方剂名称分组查看相同中药所在的位置。

（2）从数据情况来看，方剂剂型多体现在方剂名称的最后一个字，故统计数据中"方剂名称"列数据的最后一个字符，并利用集合类型数据不可重复的特点进行数据去重与存储。因由此得到的剂型中仍然有非剂型字符的数据，利用自建剂型停用词字典，去除剂型数据中的错误字符。

（3）建立剂型频次字典。for 循环遍历与字符串处理将原所有方剂名称数据的最后一个字符与之前统计出的剂型字符进行比对，若剂型字符集合中包含该方剂名称数据的最后一个字符，则对该字符的出现数量进行累加统计数量，若不包含则不统计。最后，得到包含剂型及其对应出现频次数据的字典，但此字典是无序的，需要利用 lambda（）匿名函数和 sort（）函数根据出现频次（即字典的值）进行排序。

（4）将出现频次前 10 的剂型及其对应频次数量提取出来，打印输出。

（5）利用 re 库对原数据中药物成分数据进行预处理，去掉各种不需要的字符，只保留各药方药物名称的数据，最后，对各药物出现频次进行统计并以此为关键词进行排序。

（6）将所有药方中出现的药物名称字符写入"fangjizucheng.txt"文件，一行存储一个药物名称字符，然后，利用 wordcloud 库对该文本读取制作词云。

（7）利用循环遍历读取将药材数据与主治数据的分词结合，并将其转换为 DataFrame 格式；利用 Mlxtend 库对数据进行关联分析，找出关联性较强的词组。

9.6.3　编程实现

代码片段 1：数据探索，查看数据基本情况。

具体代码内容如下：

```
#导入库
import re
import pandas as pd
import wordcloud
from mlxtend.frequent_patterns import apriori
from mlxtend.preprocessing import TransactionEncoder
from mlxtend.frequent_patterns import association_rules
import jieba
#查看数据基本情况
data=pd.read_excel("data/数据样例_中医古方数据集.xlsx",header=0)
data.info()
df.isnull().sum()
```

代码执行结果如下：

```
<class 'pandas.core.frame.DataFrame'>
RangeIndex: 10989 entries, 0 to 10988
Data columns (total 5 columns):
 #   Column    Non-Null Count   Dtype
---  ------    --------------   -----
 0   编号         10989 non-null   int64
 1   方剂名称       10989 non-null   object
 2   方剂药物组成     10989 non-null   object
 3   主治         10989 non-null   object
```

```
4   功效         1996 non-null    object
dtypes: int64(1), object(4)
memory usage: 429.4+ KB


编号          0
方剂名称        0
方剂药物组成       0
主治          0
功效        8993
dtype: int64
```

代码片段 2 ：查看方剂信息。

具体代码内容如下：

```
#查看非重复的方剂名词数目
dup=df.duplicated(subset=df.columns[1],keep=False)
print(sum(dup))

#查看重复值--按照方剂名称
dup1=df[dup].groupby("方剂名称")
print(dup1.groups)
```

代码执行结果如下：

```
5350
{'一味苍术丸': [10956, 10957], '一奇散': [10783, 10784], '一字散': [10901, 10902,
10947, 10958, 10959], '一捻金': [10970, 10971, 10972, 10973], '一捻金散': [10960,
10961, 10962, 10963], '一粒金丹': [10922, 10940, 10946, 10985], '丁附治中汤':
[10953, 10954], '丁香丸': [10811, 10843, 10846, 10930, 10948, 10949], '丁香半夏丸':
[10888, 10889, 10890, 10891], '丁香散': [10822, 10918, 10919, 10920, 10928, 10934,
10935, 10939, 10942, 10951, 10952, 10978, 10979, 10980, 10981], '丁香煮散': [10943,
10944], '丁香透膈汤': [10813, 10814], '丁香饼子': [10924, 10925], '七制香附丸':
[10800, 10801], '七圣散': [10766, 10810], '七圣汤': [10710, 10711], '七宝丸':
[10789, 10790, 10805], '七宝丹': [10791, 10792, 10793], '七宝散': [10779, 10781,
10796], '七宝汤': [10788, 10797], '七星散': [10873, 10874, 10907], '七枣汤': [10915,
10916], '七气丸': [10785, 10786], '七香丸': [10626, 10906], '万应丸': [10247,
10407], '万应丹': [10335, 10337, 10364], '万应膏': [10320, 10357], '万应锭': [10312,
10316, 10352], '万灵丸': [10381, 10382], '万病丸': [10283, 10319], '万金散': [10323,
10324, 10325, 10327], '三五七散': [10313, 10314, 10315], '三仁汤': [10308, 10343], '三
化汤': [10340, 10341], '三圣散': [10294, 10295, 10296, 10297, 10298], '三奇汤':
[10213, 10214], '三子养亲汤': [10284, 10285], '三拗汤': [10405, 10406], '三棱丸':
[10267, 10270], '三棱散': [10167, 10168, 10169, 10268, 10272], '三棱煎丸': [10175,
10176, 10273], '三物汤': [10365, 10376], '三生丸': [10289, 10290], '三生饮': [10399,
10400], '三神散': [10356, 10362], '三阳汤': [10389, 10390], '三黄丸': [10391,
10392], '三黄汤': [10154, 10155, 10156, 10415], '三黄解毒汤': [10149, 10153], '上清
丸': [10161, 10162, 10263, 10264], '不换金正气散': [9736, 9737, 9738], '丝瓜散':
[8264, 8265], '中丹': [9772, 9773], '中和汤': [9708, 9709, 9710, 9727, 9728, 9754],
'丹参散': [9594, 9613, 9624], '丹参膏': [9596, 9647, 9668], '丹砂丸': [9615, 9616,
9637, 9638, 9639, 9643, 9645, 9646, 9676], '丹砂膏': [9633, 9634, 9648], '乌头丸':
[9571, 9606, 9625, 9626, 9666], '乌头散': [9590, 9611, 9612, 9642], '乌头汤': [9598,
9623], '乌梅丸': [9578, 9644, 9672, 9681], '乌梅汤': [9670, 9674], '乌梅饮': [9661,
```

9662, 9663], '乌犀丸': [9434, 9574, 9575, 9576, 9586], '乌犀散': [9484, 9485], '乌药散': [9686, 9687, 9691], '乌蛇丸': [9562, 9563, 9564, 9565, 9566, 9654, 9659], '乌蛇散': [9435, 9514, 9651, 9658], '乌金丸': [9588, 9593, 9599, 9600, 9683], '乌金散': [9577, 9587, 9589, 9597, 9675, 9701, 9702, 9703, 9704], '乌金煎': [9671, 9696, 9697, 9698], '乌骨鸡丸': [9510, 9678], '乌鸡丸': [9486, 9487, 9601, 9688, 9689, 9690], '乌鸡白凤丸': [9490, 9679], '乌鸦散': [9509, 9680], '九仙散': [10624, 10736], '九味羌活汤': [10635, 10636], '九味芦荟丸': [10724, 10725], '九宝散': [10886, 10887], '乳香丸': [5200, 5203, 5204, 5223, 5224, 5225, 5230, 5234], '乳香宣经丸': [5030, 5045], '乳香散': [5043, 5114, 5139, 5140, 5141], '二仙汤': [10865, 10866], '二圣散': [10851, 10852, 10853], '二母散': [10878, 10879, 10880], '二母汤': [10680, 10681, 10682, 10683], '二气丹': [10868, 10869], '二神散': [10780, 10817], '二陈汤': [10824, 10825, 10826, 10827, 10841], '二香丸': [10508, 10509], '二香散': [10548, 10549, 10757, 10764], '五仙散': [9488, 9496], '五味子散': [9501, 9519, 9521, 9522, 9523, 9527, 9528], '五味子汤': [9507, 9512, 9513, 9525, 9526, 9529, 9530, 9531, 9532, 9533, 9535, 9537, 9538, 9539], '五味槟榔丸': [9515, 9516], '五拗汤': [9553, 9554], '五汁膏': [9572, 9573], '五汁饮': [9406, 9407], '五积散': [9324, 9374, 9379, 9380], ...}

代码片段 3：统计方剂剂型，输出 TOP 10 剂型。

具体代码内容如下：

```python
#此段代码作用为将数据中出现的剂型统计起来,并去除错误数据,最后输出出现频次前十的剂型
fangji_list=list(data["方剂名称"])
zhiji_error={"子","实","糖","母","儿","夏","宁","马","0",")","桃","雪","刀",
"秋","鸭","肝","七","砂","药","法","号","顶","灰","剑","气","骨","痛","煎","水",
"康","通","剂","香","金","肺","皮","仁"}
zhiji=set()
for fangji in fangji_list:
    if fangji[-1] not in zhiji_error:
        zhiji.add(fangji[-1])


counts_jixing = {}
for i in fangji_list:
    for j in zhiji:
        if j in i:
            counts_jixing[j] = counts_jixing.get(j,0) + 1
items_jixing = list(counts_jixing.items())
items_jixing.sort(key=lambda y:y[1],reverse=True)


for i in range(10):
    d,count = items_jixing[i]
    print('{0:<10}{1:>5}'.format(d,count))
```

代码执行结果如下：

汤	3539
散	3090
丸	2317
丹	627
饮	575
膏	433
清	377

酒	102
方	91
粥	91

代码片段 4：药物组成预处理，获取中药药物名词数据。

具体代码内容如下：

```python
#此段代码用于数据清洗：读取各药方药物成分数据,并进行处理,只保留药物名称
chengfen=data["方剂药物组成"]
chengfen_list=list(chengfen)

#去掉英文括号中的内容
re1 = "\(.*\)"
#去掉中文括号中的内容
re2 = "\(.*\)"
for i in range(0,len(chengfen_list)):
    temp=re.sub("[。.]","",chengfen_list[i])
    temp=re.sub(re1," ",temp)
    temp=re.sub(re2," ",temp)
    temp=re.sub("、",",",temp)
    temp=re.sub(",",",",temp)
    chengfen_list[i]=temp.split(",",)
#去掉剂量及其单位
re3 = "[0-9]+.*[两钱对帖分个枚张厘合斤升粒只片g半寸握撮颗匕具余茎枝杯铢文条字争叶
碗块把]$ "
re3 = "[0-9]+.*$ "
#处理多个空格
re5 = ' +'
#去掉标点符号
#去除不规则计量单位___,"两","钱","对","帖","分","个","厘","枚","合","斤","升",
"粒","只","片","g","kg"
re4="半[两钱对帖分个枚张厘合斤升粒只片g半寸撮颗具余茎枝杯铢文条字争]$ "
drug=list()
for i in range(0,len(chengfen_list)):
    arr=[]
    for j in range(0,len(chengfen_list[i])):
        temp=chengfen_list[i][j]
        temp=re.sub("各等分","",temp)
        temp=re.sub("等分","",temp)
        temp=re.sub("少许","",temp)
        temp=re.sub(re5,"",temp)
        temp=re.sub(re3,"",temp)
        temp=re.sub(re4,"",temp)
        arr.append(temp)
    drug.append(arr)
print(drug[:10])
```

代码执行结果如下：

```
[['天麻', '防风', '天竺黄', '蛤蚧', '金箔', '银箔'], ['柏枝', '槐角子', '生矾'], ['人参',
'黄耆', '甘草', '半夏', '白术', '柴胡', '茯苓', '枳壳'], ['熟附子', '姜', '焦术', '茯
```

苓', '归身', '肉桂', '炙甘草', '白芍'], ['茯苓', '芍药', '生姜'], ['生地黄', '益母草', '当归', '黄耆'], ['附子'], ['大半夏'], ['陈皮', '半夏', '茯苓', '甘草', '羌活', '防风', '黄芩', '白芷', '白术', '红花'], ['苍术', '厚朴', '陈皮', '甘草', '半夏', '白茯苓', '木香', '砂仁', '枳壳']]

代码片段 5：对中药描述性统计，输出 TOP10 中药。

具体代码内容如下：

```
#描述性统计分析,输出出现频次前十的药材
counts = {}
for i in drug:
    for j in i:
        if len(j) == 1:
            continue
        else:
            counts[j] = counts.get(j,0) + 1
items = list(counts.items())
items.sort(key=lambda y:y[1],reverse=True)
#print(items)
for i in range(10):
    d, count = items[i]
    print('{0:<10}{1:>5}'.format(d,count))
```

代码执行结果如下：

```
甘草         2244
人参         1462
当归         1278
白术          975
川芎          877
半夏          849
陈皮          841
黄芩          828
防风          810
茯苓          797
```

代码片段 6：方剂中的中药名词词云可视化。

具体代码内容如下：

```
#词云绘制
#生成 fangjizucheng.txt 文件
f = open("./fangjizucheng.txt",'w',encoding='utf-8')
for i in drug:
    for j in i:
        f.write(str(j)+"\n")
f.close()

#词云图绘制
import wordcloud
text = open("./fangjizucheng.txt",encoding='utf-8').read()
w = wordcloud.WordCloud(width=1000, height=700,background_color="white",font_
path="msyh.ttc")
```

```
w.generate(text)
image_wordcloud = w.to_image()
image_wordcloud.show()
w.to_file(r"wordcloud.png")
```

代码执行结果如下：

代码片段 7：主治关键词关联分析。

具体代码内容如下：

```
#利用 Mlxtend 进行数据关联分析,找出相互关系较密切的字符串
#读取"主治"列表的数据,并将其与之前的 drug 数据一一对应结合成一个列表
fenci_list=[]
biaodian="[\"!#$ %&\'() * \+,-./:;<=>?@ [\\]^_`{|}~ ,。!?"#＄％％＆′()＊＋－/:;<=
>@[\]^_`{|}~《()「、、"》「」[]【】{}〔〗 ()|| ~□⊠-—'|||||||·_]"
for i in data["主治"]:
    fenci=jieba.lcut(i)
    for j in fenci:
        if j in biaodian:
            fenci.remove(j)
    for j in drug[len(fenci_list)]:
        fenci.append(j)
    fenci_list.append(fenci)


#将列表数据转换为 DataFrame 格式文件
te = TransactionEncoder()
te_ary = te.fit_transform(fenci_list)
te_ary=te_ary.astype("int")
df = pd.DataFrame(te_ary, columns=te.columns_)


#关联分析,由于数据种类多,故可以将 frequent_itemsets 里的 min_support 设置一个较小
#的值
frequent_itemsets=apriori(df, min_support=0.025,use_colnames=True)
frequent_itemsets['length'] = frequent_itemsets['itemsets'].apply(lambda x:
len(x))


print("----------------------")
```

```
freq_sets=frequent_itemsets[ (frequent_itemsets['length'] >=2) &  (frequent_
itemsets['support'] >= 0.01) ]
print(freq_sets)
print("--------------------")
```

代码执行结果如下：

```
    support   itemsets    length
96  0.025389  (饮食, 不思)      2
97  0.026481  (人参, 发热)      2
98  0.026663  (人参, 呕吐)      2
99  0.034580  (人参, 咳嗽)      2
100 0.029029  (人参, 当归)      2
101 0.051870  (人参, 甘草)      2
102 0.042861  (人参, 白术)      2
103 0.030940  (茯苓, 人参)      2
104 0.039130  (头痛, 伤寒)      2
105 0.033488  (甘草, 半夏)      2
106 0.026663  (恶寒, 发热)      2
107 0.033488  (发热, 或)       2
108 0.049140  (甘草, 发热)      2
109 0.029666  (甘草, 呕吐)      2
110 0.025025  (呕吐, 痰)       2
111 0.032578  (饮食, 呕吐)      2
112 0.037856  (小儿, 咳嗽)      2
113 0.025207  (杏仁, 咳嗽)      2
114 0.028938  (咳嗽, 桔梗)      2
115 0.053963  (甘草, 咳嗽)      2
116 0.064974  (咳嗽, 痰)       2
117 0.025753  (壅, 痰)        2
118 0.039039  (甘草, 头痛)      2
119 0.025389  (小儿, 甘草)      2
120 0.029939  (小儿, 腹痛)      2
121 0.037037  (当归, 川芎)      2
122 0.034398  (甘草, 川芎)      2
123 0.041769  (甘草, 当归)      2
124 0.035672  (当归, 腹痛)      2
125 0.029029  (甘草, 或)       2
126 0.031031  (腹痛, 或)       2
127 0.029302  (柴胡, 甘草)      2
128 0.039312  (甘草, 桔梗)      2
129 0.031941  (涎, 痰)        2
130 0.025480  (甘草, 痰)       2
131 0.035763  (白术, 甘草)      2
132 0.038493  (甘草, 腹痛)      2
133 0.039494  (茯苓, 甘草)      2
134 0.033852  (甘草, 防风)      2
135 0.042952  (陈皮, 甘草)      2
136 0.041041  (甘草, 黄芩)      2
137 0.026390  (茯苓, 白术)      2
138 0.026572  (防风, 羌活)      2
--------------------
```

本章学习目标

- 熟悉 Python 的常见应用方向
- 了解相关应用方向的应用现状
- 了解相关应用方向的第三方库

本章主要介绍 Python 的高级应用,选择 12 个主要应用方向,分别介绍相关应用方向的基本概念、Python 的第三方库、领域应用现状等,来加深读者的认知,为以后深入学习提供思路。

10.1 网络爬虫

人类社会进入大数据时代,互联网融入了人们生活的方方面面,每时每刻都有海量的数据产生,而传统的数据采集方法,不能满足大数据时代对于信息的实时性和有效性的需求。因此,通过自定义网络爬虫框架,自动化地采集互联网数据,对于数据的挖掘和有效利用都有重要意义。

10.1.1 网络爬虫的概念

网络爬虫,又被称为网页蜘蛛、网络机器人,是一种按照一定的规则,自动地抓取互联网信息的程序或者脚本。网络爬虫通过网页的链接地址来寻找网页,从网站某一个页面(通常是首页)开始,读取网页的内容,找到在网页中的其他链接地址,然后通过这些链接地址寻找下一个网页,这样一直循环下去,直到把这个网站所有的网页都抓取完为止。需要注意的是,网络不是法外之地,在采集数据的过程中,需要遵循国家法律和网络规范,要避免非法采集网络隐私数据和网络安全数据。其中,网络公认的规范之一就是 Robots 协议,它是互联网爬虫的一项公认的道德规范,全称是"网络爬虫排除标准(robots exclusion protocol)",在网站的域名后加上/robots.txt 就可以查看该网页的 Robots 协议,如 https://www.baidu.com/robots.txt。此协议用来告诉爬虫,哪些页面是可以抓取的,哪些是禁止抓取的。

10.1.2 网络爬虫的应用现状

作为搜索引擎技术的核心元素之一,自 1993 年初 Matthew Gray's Wandered 在麻省理工学院开发出有史记载的第一个网络爬虫以来,爬虫技术发展至今已经日趋完善,广泛应用于各行各业。

在医学领域,可以利用 Scrapy 爬虫技术获取医疗专业人才网上相关病案管理的招聘信息,并获取全国事业单位招聘网的相关信息,利用 Excel 软件从区域、学历、专业 3 方面统计分析数据,并绘制图表,从而找出我国病案管理人才需求规律。

在管理领域,可以利用 Python 和八爪鱼等爬虫工具,对政府采购公共平台中标数据进行挖掘、整理,为招标采购拦标价格的制定提供数据支撑,进而提供决策依据,从而科学合理地分析市场状况,更高效、低成本地完成整个招采过程。

在网络舆情监控领域,基于爬虫技术的医疗行业网络舆情监控系统,可以通过通用爬虫对微博上海量医疗卫生行业的舆情信息进行抓取,使用自然语言处理、LDA 聚类和关键词提取等技术对数据源进行处理并进行情感倾向分析,然后,将分析结果和数据信息以可视化图像的形式展现出来,为有关部门引导舆论走向提供力所能及的帮助。

10.1.3　关于网络爬虫的 Python 第三方库

1. urllib 库

urllib 是 Python 自带的一个功能强大的库,用于操作网页 URL(uniform resource locator,统一资源定位器),可以通过代码模拟浏览器发送请求,对网页的内容进行抓取处理。主要包含 4 个模块:①urllib.request 模块,主要用于打开和读取 URL;②urllib.error 模块,包含 urllib.request 抛出的异常;③ urllib.parse 模块,用于解析 URL;④ urllib.robotparser 模块,主要用于解析 robots.txt 文件。

2. Requests 库

Requests 是基于 urllib 库之上,采用 Apache2 Licensed 开源协议编写的阻塞式 http 请求库,它向服务器发出一个请求,一直等到服务器响应后,程序才能进行下一步处理。Requests 库继承了 urllib 库的所有特性,完全满足 http 测试需求,比起 urllib 库的烦琐,Requests 库更加简洁和容易理解,可以节省大量的工作。

3. BeautifulSoup4 库

BeautifulSoup4 是一个可以从 HTML(hyper text markup language,超文本标记语言)或 XML(extensible markup language,可扩展标记语言)文件中提取数据的 Python 库,它能够通过转换器实现文档的导航、查找并修改文档,以及从网页中提取信息。同时它也是高效的网页解析库,支持不同的解析器拥有强大的 API 和多样的解析方式。

4. PyQuery 库

PyQuery 是一个类似 jQuery 的库,使用 lxml 进行快速的 XML 和 HTML 操作。利用它可以直接解析 DOM 节点的结构,并通过 DOM 节点的一些属性快速进行内容提取和jQuery 的 Python 实现。它能够以 jQuery 的语法来操作解析 HTML 文档,易用性和解析速度都很好。

5. PyMySQL 库

PyMySQL 是在 Python3.x 版本中用于连接 MySQL 服务器的一个库,Python 2 中则使用 MySQLdb 库。PyMySQL 遵循 Python 数据库 API v2.0 规范,并包含了 pure-Python MySQL 客户端库,是一个纯 Python 实现的 MySQL 客户端操作库。

6. PyMongo 库

PyMongo 是 Python 中用来直接连接 MongoDB 数据库进行查询操作的库,而 MongoDB 是一个基于分布式文件存储的数据库,PyMongo 库旨在为 Web 应用提供可扩展的高性能数据存储解决方案。

> **想一想,查一查**

请查阅相关期刊,了解基于 Python 的反爬虫技术与研究,以及现阶段应对常见反爬虫技术的反爬虫策略。

10.2　数据管理

随着网络时代与移动时代的发展,数据产生与传播的成本大大降低,同时,信息过载、信息爆炸等现象相继出现,由此带来了人们对高效数据管理的需求。

数据管理不仅是一种先进的管理技术和方法,也是一种全新的管理理念,随着互联网、全球化和信息化的快速发展,数据管理的重要性日益显现。数据管理是把业务和信息技术融合起来所必需的一整套技术、方法及相应的管理和治理过程。

10.2.1　数据管理的概念

数据管理(data management)是指规划、控制与提供数据和信息资产的一组业务职能,包括开发、执行、监督有关数据的计划、政策、方案、项目、流程、方法和程序,从而获取、控制、保护、交付和提高数据与信息资产价值。

10.2.2　数据管理的应用现状

数据处理的中心问题是对数据的管理,即用计算机对数据进行组织、清洗、存储、检索和维护等数据管理工作,随着信息技术的发展,数据管理经历了人工管理、文件管理和数据库管理 3 个阶段。在人工管理阶段,计算机主要用于科学计算,数据量小、不具有独立性、不能共享、结构简单,且不能长期保存数据。在文件管理阶段,计算机开始应用于数据管理方面。而用数据库系统来管理数据比文件系统具有明显的优点,从文件系统到数据库系统,标志着数据库管理技术的飞跃。随着互联网时代的快速发展,数据量越来越大,数据管理逐渐走入人们的日常生活。现如今,各个行业、各个领域都需要进行数据管理,如新闻、医疗、地质学、图书馆、金融、电力工业等。

在医学领域,较为常用的医院管理平台中的医院信息系统、电子病历系统、检查检验系统、医学影像系统、医学文献检索系统等都有规模庞大的数据库,这些数据库存储和管理着海量的数据,支持着医生的诊断和日常临床业务的需求。例如,借助卷积神经网络与长短期记忆网络的医学影像数据管理,将复杂的医学影像通过模型的自动学习转换为可供直接利用的文本诊断数据,采用统一的 DICOM(digital imaging and communications in medicine,医学数字成像和通信)标准,在同一信息模态下关联患者信息、病案信息,以期实现医学影像数据的深度管理开发与利用,为后续的临床病例诊断提供参考。

在农业科学领域,与区块链技术融合紧密的农业科学数据共享、农业科学数据溯源以及农业科学数据隐私计算 3 个场景,按照不同需求分别建立了农业科学数据共享模型、农业科学数据溯源模型以及农业科学数据隐私计算模型。

在智慧图书馆领域,根据数据类别——资源数据、用户数据、环境数据,划分智慧图书馆功能,提出基于数据管理的智慧图书馆功能框架,从数据收集方式到数据分析方法保证功能框架构建的合理性,使基于数据管理的智慧图书馆功能实现成为可能。

在地质学领域,大数据背景下,无人机在参与地质灾害调查的过程中生产出的数据量是前所未有的,设计开发建立高性能的地质灾害无人机调查数据管理云平台是对海量遥感图像数据的计算、存储和在线浏览的关键,也为无人机数据全流程一键式处理提供了集大数据存储、管理、处理、服务于一体的工作平台。

在电力工业领域,通过明确输变电工程数据管理技术标准系统目标,建立了输变电工程数据管理技术标准关联模型,并通过输变电工程数据管理技术标准依存主体词汇抽取及类图分组,构建输变电工程数据管理技术标准体系层结构,提出了输变电工程数据管理技术标准体系框架。

10.2.3　关于数据管理的 Python 第三方库

下面,列举几个目前数据管理应用较为广泛的 Python 第三方库。

1. h5py 库

h5py 库是 HDF5(hierarchical data format,二进制数据格式)的 Pythonic 接口。HDF5 允许存储大量数值数据,并可以轻松操作 NumPy 中的数据。HDF5 作为一种专门为处理科学数据而设计的文件格式,它所具有的海量数据管理能力、面向对象、支持元数据等特点,很好地满足了数据管理中对处理性能、信息完整性、数据共享能力等方面的需求;同时 HDF5 文件格式还提供透明的数据压缩功能,对数据存储方面的需求大大降低,有利于建立数据管理系统。

在简单数据的读写操作中,通常一次性把数据全部读入内存中,当读写超过内存的大数据时,h5py 库通常需要指定位置、指定区域进行读写操作,避免无关数据的读写。

2. mysqlclient 库

mysqlclient 的早期版本是 MySQLdb,其安装方式与 MySQLdb 一致,是用于 Python 链接 MySQL 数据库的接口。目前,mysqlclient 完全兼容 MySQLdb,同时支持 Python 3.x,是 DjangoORM 的依赖工具,可使用原生 SQL 来操作数据库,对数据库进行增、删、改、查等操作。

3. SQLAlchemy 库

SQLAlchemy 是一种既支持原生 SQL(structured query language,结构化查询语言),又支持 ORM 的工具,它为应用程序开发人员提供了 SQL 的全部功能和灵活性。ORM 是 Python 对象与数据库关系表的一种映射关系,可有效提高写代码的速度,同时兼容多种数据库系统,如 SQLite、MySQL、PostgreSQL,代价为性能上的一些损失。SQLAlchemy 提供了一整套众所周知的企业级持久化模式,这些模式是为高效、高性能的数据库访问而设计的。

> 想一想·查一查

查阅期刊,了解数据管理的应用前景,以及在大数据时代下,数据管理未来的发展方向。

10.3　科学计算

现代科学和工程技术经常会遇到大量复杂的数学计算问题,这些问题用一般的计算工具来解决比较困难,需要使用计算机来辅助处理。自然科学规律通常用各种类型的数学方程式来表达,科学计算的目的就是寻找这些方程式的数值解。这种计算涉及庞大的运算量,简单的计算工具难以胜任,但科学计算的迅速发展,使越来越多的复杂计算成为可能。

10.3.1　科学计算的概念

科学计算是指利用计算机再现、预测和发现客观世界运动规律和演化特性的全过程。在实际应用的牵引下,依托高性能计算机的发展,近年来科学计算也得到了快速的发展,与传统的理论研究和实验研究一起,科学计算已经成为推动科技创新的重要研究手段。

10.3.2　科学计算的应用现状

科学计算目前已经在多个领域得到广泛应用。

在医疗健康领域,应用科学计算的计算医学正加速改变整个医学领域,对此,全球各国都十分重视并投入了大量的经费,如图 10.1 所示。计算医学主要包括以下具体方向:计算解剖学、计算生理医学、精准医疗、人工智能(artificial intelligent,AI)。AI 可广泛应用于疾病辅助诊断与治疗、提高医学图像质量、降低电离辐射、提供精准医疗建议以及降低医疗成本,显著推动了医疗模式的进步与革新。图 10.2 从常用数据、方法和应用场景等角度展示了 AI 在医学领域中的应用现状。

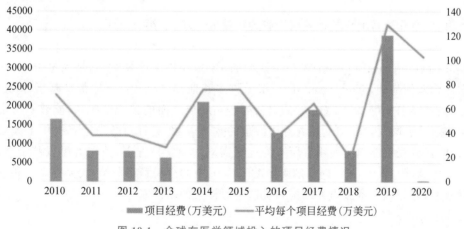

图 10.1　全球在医学领域投入的项目经费情况

在工程领域,随着科学技术的发展,人们对产品的精度、强度、刚度等方面的要求不断提高。在此背景下,科学计算一方面由于操作便捷,可以大大提高现代工程的效率;另一方面,其计算结果精准,也可以显著提高工程行业的精度,从而降低错误率。例如,大庆油田运用科学计算的现代管理方法,实现"算细账,降成本,千方百计向油井要效益";国产服务器宝德也以科学计算为抓手,实现了国产服务器厂商向高端市场的突破。

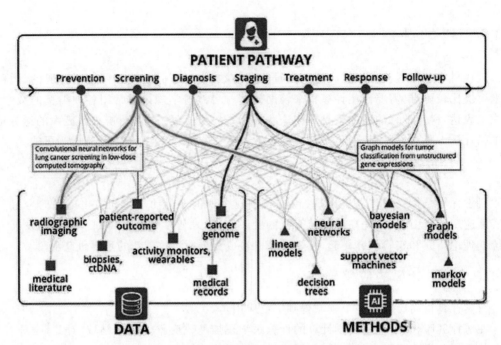

图 10.2　人工智能在医疗健康领域中的应用

　　此外,基于科学计算实现的科学计算可视化,在地质勘测、气象预报、分子模型构造、计算流体力学、有限元分析等自然科学及工程技术领域都有广泛且重要的应用。

10.3.3　关于科学计算的 Python 第三方库

　　下面,列举几个目前科学计算应用较为广泛的 Python 第三方库。

1. NumPy 库

　　NumPy(numerical python)是一个开源的 Python 科学计算库,它是大量 Python 数学和科学计算库的基础,pandas、scikit-learn 等许多其他知名科学计算库都是基于 NumPy 库的功能的。NumPy 可以将 Python 的对象列表拓展成全面的多维度序列,能够支持维度数组与矩阵运算。同时,NumPy 还内置了海量的数学函数,它针对数组运算提供了大量的函数库,这些函数几乎能满足使用者所有的运算需求。通常情况下,使用者可以基于 NumPy 进行矩阵运算,同时 NumPy 内部解除了 CPython 中的全局解释器锁,大大提高了科学计算的运行效率,是处理大量数组类结构和机器学习框架的基础库。

2. pandas 库

　　pandas 是一个开源的 Python 数据分析库,其名称来源于面板数据(panel data)和数据分析(data analysis),最初作为金融数据分析工具而被开发,现在已经广泛应用于经济、医疗、互联网等多个领域的数据挖掘与分析中。

　　pandas 库具有易使用的数据结构,并充分借鉴了 NumPy 库的相关概念与功能,使用者可以运用 pandas 操控处于 pandas 数据框架内的数据。同时,pandas 还内置大量函数,可帮助使用者进行数据转换,并对数据进行导入、清洗、处理、统计和输出等操作。多数在一线从事机器学习应用的研发人员的经验表明,机器学习中的数据预处理无疑是最耗费时间的一个环节,pandas 则实现了许多便于数据读写、清洗、填充以及分析的功能,帮助研发人员节省了大量用于数据预处理功能的代码编写时间,使得他们有更多的精力专注于具体的机器学习任务。

3. SciPy 库

SciPy 是一个开源的 Python 算法库和数学工具包,其与 NumPy 库关系十分密切,一般通过操作 NumPy 数组进行科学计算与统计分析。SciPy 库在 NumPy 库的基础上增加了数值积分、最优化、线性代数、插值、特殊函数、快速傅里叶变换、信号处理和图像处理、常微分方程求解以及其他科学与工程中常用的计算功能,广泛应用于涉及高阶抽象和物理模型的数学、科学和工程学等领域。

> **想一想,查一查**
>
> Python 在数据处理与分析、过程检测与控制、计算机辅助系统、人工智能、多媒体以及人们的日常生活工作和学习中均有广泛应用,有兴趣的读者可以进一步查阅资料,详细了解每一个第三方库的相关函数与常见应用,体验 Python 第三方库在科学计算领域中的神奇作用。

10.4　数据处理

在大数据时代,互联网资源数据量迅速膨胀,数据种类成倍增加,这些海量数据中蕴含着大量有价值的信息,需要通过数据处理和分析的方法将它们发掘出来。目前,数据处理技术已广泛应用于数字化营销、农业生产的精准化管理、体育竞赛的战术分析、天气预报等诸多领域。医疗行业由于具有大量的医学数据资源,因此也是数据处理应用的传统行业之一。在未来,随着医疗健康大数据的不断整合,数据处理技术也需要人们不懈的创新和探索,挖掘医学信息,持续为产业赋能。

10.4.1　数据处理的概念

数据处理是用计算机对数据进行采集、存储、检索、加工、变换、传输以产生新的信息形式的技术。数据处理流程主要包括数据准备、数据处理与分析、数据展示、数据应用等环节。通过数据处理,可从大量的、可能是无序和难以理解的数据中获得对于某些领域来说有价值、有意义的信息,从而帮助决策者做出更正确的决定。

10.4.2　数据处理的应用现状

在信息化时代背景下,数据规模庞大,来源和类型丰富多样,同时对数据展现的要求也进一步提高。由于面向对象数据来源单一、数量较小,因此传统的数据处理方法主要以处理器为中心,在传统的分布式并行计算环境中通过关系数据库和并行数据仓库开展。而在大数据环境下,非结构化数据增加,数据量庞大,数据处理方法逐渐转向于以数据为中心的模式,MapReduce 并行处理方式等新兴技术大大缩短了数据处理的时间,提高了数据的扩展性和可用性。

近年来,数据处理技术的应用场景和范围不断拓宽。例如,对于因为移动互联网发展与移动终端的普及而形成的海量移动对象轨迹数据,可通过轨迹数据处理技术挖掘出人类活动规律与行为特征、城市车辆移动特征、大气环境变化规律等信息。在智慧城市建设背景下,通过数据处理与分析,政府部门可以获得社会的发展变化需求信息,从而更加科学化、精准化、合理化地为市民提供相应的公共服务以及配套资源。同时,在物流、交通、安防等领域,亦可通过对数据的深入处理获得有效信息,从而预测未来情况、提供优化方案、辅助决策判断。

在"健康中国"背景下,健康医疗大数据蓬勃发展。健康医疗大数据具有海量、多态、缺失和冗余等特征,患者、医疗机构、支付方、监管方均有大量相关医疗数据,通过处理分析这些海量的医疗信息数据,挖掘其中隐含的价值信息,可为医疗行业的发展提供支持。例如,通过对比临床数据,辅助医生进行临床决策,规范诊疗路径,提高工作效率;通过对病历、医嘱、检查报告等由医务人员自然语言生成的临床信息进行数据整理清洗,并使用机器学习技术对自然语言数据进行建模预测,促进数据资产的价值生成;通过采用深度学习模型、神经网络等人工智能方法对医学图像大数据进行建模和算法设计,对持续增长的医疗图像数据进行价值发掘。图 10.3 展示了使用医学图像可视化软件 ITK-SNAP 对医学图像进行处理的结果。

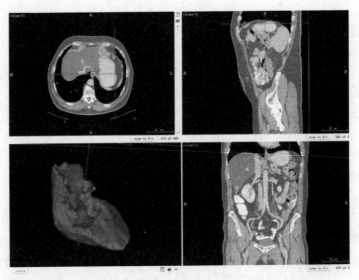

图 10.3　使用医学图像可视化软件 ITK-SNAP 处理医学图像

10.4.3　关于数据处理的 Python 第三方库

数据处理一方面涉及数据的清洗与转换,同时也涉及数据的可视化展示。数据清洗与转换方面,常见的 Python 第三方库包括 NumPy 和 pandas 等数值计算库,也包括 NLTK、Gensim 等自然语言文本处理库。数据可视化方面,除了本书在第 8 章介绍的 Matplotlib 和 pyecharts 外,还有 Seaborn 和 Plotly 等。

1. NumPy 库

NumPy 是 Python 中基于矩阵的数学计算库,主要应用于数据处理过程中的科学计算环节。在数据处理过程中,NumPy 兼有代码简洁和运行速度快的特点,它使用矢量化数组

（用数组表达式代替循环）进行运算，可以将许多数据处理任务表述为简洁的数组表达式。ndarray 对象作为 NumPy 的核心，由 Python 的 n 维数组封装而来，通过 C 语言预编译相关的数组操作，比原生 Python 具有更高的执行效率。此外，NumPy 还可以用于图像的脱敏处理。

2. pandas 库

pandas 是 Python 中基于表格的统计分析库，在 NumPy 的基础上实现了数据处理与分析功能。pandas 提供了大量的数据统计、分析方面的模型和方法，其主要的数据结构包括一维结构 Series、二维结构 DataFrame 以及三维结构 panel。pandas 常用于 csv 数据或 Excel 数据的读取、清洗、预处理及导出。当数据量较大、数据类型较多时，pandas 作为强大的结构化数据处理工具库，比传统的 Excel 数据处理工具更加适用。

3. NLTK 库

NLTK 是 Python 中用于自然语言处理的第三方库，其自带语料库、词性分类库，具有包括分词、词性标注、文本分类等常见自然语言处理功能。可以使用 NLTK 进行文本标记、文本内容情感分析以及语言学领域相关工作等诸多自然语言处理操作。需要特别注意的是，目前该第三方库的分词模块只支持英文分词，而不支持中文分词。

4. Gensim 库

Gensim 是一个简单高效的 Python 自然语言处理工具库，用于从原始的非结构化文本中，无监督地学习文本隐层的主题向量表达，支持包括 TF-IDF、LSA、LDA 和 Word2Vec 在内的多种主题模型算法，支持流式训练，并提供了诸如相似度计算、信息检索等一些常见自然语言处理任务的 API 接口，以处理任意大的语料库。

5. Seaborn 库

Seaborn 一个基于 Matplotlib 且数据结构与 pandas 统一的统计图表制作库，其默认绘图风格和色彩搭配更具有现代美感，代码语法也更为简洁。Seaborn 在 Matplotlib 库的基础上进行了更高级的 API 封装，绘图函数接口更加简洁，用户可通过少量参数设置实现大量封装绘图。使用 Seaborn，可利用色彩丰富的图像揭示数据中隐藏的模式。

6. plotly 库

plotly 是一个开源数据可视化库，可通过 HTML 格式的可交互图表来显示信息。plotly 对很多编程语言都提供接口，可以直接和 R、Python、MATLAB 等语言或者软件直接对接。它内置丰富的数据集，支持统计、金融、地理、科学以及 3D 等四十余种类型的图表。该第三方库提供丰富的图形颜色面板，且生成的均为动态化图形。plotly 绘图代码简洁，交互式和美观是 plotly 最大的优势。

另外，对于 Excel 和 Word 文件数据，也有诸多第三方库工具可实现数据处理。例如，xlwings 库，用于 Excel 文件的读取、写入、格式修改及批量可视化绘图；pywin32 库，用于 Excel 文件的读取写入及复杂格式定制；python-docx 库，用于 Word 文件的读取写入。

想一想，查一查

请读者自行查阅相关期刊文献资料，了解对于各种健康医疗领域的数据都有哪些数据处理与知识发现的方法，并思考 Python 语言在其中具体起到了什么作用。

10.5   数据统计

随着全球信息化的发展,各个领域都会产生大量的数据。例如,在互联网领域,大量的网民、用户会产生成千上万却又各不相同的个人数据;在医疗领域,每个病人的各项身体指标数据及其变化,也是一个巨大的数据资源宝库;在工业领域,不同的生产行业在生产过程中也会产生大量的数据。这些数据是一种宝贵的资源,如何有效利用这些数据是十分重要的问题。

数据统计是数据分析的一种常用方法,将计算机语言和相关统计学知识相结合,能有效发现数据的特点,指导人们发掘数据背后的规律。

10.5.1   数据统计的概念

数据统计是利用统计学的理论指导对数据进行分析的过程。通过数据统计,得到相关的统计指标,如均值、中位数、众数、方差、标准差等,利用这些指标来判断数据的相关特性,例如波动性、平均性等。另外,通过 T 检验、卡方检验、方差分析、非参数检验等探寻数据的基本规律;通过相关性分析、关联规则分析、聚类分析、因子分析等构建统计学模型等,以找到数据中隐藏的更多规律。

10.5.2   数据统计的应用现状

近代统计学起源于 20 世纪初,它是在概率论的基础上发展起来的,而统计性质的工作可以追溯到远古的“结绳记事”以及古籍《二十四史》中大量关于我国人口、钱粮、水文、天文、地震等资料的记录。19 世纪初到 20 世纪初,人们开始不断建立和完善统计学的理论体系,并逐渐形成了以推断统计学为主要内容的“数理统计学派”和以描述为主的“社会统计学派”。20 世纪初至今,欧洲的自然科学高速发展,这也促进了数理统计学的发展。如今,受计算机和新兴学科的影响,统计学越来越依靠于计算技术和数据分析的方法和科学。而且随着大数据时代的到来,统计学针对大数据的特征,为服务和满足各个领域的需求,也在不断完善、创新、发展数据分析的方法和理论。目前,数据统计的方法已经被应用在各个领域的研究中。

在中医学领域中,数据统计的方法被广泛应用。例如,采用了统计分析方法,如可靠性分析、因子分析、主成分分析、相关分析、回归分析和隐变量分析等,从临床症状分析五脏生理功能,对于肺、肾生理功能的验证和重新发现,对五脏之间五行生克关系的验证具有重要意义;通过对医案症状的分析,发现其部分结果是与藏象理论相一致的,不同的分析方法的结果也有较强的一致性,说明了使用数据统计方法研究五脏生理功能的合理性和可行性。

在社会学领域,数据统计也发挥了重要作用。例如,犯罪活动反映出的数量规律需要通过对现象的统计观察来发现,而统计观察则包括了一整套收集、整理、分析资料的科学方法,犯罪统计学就是研究这些方法及其具体运用的学科,利用犯罪统计对犯罪数据进行分析,实现对犯罪治理的优化。

在工业领域中,利用数据统计对工业产出情况进行估算,可以清楚表现出我国工业改革开放以来的快速发展状况以及其中产生的问题,为今后国家的工业布局及重点发展方向的选择起到了重要指导作用,如图 10.4 所示。

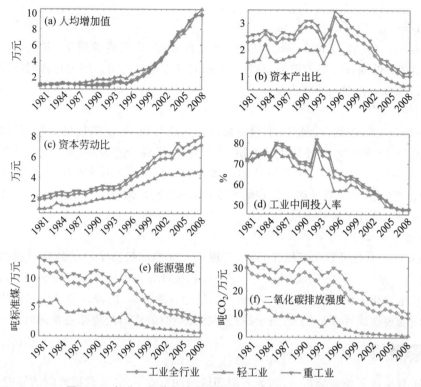

图 10.4　部分工业指标变化趋势图(本图来源于期刊文献)

在经济贸易领域,数据统计也是不可或缺的。中美贸易不平衡问题是中美全面经济对话的重要议题,两国之间的贸易关系不仅影响两国自身的发展,还对全球经济发展产生重要影响。利用数据统计的方法,对大量数据进行汇总分析,可以从数据中探寻两国贸易的基本情况,对于两国贸易政策的设定与执行具有重要意义,如图 10.5 所示。

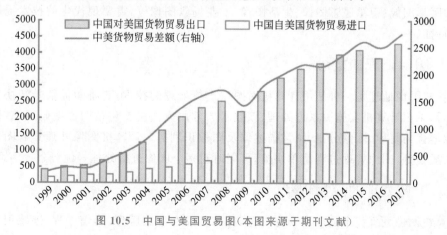

图 10.5　中国与美国贸易图(本图来源于期刊文献)

10.5.3　关于数据统计的 Python 第三方库

Python 语言中就有许多与数据统计相关的第三方库,可以让人们高效地进行数据统计与分析。

1. statsmodels 库

statsmodels 库包含了许多的统计模型,如线性模型、广义线性模型、方差分析模型、时间序列模型和线性混合效用模型等,在统计方面有其独特的优势。因为包含时间序列模型,statsmodels 库在金融分析上十分受欢迎。

2. SciPy 库

SciPy 是一个用于数学、科学、工程领域的常用软件包,可以进行最优化、线性代数、积分、插值、拟合、特殊函数、快速傅里叶变换、信号处理、图像处理、常微分方程求解等操作。

scipy.stats 是 SciPy 专门用于统计的函数库,所有的统计函数都位于子包 scipy.stats 中。其中包含两类,一个类是连续分布的实现;另一个类是离散分布的实现。此外,该模块中还有很多用于统计检验的函数。

3. sklearn 库

sklearn 是一个与机器学习相关的库,它提供了完善的机器学习工具箱,包括数据预处理、分类、回归、聚类、预测、模型分析等。这个库在统计分析中发挥着重要作用,可以探寻数据规律以及生成相关模型。同时,sklearn 库的使用较为简单,能被方便地直接使用,因为无论人们使用的模型或算法是什么,用于模型训练和预测的代码结构都是相同的。

> **想一想,查一查**

人们对数据进行统计分析时,因为不同领域的注重点不同,其数据对应的处理方法也不同。请探寻对于不同的行业,人们在进行数据统计分析时分别注重哪些数据特点?

10.6　图像处理

现实世界数据的来源越来越多样化,除了数值型数据、文本数据以外,图像数据也越来越多,如医学图像、卫星遥感图像、生活图像、工业场景图像等,需要现代化的技术提取和处理图像特征。

10.6.1　图像处理的概念

计算机图像处理是一种使用计算机对图像进行处理的技术,它将图像信号转换为数字信号之后,采用计算机实施一系列处理,该技术的常用方法主要包括图像编码压缩、图像变换、图像增强与复原、图像分割、图像描述以及图像识别等。计算机图像处理具有图像处理效率高、质量好,图像处理过程简单快捷,可同时对多个图像进行处理等优势。

10.6.2　图像处理的应用现状

计算机图像处理技术的应用十分广泛,目前已经在健康医疗、通信工程、遥感卫星等多个领域得到了应用。

在医疗领域,医学 CT、超声图像等方面均涉及计算机图像处理技术。例如,为了克服传统 CT 图像的视觉退化问题,提高低剂量 CT 图像的临床可用性,使用深度学习等新技术重建出符合临床需求的 CT 图像,是国内外研究者广泛关注的研究热点,两种方法的对比如图 10.6 所示。

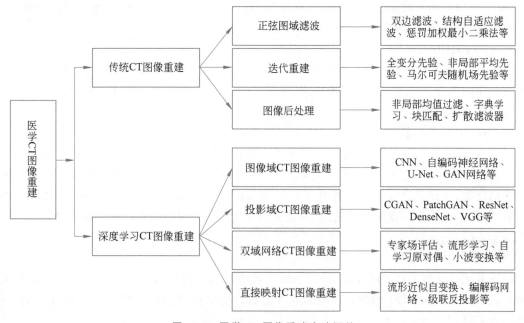

图 10.6　医学 CT 图像重建方法汇总

超声影像作为最普及的医学成像方式,近年来在疾病分析诊断中得到广泛应用。超声具有实时、无辐射、操作简便和经济安全等优势,现已成为疾病早期筛查和诊断的首选方式,广泛应用于临床诊断。例如,颈动脉超声图像中,血管壁呈现亮区域,血液则为暗区域,对其内中膜进行研究,能够对血管疾病发生的风险进行评估,从而进行有效预防和治疗,这在临床上具有重要的研究意义。但同一部位由不同机器所得图像的分辨率和清晰度都存在明显差异,故图像的分辨率或清晰度是影响临床精准诊疗的一个关键问题。

10.6.3　关于图像处理的 Python 第三方库

1. Pillow 库

PIL(Python imaging library)在 Python 2 中是一个非常好用的图像处理库,但 PIL 不支持 Python 3,因此在 PIL 库的基础上开发了可以在 Python 3 中使用的 Pillow 库。Pillow库为 Python 解释器添加了图像处理功能,并提供了广泛的文件格式支持、高效的内部表示和相当强大的图像处理功能。在 Pillow 库中,最常用的是 image 模块中同名的 image 类,是为快速访问以上几种基本像素格式存储的数据而设计的,其他很多模块则是在 image 模块的基础上对图像做进一步的特殊处理,为通用图像处理工具提供了坚实的基础。

2. OpenCV 库

OpenCV 是图像处理和计算机视觉领域中广泛使用的开源软件库。该第三方库可以与许多编程语言一起使用,如 C、C++、Python、Java 等,其中 opencv-python 是一个 Python 绑定库,旨在解决计算机视觉问题。opencv-python 主要基于 NumPy 库,需要将其数组结构都转换为 NumPy 数组,可实现最核心的数据结构及其基本运算(如绘图函数、数组操作相关函数等)、视频与图像的读取、显示和存储,还可实现包括图像滤波、图像的几何变换、平滑、阈值分割、形态学处理、边缘检测、目标检测、运动分析和对象跟踪等图像处理方法。此外,对于图像处理的其他更高层次的方向及应用,OpenCV 也可以实现如图像特征提取、目标检测、图像修复、图像去噪等功能。

3. pgmagick 库

pgmagick 是 Graphics Magick 的 Python 包装器,Graphics Magick 是用于处理图像的工具和库的集合,它支持 88 种图像格式,除了图像处理工作外,它还可以用于在 Web 应用程序中创建新图像。

4. scikit-image 库

scikit-image 是一个基于 Python 脚本语言开发的数字图像处理库。它的功能全面且强大,由许多的子模块组成,各个子模块又能提供不同的功能。例如,io 子模块可实现图片或视频的读取、保存和显示;filters 模块可实现图像增强、边缘检测、排序滤波器、自动阈值等功能;exposure 模块实现对图片亮度、对比度等强度进行调整以及直方图均衡等功能。

> **想一想,查一查**

随着图像处理的技术的发展,图像编辑已经渗透到人们生活的方方面面。请查找相关资料,试运用 Pillow 库中的部分函数实现人们日常生活中用到的简单的图片编辑功能,例如图像旋转,图像缩小、放大等。

10.7   Web 开发

随着 Internet 和 WWW 技术的不断发展和人工智能时代的到来,Web 应用日趋广泛。Web 是一个庞大的信息系统,不仅需要处理海量的数据,还需要建立不同领域的联系,涉及不同领域信息技术的融合,例如融合了计算机数据分析和计算、计算机绘图、视频剪辑和网站架构等知识,需要更多的程序来做技术支持。Python 作为优秀的编程语言之一,在 Web 开发领域有着得天独厚的优势。

Python 语言适用性比较强,拥有海量的第三方库,它的脚本可以满足不同程序运行的需求,可以减轻程序员的工作量。程序员可以利用 Python 编写不同类型的 Web,利用 Python 自带的视频、数据和脚本库等来编写程序,把不同类型的程序融合起来,打造集数据处理、视频美化、管理和营销等于一体的 Web,提升用户的 Web 使用体验感。

10.7.1   Web 开发的概念

Web 开发又名网站开发,包括 Web 前端开发和 Web 后端开发。Web 前端开发是指前端网络编程,也被认为是用户端编程,是为了网页或者网页应用而编写 HTML、CSS 以及 JS 代码,用户能够看到并且和这些页面进行交流。Web 后端更多的是指与数据库进行交互以处理相应的业务逻辑,需要考虑的是如何实现功能、数据的存取、平台的稳定性与性能等问题。

10.7.2　Web 开发的应用现状

Web 开发在各行各业应用广泛,下面做简要介绍。

在医疗健康领域,基于 Django 框架开发的智慧社区后台管理系统,采用 MTV(model、template、view:模型、模板、视图)的设计模式完成对数据业务分层的处理,分别划分为模型层、模板层和视图层,此设计模式功能独立、耦合度低,总体架构体系采用 B/S(browser/server)结构,数据库采用关系数据库 MySQL。基于 Flask 框架开发的市级医疗资源分级诊疗平台,建立了一套评价体系用于识别过往的不合理转诊,监测与评价分级诊疗切实做到了对病患的分流,并给相关决策机构提供调整分级诊疗政策的依据,同时也能一定程度上识别下级医疗单位诊疗过程中的短板,为医务人员的能力提升培训指导方向。基于 Flask 框架开发的中医体质辨识与数据分析平台,根据目前人们亚健康问题突出的社会现状以及中药健康产品企业的实际需求,其包含了中医体质辨识、体质数据分析与分析结果可视化三大主要功能模块,这一平台的开发与应用对改善人群亚健康问题,提高中药健康产品生产企业的行业竞争力,乃至对中医药文化的传播与推广均有积极的意义。

在其他领域,基于 Django 开发框架的网络运维管理系统,在保障网络安全的基础上,通过对运维管理事务的流程化处理,实现对网络资源的系统化配置与管理。基于 MTV 模式的 Django 开发框架的翻译协作和共享平台,可以通过集合多个用户的力量协作完成大批量的翻译需求。另外,利用 Flask 工具搭建一个可高效扩展开发的 MVC 应用框架,可以让用户快速开发自己的 Web 应用服务,它支持业务功能扩展,方便管理维护,如网上打车工具、订餐软件、订票系统等,满足了当今 Web 开发高效稳定、扩展性强的要求,对于大量的传统行业搭乘着互联网高速发展的列车进行产业升级、服务优化具有重要的意义。

10.7.3　关于 Web 开发的 Python 第三方库

1. Django 框架

Django 是目前最常用的 Web 应用框架之一,它属于一种开放性的源代码。这一框架主要是利用 MVC 框架来构建网站架构,主要应用于网站管理界面的创建。Django 最初被运用于新闻网站的建设和维护中,而随着计算机编程技术的飞速发展,Python 语言逐渐被更多互联网企业所接受,Django 结构开始被运用在一般网站的建设和开发中。它具有方便的数据库操作能力、自带强大的后台功能、存储了许多易扩展的 Web 模板,能够非常方便地入手一个 Python 项目。

2. Flask 框架

Flask 是一个轻量级的可定制框架,使用 Python 语言编写,较 Django 框架更为灵活、轻便、安全且容易上手。在性能上基本满足一般 Web 开发的需求,与各种数据库的契合度都非常高,更适用于开发小型项目。与 Django 库相比,Flask 作为一款新型 Web 框架,更突出的特点是轻量、快捷,能快速搭建一个完整的小项目,但同时 Flask 只包含基本的配置,如果想使用扩展功能,就需要安装其他插件。Django 的一站式解决思路,能让开发者在开发之前不必就在选择应用的基础设施上花费大量时间,它有模板、表单、路由、基本的数据库管理等内建功能。

想一想，查一查

推荐对于 Web 开发感兴趣的同学查询并阅读关于本节 Web 开发框架的官方文档，里面包含了所有的功能描述和大量的实践案例，方便大家快速掌握搭建一个网站的方法。

10.8　GUI 开发

在信息化与人们生活深度融合的时代，对于一个计算机应用系统来说，美观、友好的界面设计往往更能吸引用户，它一般结合计算机科学、美学、心理学、行为学，给客户带来便捷轻松的体验，成为企业获得竞争优势的关键。

10.8.1　GUI 的概念

GUI(graphical user interface，图形用户界面，又称图形用户接口)是指采用图形方式显示的计算机操作用户界面。图形用户界面由窗口、下拉菜单、对话框及其相应的控制机制构成，在各种新式应用程序中都是标准化的，即相同的操作总是以同样的方式来完成，在图形用户界面，用户看到和操作的都是图形对象，应用的都是计算机图形学的技术。

用户对 GUI 的需求包括系统用户界面的友好性，图标识别的平衡性，界面与用户的互动交流，更为人性化的视觉优化，更具扩充性和可操控性的用户体验，更具有企业品牌特色的视觉识别性等。

10.8.2　GUI 开发的应用现状

在利用 Python 进行 GUI 编程开发时，应对于不同的平台，有不同的应用方式。

在医学图像领域，基于 GUI 编程开发的 3D Slicer 既是一个医学图像的应用平台，也是一个很好的学习研究平台。该平台免费开源、功能完善、扩展性能优异，给广大医学图像处理的研究者提供了新的选择；而 3D Slicer 的 GUI 结构将整个 GUI 分成核心模块、命令行模块和 Python 脚本模块 3 部分，通过在不同的场合灵活使用翻译函数，实现了整个程序。

在其他领域，如少儿编程教育领域，由于在教学系统中存在与用户进行 GUI 交互的需求，使用 Python 的 GUI 软件体系进行界面开发，实现了多个组间和分系统之间程序的通信和反馈，为图形应用程序的快速与友好开发提供了良好的基础；在能源领域，能耗管理系统GUI 是能耗管理系统重要组成部分，它建立在能耗管理系统底层部分之上，通过对能耗管理系统底层部分采集到的数据进行展示、统计和分析，实现用户对机房能耗监测以及能耗数据统计、分析的需求。

10.8.3　关于 GUI 开发的 Python 第三方库

Python 关于 GUI 开发的第三方库很多，举例如下。

1. EasyGUI 库

EasyGUI 库提供了一个易于使用的界面，用于与用户进行简单的 GUI 交互。EasyGUI库与其他 GUI 生成器的不同之处在于，EasyGUI 不是事件驱动的，所有 GUI 交互都是由简单的函数调用的，它不需要程序员对 Tkinter 框架、小部件、回调或 lambda() 函数有任何了解。

2. Tkinter 库

Tkinter 库也被称为"Tk 接口",是 Tcl/TkGUI 工具包的标准 Python 接口。它是一套完整的 GUI 开发模块的组合或套件,这些模块共同提供了强大的跨平台 GUI 编程功能,所有的源码文件位于 Python 安装目录中的 lib\tkinter 文件夹。因此,Tk 和 Tkinter 可以在大多数操作系统上使用,如 Unix、macOS、Windows 等。Python 标准库 Tkinter 是对 Tcl/Tk 的进一步封装。Tkinter 与 Turtle 类似,无须额外安装,使用起来非常方便,Tkinter 提供了很多控件和消息事件,可以很快入手,非常适合开发具有界面的轻量级应用程序。

3. wxPython 库

wxPython 库是一个用于 wxWidgets(用 C++ 编写)的 Python 包装器,这是一个流行的跨平台 GUI 工具包。wxPython API 中的主要模块包括一个核心模块,由 wxObject 类组成,是 API 中所有类的基础。控制模块包含 GUI 应用程序开发中使用的所有小部件。例如,wx.Button、wx.StaticText(类似于标签)、wx.TextCtrl(可编辑文本控件)等。wxPython API 具有 GDI(图形设备接口)模块,它是一组用于绘制小部件的类,像字体、颜色、画笔等类是其中的一部分。

4. Kivy 库

Kivy 是 Python 开源的函数式库,用于开发行动应用程序和其他采用自然用户界面的多点触控应用软件。Kivy 库可在 Linux,Windows,MacOS X,Android,iOS 和 Raspberry Pi OS 等系统上运行,可以在所有支持的平台上运行相同的代码。它的图形引擎基于 OpenGLES2 构建,使用现代且快速的图形管道。该库附带了 20 多个小部件,所有小部件都具有高度可扩展性。

5. PyQt 库

PyQt 库是一个创建 GUI 应用程序的工具包,它是 Python 编程语言和 Qt(跨平台 C++ 图形用户界面应用程序开发框架)的成功融合,为 GUI 编程提供了许多方法和小部件。PyQt 包含 620 多个类,涵盖图形用户界面、XML 处理、网络通信、SQL 数据库、Web 浏览和 Qt 中可用的其他技术。通过使用 PyQt 库,可以制作丰富的桌面应用程序,除此之外,还可以添加所有类型的按钮(按下、无线电、检查)、图像并与数据库交互等。与在小部件数量上相当有限的 Tkinter 不同,PyQt 附带了大量的小部件。

想一想·试一试

请任选本节的一个 GUI 库,自主学习其官网的相关资料,尝试开发一个简单的图形界面。

10.9　机器学习

21 世纪,人类进入了大数据和人工智能时代,机器学习作为人工智能的核心,也越来越受到重视。

10.9.1　机器学习的概念

机器学习(machine learning,ML)是一门多领域交叉学科,涉及概率论、统计学、逼近论、凸分析、算法复杂度理论等多门学科,专门研究计算机怎样模拟或实现人类的学习行为,以获取新的知识或技能,重新组织已有的知识结构使之不断改善自身的性能。它是人工智能的核心,是使计算机具有智能的根本途径。

10.9.2 机器学习的应用现状

机器学习在各领域均有广泛应用。

在医学领域,结合机器学习的 CAD(computer aided design,计算机辅助设计)/CAM(computer aided manufacturing,计算机辅助制造)可设计制造出更符合功能、美学及患者需求的个性化修复体,如人工冠桥、嵌体、贴面及种植体基台等,可缩短牙齿修复的时间,并降低失误率。在口腔正畸中,使用机器学习的人工神经网络模型来判断患者是否需要拔牙矫治,基于机器学习的贝叶斯网络模型建立诊断辅助基础模型来评估正畸治疗需求。在中医诊断中,应用机器学习的决策树模型建立辅助中医诊断或辨证分型系统,是提高中医辨证准确率的一个有效途径。

在其他领域,机器学习也有广泛应用。在磁记忆无损检测中,机器学习用于对磁记忆检测数据的深入分析,实现缺陷精准定位和定量检测。例如,利用焊缝、管道等构件缺陷检测结合磁记忆无损检测技术,将机器学习应用于桥梁内部钢筋损伤的磁记忆检测当中。近年来,量化投资的形式迅速占据着金融市场,机器学习在股票价格预测的应用中也越来越广泛。例如,针对股票预测,将机器学习的 CNN(convolutional neural networks,卷积神经网络)和 LSTM(long short-term memory,长短时记忆)两种模型融合,各自发挥优势,得到最优的预测效果。

10.9.3 关于机器学习的 Python 第三方库

1. sklearn 库

sklearn 是最常使用的机器学习库。它基于 NumPy、SciPy 与 Matplotlib 等第三方库基础上,构建用于预测性数据分析的简单高效工具,拥有分类、回归、聚类、降维、型号选择、数据预处理六大功能模块,常用于机器学习的模型构造上。

2. Keras 库

Keras 是一个完全基于 Python 语言的第三方库。它支持 CPU 和 GPU,提供了一致和简单的 API,最大限度地减少了常见用例所需的用户操作数量,提供了清晰且可操作的错误消息,可以通过 Grad-CAM 可视化解释图像分类器的预测。

3. XGBoost 库

XGBoost 是一个可扩展的分布式梯度提升决策树的机器学习第三方库。它提供并行树提升,是用于回归、分类和排名问题的领先的机器学习第三方库。它操作灵活,可以用于各种应用程序,包括解决回归、分类、排名和用户定义的预测挑战中的问题,是一个高度可移植的库,目前在 macOS X、Windows 和 Linux 平台上运行,支持 AWS、Azure、Yarn 集群和其他生态系统的云集成。

4. SciPy 库

SciPy 是一个简单易用的有关于机器学习的开源第三方库。SciPy 库为优化、积分、插值、特征值问题、代数方程、微分方程、统计和许多其他类别的问题提供了算法。SciPy 库提供的算法和数据结构广泛适用于各个领域。除此之外,SciPy 库扩展了 NumPy 库,为数组计算提供了额外的工具,并提供了专门的数据结构,例如稀疏矩阵和 k 维树。

想一想,查一查

你的生活中有哪些应用了机器学习的例子？请思考后在网络上查阅资料,详细了解,并与同学分享这些案例。

10.10　深度学习

机器学习需要通过特征提取、选择分类器等步骤才可以实现数据处理,当处理一些特殊的数据(如图片数据)时,特征提取步骤较为困难,特征过少会出现欠拟合现象,特征过多又会出现过拟合现象。此时,可使用深度学习,通过模型训练达到一种计算机自动提取特征的目的,从而简化特征提取步骤,提高数据处理与预测的效率。

10.10.1　深度学习的概念

深度学习(deep learning,DL)通过学习样本数据的内在规律和表示层次,从而自动获得文本、图像和声音等数据中的核心特征,在特征自动提取方面起到了很大的帮助作用。深度学习是机器学习领域中一个新的研究方向,最终目标是让机器能够像人一样具有分析学习能力,能够识别文字、图像和声音等数据。目前,深度学习已在语音识别、机器翻译、图像识别、搜索引擎、个性化推荐等领域取得了很多成果。

10.10.2　深度学习的应用现状

深度学习凭借在图像处理、自然语言处理、语音识别等方面突出的优势,在各个行业的发展中获得了广泛的应用。

在医学领域,深度学习的有七大应用方向：①提供临床诊断辅助系统等医疗服务,可以应用于早期筛查、诊断、康复、手术风险评估场景,如图 10.7 所示；②医疗机构的信息化,可

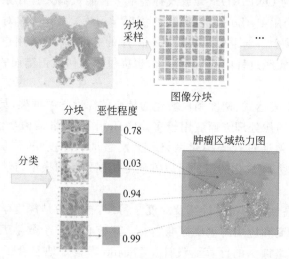

图 10.7　深度学习在临床肿瘤组织病理学切片中的应用

以通过数据分析,帮助医疗机构提升运营效率;③医学影像识别,可以帮助医生更准更快地读取病人的影像所见;④医疗大数据,可以助力医疗机构大数据可视化及数据价值提升;⑤药企研发,可以解决药品研发周期长、成本高的问题;⑥健康管理服务,可以通过包括可穿戴设备在内的手段,监测用户个人健康数据,预测和管控疾病风险;⑦基因测序领域,可以用于分析基因数据,推进精准医疗建设。

在其他领域,深度学习也有广泛应用。在电力工业领域,利用深度学习的回归能力,改进间歇性可再生能源发电功率预测模型,提高间歇性可再生能源发电功率预测精度;在公安系统中,基于深度学习的人脸识别算法,可实现较高的人脸识别率,从而推进智慧安防建设;在自动化技术领域,深度学习技术可与自动驾驶技术相结合,其在机器视觉、自然语言处理等领域的成功应用使得自动驾驶越来越接近现实。

10.10.3　关于深度学习的 Python 第三方库

1. TensorFlow 库

TensorFlow 库是一个基于数据流编程的符号数学系统,被广泛应用于各类机器学习算法的编程实现,其前身是谷歌公司的神经网络算法库 DistBelief。TensorFlow 库拥有多层级结构,可部署于各类服务器、PC 终端和网页,并支持 GPU 和 TPU 的高性能数值计算,被广泛应用于谷歌公司内部的产品开发和各领域的科学研究。

2. PyTorch 库

PyTorch 是一个开源的 Python 深度学习库,是由 Facebook 公司开源的神经网络框架。PyTorch 是 Torch 的 Python 版本,Torch 是一个经典的对多维矩阵数据进行操作的张量库,PyTorch 库的底层和 Torch 框架一样,但是使用 Python 重新写了很多内容,不仅更加灵活,支持动态图,而且提供了 Python 接口,具有简洁、灵活、易用的特点。PyTorch 库主要提供两个高级功能,一个是具有强大的 GPU 加速的张量计算,另外它还包含自动求导系统的深度神经网络,目前在人工智能和其他数学密集型领域中有着广泛应用。

3. Keras 库

Keras 最初是作为 ONEIROS(开放式神经电子智能机器人操作系统)项目研究工作的一部分而开发,是一个用 Python 语言编写的深度学习库。Keras 库对用户十分友好,提供了一些简单的 API,减少了新手用户实践 Keras 库的难度,降低了用户的操作数量,用户可以直观地看到自己在实践过程中产生的错误,也提供了如何改正错误的反馈。

4. Caffe 库

Caffe 库是一个以表达式、速度和模块化为核心的深度学习框架,具备清晰、可读性高和快速的特性,在视频、图像处理方面应用较多。Caffe 中的网络结构与优化都以配置文件形式定义,容易上手,无须通过代码构建网络。其网络训练速度快,能够训练大型数据集与 state-of-the-art 的模型,模块化的组件可以方便地拓展到新的模型与学习任务上。

5. Theano 库

Theano 是一个高性能的符号计算及深度学习库,被认为是深度学习库的始祖之一,也被认为是深度学习研究和应用的重要标准之一。其核心是一个数学表达式的编译器,专门为处理大规模神经网络训练的计算而设计。Theano 库很好地整合了 NumPy 库的数据结构,通过 API 接口使学习成本大为降低,其计算稳定性好,可以精准地计算输出值很小的函数,还可动态地生成 C 或者 CUDA 代码,用来编译成高效的机器代码。

请查阅期刊文献,了解深度学习在你所在专业的领域有哪些应用,并和同学们分享。

10.11 知识图谱

知识图谱是人工智能的重要分支,是知识工程在大数据环境中的成功应用。随着 2012 年谷歌公司第一版知识图谱的发布,特定领域的知识图谱构建成为真实世界研究中的热点问题。传统 AI 技术如深度学习,如果没有预先标注好的高质量的大规模数据集,在面对错综复杂的临床医学决策时往往也会束手无策,此时,来自现实世界的经验和知识便显得极为重要。各种机器学习算法虽然在数据的预测能力上很好,但是在描述能力上非常弱,而知识图谱对于数据的描述能力非常强大,恰好填补了这部分空白。

10.11.1 知识图谱的概念

知识图谱本质上是一种语义网络的知识库,是一种基于图的数据结构,由节点(vertex)和边(edge)组成,主要用来描述真实世界中存在的各种实体(entity)概念以及之间的关系(relation)。在知识图谱中,每个节点表示现实世界中存在的"实体",每条边为实体与实体之间的"关系"。知识图谱是关系的最有效表示方式,它将所有不同种类的信息连接在一起,并得到一个关系网络,提供了从"关系"的角度去分析问题的能力。

知识图谱是随着计算机技术的发展,应用数学算法来简化知识单元结构以达到可视化结构关系的一种方法,是显示科学知识的发展进程与结构关系的一种图形,是一种有效的知识管理工具。

10.11.2 知识图谱的应用现状

目前,知识图谱在推荐系统、搜索引擎等领域已得到广泛应用,与大数据、深度学习等技术一起,成为推动互联网和人工智能发展的核心驱动力。

在医学领域,使用 Neo4j 图数据库构建基于《伤寒论》桂枝汤类的小型知识图谱,可以实现对桂枝汤类方的证、方、药的可视化分析以及检索等功能。在知识图谱建立过程中,首先对桂枝汤类方命名实体进行提取,利用 Python 实现词频统计并提取关键词,然后将所得数据结果导入 Neo4j 中,得到汤方实体与症状实体间的关系,在一定程度上模拟了"方证相应"的过程。Neo4j 数据库提供的 Cypher 语言可以对数据库进行多种操作,从而方便地实现对"方-证-药"的检索、遍历和导航功能,如图 10.8 和图 10.9 所示。

在其他领域,知识图谱也有广泛应用。例如,在材料领域,将领域知识与机器学习技术相结合,利用知识图谱(knowledge graph,KG)构建高校的知识组织模型,可以有效地对材料领域知识进行表示、组织和推理,从而提升材料机器学习算法的智能水平。在审计工作方面,构建高校财务审计领域知识图谱模块,并探索该技术在智能检索以及审计疑点识别中的具体应用,从理论与实践方面取得了较大进展。在企业知识服务平台中融入知识图谱,可以将知识管理组织形态可视化,使得企业知识服务平台具有较强的知识关联性,企业业务解决

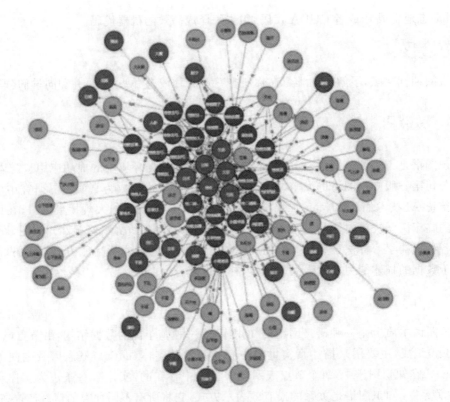

图 10.8　基于 Neo4j 的桂枝汤类方知识图谱

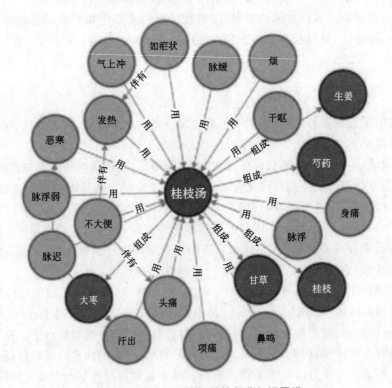

图 10.9　桂枝汤实体相关的部分知识图谱

方法更加智能化、个性化,从而进一步推动企业知识服务模型理论的深入性和普适性发展,为提升企业知识服务水平提供实践参考。

10.11.3　关于知识图谱的 Python 第三方库

1. py2neo 库

py2neo 库用于从 Python 应用程序内部或通过命令行处理 Neo4j 数据库。使用 py2neo 不仅可以访问 Neo4j 数据库,批量创建节点和关系,还可执行 Cypher 语句进行数据库查询,应用起来非常灵活。

Neo4j 是一款开源图数据库,与关系数据库不同,Neo4j 通过图(或称网络)而不是通过表来存储数据,目前是图数据库的主流。相对于关系数据库来说,图数据库善于处理大量复杂、互连接、低结构化的数据,这些数据变化迅速,需要频繁地查询,而在关系数据库中,这些查询会导致大量的表连接,因此会产生性能上的问题。Neo4j 围绕图进行数据建模,以相同的速度遍历节点与边,其遍历速度与构成图的数据量没有任何关系,可很好地解决查询效率的问题。

2. spaCy 库

spaCy 是自然语言处理领域中用于文本预处理的 Python 第三方库,包括分词、词性标注、依存分析、词形还原、句子边界检测、命名实体识别等功能,可有效支持知识图谱的实现。在知识图谱的构建过程中,实体识别、关系抽取是非常重要的步骤,需要通过一系列自然语言处理技术方法来实现。

> **想一想,查一查**

请阅读相关期刊资料,了解知识图谱在医生临床决策支持方面的应用。

10.12　智能问答

随着数据时代的到来,越来越多的知识已经被数据化,传统的信息检索方式逐渐无法满足人们的需要,智能问答系统由此产生。如今,智能问答系统已广泛应用于人们的日常生活,从以各大电商为代表的智能客服机器人,到以微软小冰等为代表的可自我学习、创造的智能问答产品,人们可以在生活中的各个角落发现智能问答的身影。同时,"互联网+医疗"的发展使健康医疗与互联网的结合成为了医学信息化发展的必然趋势,将智能问答系统应用于医学领域,能进一步提高人们获取知识的便捷性、准确性。

10.12.1　智能问答的概念

根据《英汉计算机技术大辞典》等资料关于"智能问答"系统的定义,智能问答是指能接收用户的提问并做出令人满意的回答、拥有知识库的管理系统,一般界定为计算机通过对人类语言的自动分析,回复用户所询问的问题。

智能问答系统主要由问题理解、知识检索、答案生成 3 部分组成。针对不同的数据来源,系统架构有所不同,如图 10.10~图 10.12 所示。其中,问题理解是指通过自然语言分析技术和语义分析技术分析用户输入的问题中所包含的重要信息,并进行问题分类、获取问题的关键字信息、获取问句的语法和语义信息；知识检索是指理解问题后，系统通常会组织生成一个计算机可理解的检索式，具体检索式的格式由知识库结构决定；答案生成，是指问题的关键词与答案的词语之间存在着某种联系，因此可以考察问题与候选答案的相似度以生成正确答案，此外问题与答案也可能存在句式之间的关联。

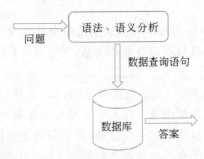

图 10.10   基于结构化数据的问答系统的体系结构

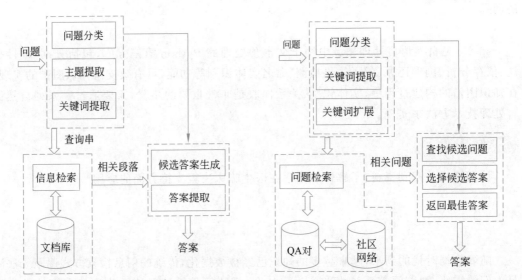

图 10.11   基于自由文本的问答系统的体系结构   图 10.12   基于问题答案对的问答系统的体系结构

10.12.2   智能问答的应用现状

1961 年，由 Green 等人设计的 BASEBALL 系统问世，该系统可以回答用户关于美国棒球联赛的问题。在此之后出现了可以与用户对话的计算机程序 ELIZA，该程序可以利用自然语言帮助用户进行虚拟心理治疗。随后，由于互联网的快速发展，激发了社会关于智能问答系统开发的活力。1994 年提出了依赖于合理推理、可与用户进行交谈的计算机程序，称为 ChatterBot（聊天机器人）；随后麻省理工学院开发出基于互联网的智能问答系统 START 以及智能问答机器人 ALICE，ALICE 在当时已能够回答 95% 的问题并能与用户进行多轮对话，在当时被誉为"最聪明的机器人"。

早期的智能问答以限定领域的知识为主，只能回答特定领域的问题。但近年来，深度学习、知识图谱、语音识别等支撑技术的发展使智能问答可以实现更加"智能化"的服务，开放领域智能问答应用便突破了领域知识的限制,可以在一定程度上实现对用户提出开放问题的解答。现如今,智能问答已被应用于政务、商业、医疗、传媒、教育等领域,大众日常接触到的苹果 Siri、微软"小冰"、华为"小艺"、天猫精灵、百度语音助手、小爱音箱等都属于开放领域智能问答产品的范畴。而在社区类问答系统方面,国内出现了一些较为知名的医学信息服务网站,如寻医问药网、快速问医生等。可以说智能问答已经渗透并逐渐融入人类的工作和社会活动,通过提供快速回答、即时信息、实时数据以及良好的交互体验,帮助用户解决问题、节省时间、实现需求,成为人们的工作伙伴和生活助手。

2022 年末,OpenAI 公司发布人工智能聊天机器人大语言模型 ChatGPT,在全球范围内引起了广泛关注。ChatGPT 可以根据用户的输入生成自然、流畅、有趣的对话,不仅可以用于日常聊天,还可以用于多种专业领域,如编程、教育、科研等。与其他智能问答系统相比,ChatGPT 有以下几个优势。

(1) ChatGPT 使用了大型语言模型。该模型基于 GPT-3.5 架构(2023 年 3 月更新为GPT-4 模型),并以强化学习的方式进行训练,这使得它具备了丰富的语言知识和逻辑推理能力,可以处理各种类型和难度的问题。

(2) ChatGPT 具备回答主观性或创造性问题的能力。例如,它可以根据用户提供的关键词生成文章、歌词、代码等内容。

(3) ChatGPT 具备记忆和联想的能力。ChatGPT 可以记住与用户之前的对话内容,并根据上下文调整回复方式,这使得它更像一个真实的对话者,而不是一个单纯的信息检索工具。

(4) ChatGPT 还具备一定的幽默感和个性化特征。它会根据用户输入添加表情符号或其他修饰符号,并使用不同风格或口吻进行回复。

当然,ChatGPT 也存在一些局限和挑战。例如,可能会产生一些看似合理但不正确或荒谬的回复,可能会泄露用户的隐私或敏感信息等。总之,ChatGPT 是一款具有革命性意义和巨大潜力的人工智能聊天机器人,在智能问答领域有着广泛而深刻的应用价值。但同时也需要注意其存在着一些风险和挑战,在使用过程中要保持警惕和批判思维。

10.12.3 关于智能问答的 Python 第三方库

智能问答系统较为复杂,需要应用机器学习、深度学习、科学计算、数据处理等多个方向的功能,除了以上章节中的第三方库外,还有一些语音处理方面的第三方库。

1. openai 库

OpenAI 公司提供了开源工具 openai 第三方库。openai 库提供了一个简单的接口供访问,使开发者可以在自己的程序中使用 OpenAI 的 API,并且可以轻松地将其集成到各种Python 的应用程序中。使用 openai 库可以构建各种人工智能应用程序,例如聊天机器人、语言翻译器、文本生成器等。

2. SpeechRecognition 库

SpeechRecognition 库是常用的 Python 语音识别第三方库,可满足几种主流语音 API,灵活性极高。当使用麦克风输入进行语音识别时,还需要安装 PyAudio 第三方库才得以使用 SpeechRecognition 库的所有功能。

3. PyAudio 库

PyAudio 库是一个跨平台的音频处理工具包,可用于录音、播放、生成 wav 文件等。该库提供了 PortAudio 的 Python 语言版本,可以通过 Python 在多种平台上播放和录制音频。

4. pyttsx3 库

pyttsx3 是 Python 中最常用的文字转语音库,使用方便,功能较为完整。与其他库不同,它可以脱机工作,并且与 Python 2 和 Python 3 兼容。相较于 pyttsx 默认使用的是读取英文引擎,读取中文时需要修改语言设置,否则可能会报错或者无法发音,pyttsx3 对中文支持更友好。

查一查,试一试

请选一个本节提到的第三方库,上网查阅相关资料,编写代码,让你的程序会说话。

附录 中医体质分类与判定量表

（引自中华中医药学会标准）

表 1 阳虚质

请根据近一年的体验和感觉,回答以下问题	没有(根本不)	很少(有一点)	有时(有些)	经常(相当)	总是(非常)
(1) 您手脚发凉吗?	1	2	3	4	5
(2) 您胃脘部、背部或腰膝部怕冷吗?	1	2	3	4	5
(3) 您感到怕冷、衣服比别人穿得多吗?	1	2	3	4	5
(4) 您比一般人耐受不了寒冷(冬天的寒冷,夏天的冷空调、电扇等)吗?	1	2	3	4	5
(5) 您比别人容易患感冒吗?	1	2	3	4	5
(6) 您吃(喝)凉的东西会感到不舒服或者怕吃(喝)凉东西吗?	1	2	3	4	5
(7) 你受凉或吃(喝)凉的东西后,容易腹泻(拉肚子)吗?	1	2	3	4	5

判断结果：□是□倾向是□否

表 2 阴虚质

请根据近一年的体验和感觉,回答以下问题	没有(根本不)	很少(有一点)	有时(有些)	经常(相当)	总是(非常)
(1) 您感到手脚心发热吗?	1	2	3	4	5
(2) 您感觉身体、脸上发热吗?	1	2	3	4	5
(3) 您皮肤或口唇干吗?	1	2	3	4	5
(4) 您口唇的颜色比一般人红吗?	1	2	3	4	5
(5) 您容易便秘或大便干燥吗?	1	2	3	4	5
(6) 您面部两颧潮红或偏红吗?	1	2	3	4	5
(7) 您感到眼睛干涩吗?	1	2	3	4	5
(8) 您感到口干咽燥,总想喝水吗?	1	2	3	4	5

判断结果：□是□倾向是□否

表 3　气虚质

请根据近一年的体验和感觉,回答以下问题	没有 (根本不)	很少 (有一点)	有时 (有些)	经常 (相当)	总是 (非常)
(1) 您容易疲乏吗?	1	2	3	4	5
(2) 您容易气短(呼吸短促,接不上气)吗?	1	2	3	4	5
(3) 您容易心慌吗?	1	2	3	4	5
(4) 您容易头晕或站起时晕眩吗?	1	2	3	4	5
(5) 您比别人容易患感冒吗?	1	2	3	4	5
(6) 您喜欢安静、懒得说话吗?	1	2	3	4	5
(7) 您说话声音低弱无力吗?	1	2	3	4	5
(8) 您活动量稍大就容易出虚汗吗?	1	2	3	4	5

判断结果：□是□倾向是□否

表 4　痰湿质

请根据近一年的体验和感觉,回答以下问题	没有 (根本不)	很少 (有一点)	有时 (有些)	经常 (相当)	总是 (非常)
(1) 您感到胸闷或腹部胀满吗?	1	2	3	4	5
(2) 您感到身体沉重不轻松或不爽快吗?	1	2	3	4	5
(3) 您腹部肥满松软吗?	1	2	3	4	5
(4) 您有额部油脂分泌多的现象吗?	1	2	3	4	5
(5) 您上眼睑比别人肿(上眼睑有轻微隆起的现象)吗?	1	2	3	4	5
(6) 您嘴里有黏黏的感觉吗?	1	2	3	4	5
(7) 您嘴里痰多,特别是咽喉部总感觉有痰堵着吗?	1	2	3	4	5
(8) 您舌苔厚腻或有舌苔厚厚的感觉吗?	1	2	3	4	5

判断结果：□是□倾向是□否

表 5　湿热质

请根据近一年的体验和感觉,回答以下问题	没有 (根本不)	很少 (有一点)	有时 (有些)	经常 (相当)	总是 (非常)
(1) 您面部或鼻部有油腻感或者油亮发光吗?	1	2	3	4	5
(2) 您容易生痤疮或疮疖吗?	1	2	3	4	5
(3) 您感到口苦或嘴里有异味吗?	1	2	3	4	5
(4) 您大便黏滞不爽、有解不尽的感觉吗?	1	2	3	4	5
(5) 您小便时尿道有发热感、尿色浓(深)吗?	1	2	3	4	5
(6) 您带下色黄(白带颜色发黄)吗?(限女性回答)	1	2	3	4	5
(7) 您的阴囊部位潮湿吗?(限男性回答)	1	2	3	4	5

判断结果：□是□倾向是□否

表 6　血瘀质

请根据近一年的体验和感觉,回答以下问题	没有 (根本不)	很少 (有一点)	有时 (有些)	经常 (相当)	总是 (非常)
(1) 您的皮肤在不知不觉中会出现青紫瘀斑(皮下出血)吗?	1	2	3	4	5
(2) 您两颧部有细微红丝吗?	1	2	3	4	5
(3) 您身体上有哪里疼痛吗?	1	2	3	4	5
(4) 您面色晦暗或容易出现褐斑吗?	1	2	3	4	5
(5) 您容易有黑眼圈吗?	1	2	3	4	5
(6) 您容易忘事(健忘)吗	1	2	3	4	5
(7) 您口唇颜色偏暗吗?	1	2	3	4	5
判断结果:□是□倾向是□否					

表 7　特禀质

请根据近一年的体验和感觉,回答以下问题	没有 (根本不)	很少 (有一点)	有时 (有些)	经常 (相当)	总是 (非常)
(1) 您没有感冒时也会打喷嚏吗?	1	2	3	4	5
(2) 您没有感冒时也会鼻塞、流鼻涕吗?	1	2	3	4	5
(3) 您有因季节变化、温度变化或异味等原因而咳喘的现象吗?	1	2	3	4	5
(4) 您容易过敏(对药物、食物、气味、花粉或在季节交替、气候变化时)吗?	1	2	3	4	5
(5) 您的皮肤容易起荨麻疹(风团、风疹块、风疙瘩)吗?	1	2	3	4	5
(6) 您因过敏出现过紫癜(紫红色瘀点、瘀斑)吗?	1	2	3	4	5
(7) 您的皮肤一抓就红,并出现抓痕吗?	1	2	3	4	5
判断结果:□是□倾向是□否					

表 8　气郁质

请根据近一年的体验和感觉,回答以下问题	没有 (根本不)	很少 (有一点)	有时 (有些)	经常 (相当)	总是 (非常)
(1) 您感到闷闷不乐、情绪低落吗?	1	2	3	4	5
(2) 您容易精神紧张、焦虑不安吗?	1	2	3	4	5
(3) 您多愁善感、感情脆弱吗?	1	2	3	4	5
(4) 您容易感到害怕或受到惊吓吗?	1	2	3	4	5
(5) 您胁肋部或乳房胀痛吗?	1	2	3	4	5
(6) 您无缘无故叹气吗?	1	2	3	4	5
(7) 您咽喉部有异物感,且吐之不出、咽之不下吗?	1	2	3	4	5
判断结果:□是□倾向是□否					

表 9 平和质

请根据近一年的体验和感觉,回答以下问题	没有 (根本不)	很少 (有一点)	有时 (有些)	经常 (相当)	总是 (非常)
(1) 您精力充沛吗?	1	2	3	4	5
(2) 您容易疲乏吗?*	1	2	3	4	5
(3) 您说话声音低弱无力吗?*	1	2	3	4	5
(4) 您感到闷闷不乐、情绪低落吗?*	1	2	3	4	5
(5) 您比一般人耐受不了寒冷(冬天的寒冷,夏天的 冷空调、电扇等)吗?*	1	2	3	4	5
(6) 您能适应外界自然和社会环境的变化吗?	1	2	3	4	5
(7) 您容易失眠吗?*	1	2	3	4	5
(8) 您容易忘事(健忘)吗?*	1	2	3	4	5

判断结果:□是□倾向是□否

注:标有 * 的条目需先逆向计分,即:1→5,2→4,3→3,4→2,5→1,再用公式转化分。

参 考 文 献

[1] 嵩天,礼欣,黄天羽. Python 语言程序设计基础 [M]. 2 版. 北京：高等教育出版社,2017.

[2] 董付国. Python 程序设计[M]. 北京：清华大学出版社,2015.

[3] 教育部考试中心. 全国计算机等级考试二级教程——Python 语言程序设计[M]. 北京：高等教育出版社,2022.

[4] 马克·卢茨. Python 学习手册 [M]. 秦鹤,林明,译. 5 版. 北京：机械工业出版社,2018.

[5] 芒努斯利·海特兰德. Python 基础教程 [M]. 袁国忠,译. 3 版. 北京：人民邮电出版社,2018.

[6] 鲍里斯·帕斯哈弗. Pandas 数据分析实战[M]. 殷海英,译. 北京：清华大学出版社,2022.

[7] 韦斯·麦金尼. 利用 Python 进行数据分析 [M]. 徐敬一,译. 2 版. 北京：机械工业出版社,2018.

[8] 刘大成. Python 数据可视化之 matplotlib 实践[M]. 北京：电子工业出版社,2018.

[9] 高博,刘冰,李力. Python 数据分析与可视化从入门到精通[M]. 北京：北京大学出版社,2020.

[10] 马里奥·多布勒,蒂姆·高博曼. Python 数据可视化[M]. 李瀛宇,译. 北京：清华大学出版社,2020.

[11] 刘金岭,钱升华. 文本数据挖掘与 Python 应用[M]. 北京：清华大学出版社,2021.

[12] 周志华. 机器学习[M]. 北京：清华大学出版社,2016.